KB137921

레이더의 기초

탐사 레이더에서 합성개구레이더까지

레이더의 기초

탐사 레이더에서 합성개구레이더까지

Kazuo Ouchi 외 7인 공저
양찬수 옮김
이훈열 감수

KIOST
한국해양과학기술원

레이더의 기초

탐사 레이더에서 합성개구레이더까지

초 판 인 쇄 2021년 1월 4일
초 판 발 행 2021년 1월 11일

저 자 Kazuo Ouchi 외 7인
역 자 양찬수
발 행 인 김웅서
발 행 처 한국해양과학기술원
부산광역시 영도구 해양로 385 (동삼동 1166)

등 록 번 호 393-2005-0102(안산시 9호)
인쇄 및 보급처 도서출판 씨아이알(02-2275-8603)

I S B N 978-89-444-9093-4 (93560)
정 가 25,000원

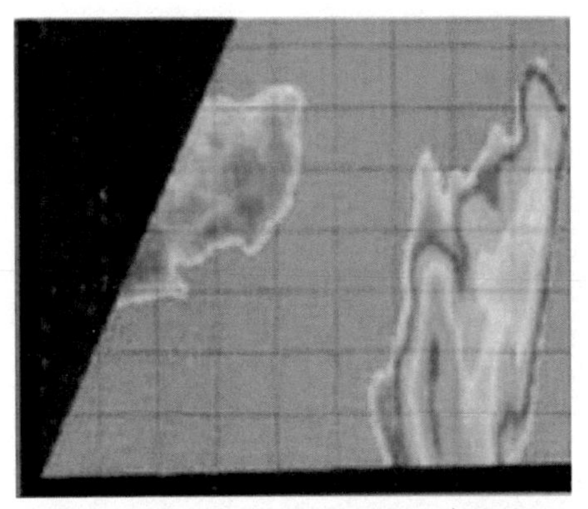

(a) RHI(Range-Height Indicator) 표시

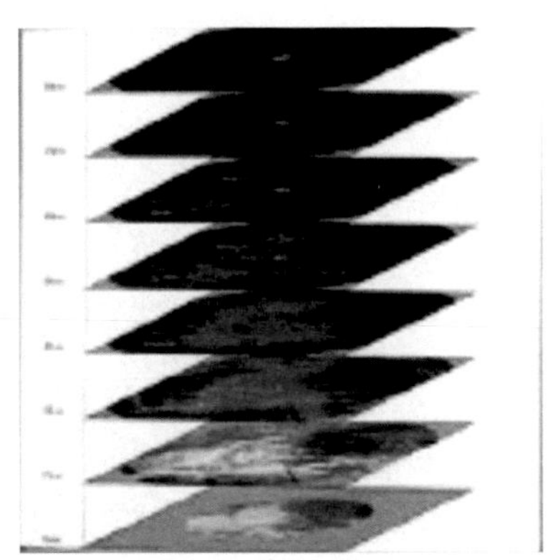

(b) CAPPI(Constant Altitude PPI) 표시

컬러 그림 1 기상 레이더 표시 예시(p.32)

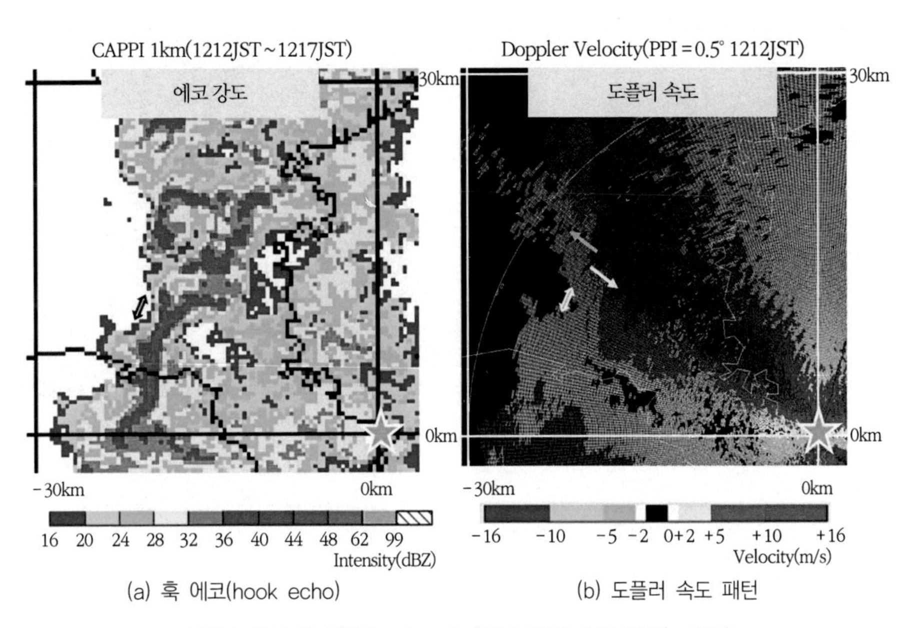

(a) 훅 에코(hook echo)

(b) 도플러 속도 패턴

컬러 그림 2 훅 에코(hook echo)와 도플러 속도 패턴(p.227)

(a) 돌풍전선에서 형성된 아치 구름(Arcus Cloud)

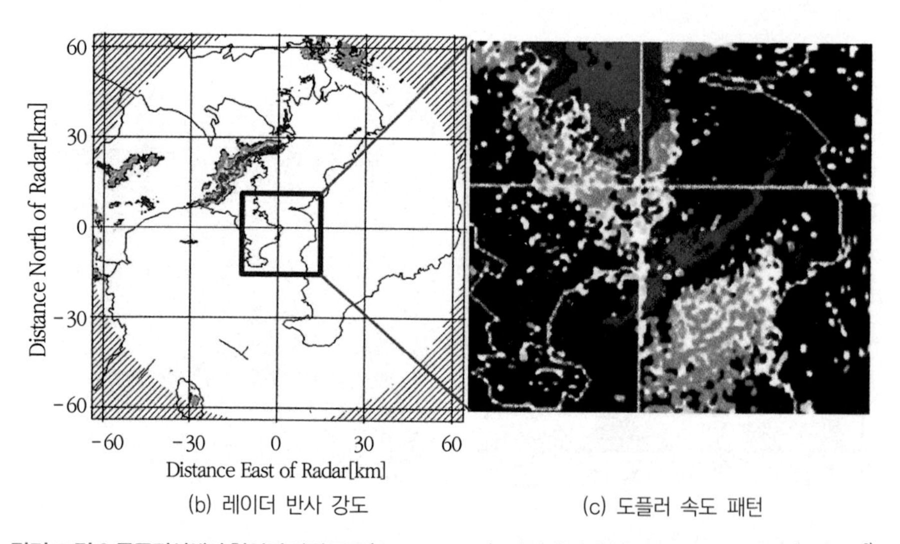

(b) 레이더 반사 강도

(c) 도플러 속도 패턴

컬러 그림 3 돌풍전선에서 형성된 아치 구름(Arcus Cloud), 레이더 반사 강도, 도플러 속도 패턴(확대도)[2] (p.252)

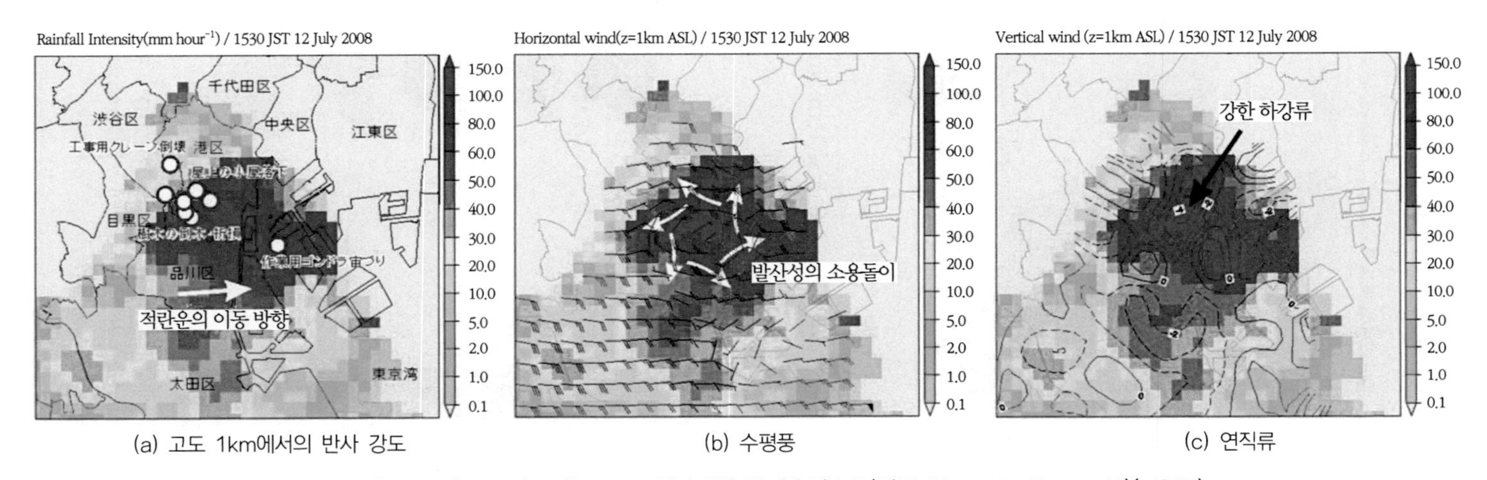

(a) 고도 1km에서의 반사 강도 (b) 수평풍 (c) 연직류

컬러 그림 4 도쿄(Tokyo) 주변 X-NET에서 관측된 다운버스트(제공: Maesaka Tsuyoshi)(p.257)

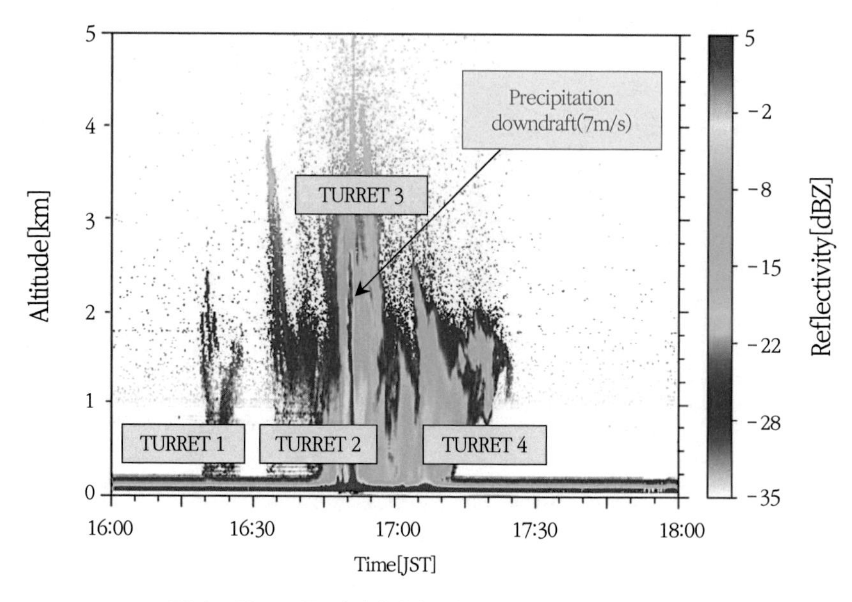

컬러 그림 5 구름 레이더에서 관측된 터릿(Turret)(p.258)

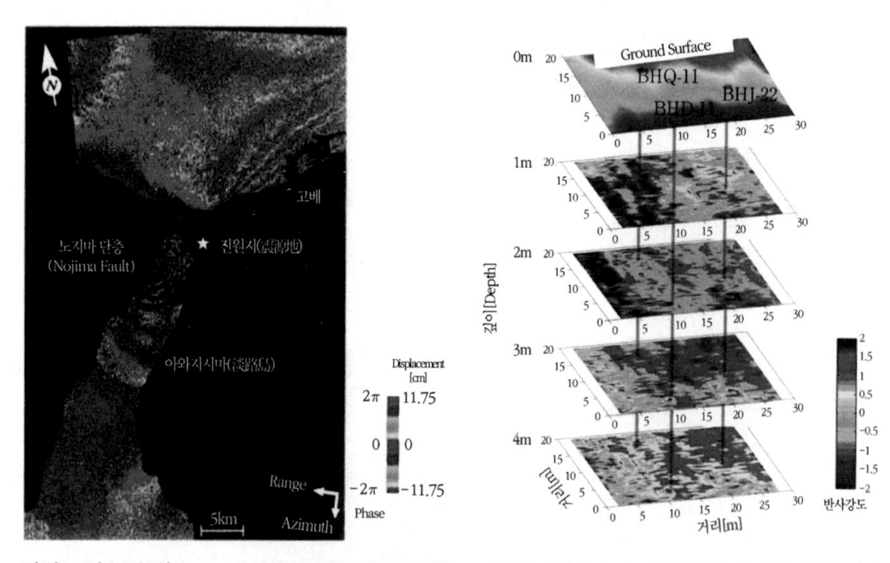

컬러 그림 6 지진(Hyogo 남부)에 의한 지각변동을 나타내는 JERS-1 DInSAR 위상 이미지(데이터 제공: 大倉博) (p.330)

컬러 그림 7 GPR 수평면 이미지의 3차원 배열 (p.354)

:: Preface

In recent years, there has been a remarkable development in the hardware and software of radar systems, and a large number of research results have been reported, ranging from the conventional search-and-tracking radars to the sate-of-the-art radars. As a result, new technologies have been developed and operated in practice. Meanwhile, excellent technical textbooks have also been published. Many books, however, are highly specialized, requiring high-level of technical knowledge to understand. Under such background, this textbook is devoted to the cutting-edge technology as well as the basic knowledge of radars, even for beginners to understand. Since it is difficult to derive and explain the detailed equations within the limited space, least required mathematical description is used. For further advanced radar technology, transmitter/receiver, and related hardware, please refer the references and textbooks listed in this book.

In Chapters 1 to 4, the principle of radar is described, followed by the up-to-date radar technology in Chapters 5 to 9. The history of radars, electromagnetic waves and different types of radars are first summarized in Chapter 1. In Chapter 2, the radar equation and characteristics of microwave scattering are explained. The stealth technology has recently attracted much attention, and a brief summary is also presented in this chapter. In practice, radar signals consist of, apart from those from targets, the noise called clutter. In order to extract targets from such signals, it is necessary to understand the statistical characteristics of randomly distributed clutter. The CFAR (Constant

False Rate) is generally used for detection of targets in such clutter, and its basics are described in Chapter 3. In Chapter 4, the methods of analogue and digital signal processing are presented for transmitted and received signals. From Chapters 5 to 9, the principles and applications are described of the latest search and tracking radars, weather radar, automobile radar that is making remarkable advance in recent years, synthetic aperture radar (SAR) that is used in various fields of earth science, and GPR (Grand Penetrating Radar) with applications to civil engineering and construction, geological survey, mine exploration, and exploration of buried ruins.

The chapters in this textbook were written by the world-leading experts in the corresponding fields, extending from the electromagnetics, radar principle and different types of radars. In each field, there are traditionally used terms and conventional expressions, and the terms of English or Greek alphabets in one chapter may mean different in others. Since the book is intended as one unified text, but not the collection of different chapters, the definitions of same characters are explained in each chapter.

There has been much effort by many colleagues to complete this book; in particular, those of the Corona Publishing Co., spending long time from the initial concepts to publication. Although the colleagues and institutes are acknowledged in the corresponding chapters for providing data, I should like to thank again in this preface.

January, 2017

Kazuo Ouchi

Since the first publication of this book in March 2017, the second print was published in May 2018 by correcting remaining errata. This book was, initially, intended to the Japanese community since I could not find good and simple textbook covering the principle and various types of radar. It is now translated in the Korean language by Dr. Chan-Su Yang who is my long-time colleague. On be half of the authors of this book, I should like to thank Dr. Yang for much effort to translate and publish this textbook in Korean.

November, 2020

Kazuo Ouchi

:: 역자 서문

돌이켜 보면, 레이더와 인연이 오래되었다. 1990년 대학의 레이더 강좌에서 처음으로 X-/S-밴드 레이더, 게인(Gain), 노이즈 처리 등 마이크로파에 대해서 접하였다. 군 복무 시절, 당시 가장 낡은 함정이었던 기러기 고속정(PK: Patrol Killer)에 근무하였는데, 레이더는 초창기 모델이어서 성능이나 기능이 부족하여 정보의 신뢰성은 전탐사(레이더 등 전파 탐지기의 조종·정비 부사관)의 능력에 의존할 수밖에 없었다. 지금과 달리 선박 레이더 하나로 항해용, 작전용, 함포 사격 지원 등 핵심 기능을 수행하는 데 이용되었다.

90년대 중반에는 ARPA(Automatic Radar Plotting Aids) 레이더의 등장에 놀랐고, 비슷한 시점에 미국이 위성 GPS를 처음으로 민간에 공개하여 GPS단말기를 사용했던 기억이 생생하다. 당시 GPS 오차가 컸음에도 불구하고, 연안에서 레이더를 이용하여 위치를 파악하던 것과 비교하면 획기적인 진전을 보여준 것이라고 할 수 있다. 일본 유학 시절에는 위성에 탑재된 레이더(ERS-1/2, JERS-1)에서 얻어진 바다 이미지를 접하게 되었다. 비슷한 시기에 TOPEX/Poseidon 고도계(Altimeter)와 레이더 산란계(Scatterometer)도 파급 효과가 상당했지만, 아쉽게도 이 책에서는 다루지 않는다.

이 책의 편저자인 Kazuo Ouchi 교수와는 오랫동안 공동연구를 해오고 있고, 2010년에는 Ouchi 교수의 '리모트센싱을 위한 합성개구레이더의 기초' 저서를 번역 출간(2010)하였다. '레이더의 기초' 도서는 일본에서 2017년 초판 1500부가 팔리고, 2018년에 두 번째 인쇄가 들어간 인기 전문서적이다. 이 책은 레이더 각 분야 전문가 8명이 집필한 것으로, 레이더 입문서이면서도, 이 책의 부제 '탐사 레이더에서 합성개구레이더까지(From Probing Radar to SAR)'에서와 같이 너무 다양한 주제를 일정 깊이까지 다루고 있어서, 많은 학문 분야의 레이더 입문자나 전공자 혹은 현업 담당자가 참고하기에는 좋은 교재라는 생각에 역서 출판 결정을 하였다.

이 책은 각 장별로 저자가 다르다 보니, 표현 방식이나 서술 방법에 차이가 있어서 번역에 어려운 점이 있었고, 독자 입장에서도 이 부분이 어색할 수 있을 거라는 우려가 있다. 다행히 지구물리 탐사 분야의 전문가인 이훈열 교수(감수자)의 도움으로 표준어 사용이나, 다양한 분야들에서의 전문성에 대한 역자의 부족한 부분들을 보완할 수 있었다. 우리말로 옮기는 과정에서, 가능하면 이해를 돕기 위해 전문 용어에 대해서는 영문을 함께 표기하려고 노력하였고 필요에 따라 한자도 병기하였다. 또한, 번역과정에서 많은 질의에 대해 충실히 답변을 해준 Kazuo Ouchi 교수의 도움이 있었다. 오수현 씨, 김수지 씨, 강은진 씨의 도움으로 초기 원고 구성, 편집, 수정 등이 이뤄졌다. 이 분들에게 다시 한번 감사의 말씀을 드리는 바이다.

2020년 12월

양찬수

CONTENTS

9 지중 레이더 (GPR)

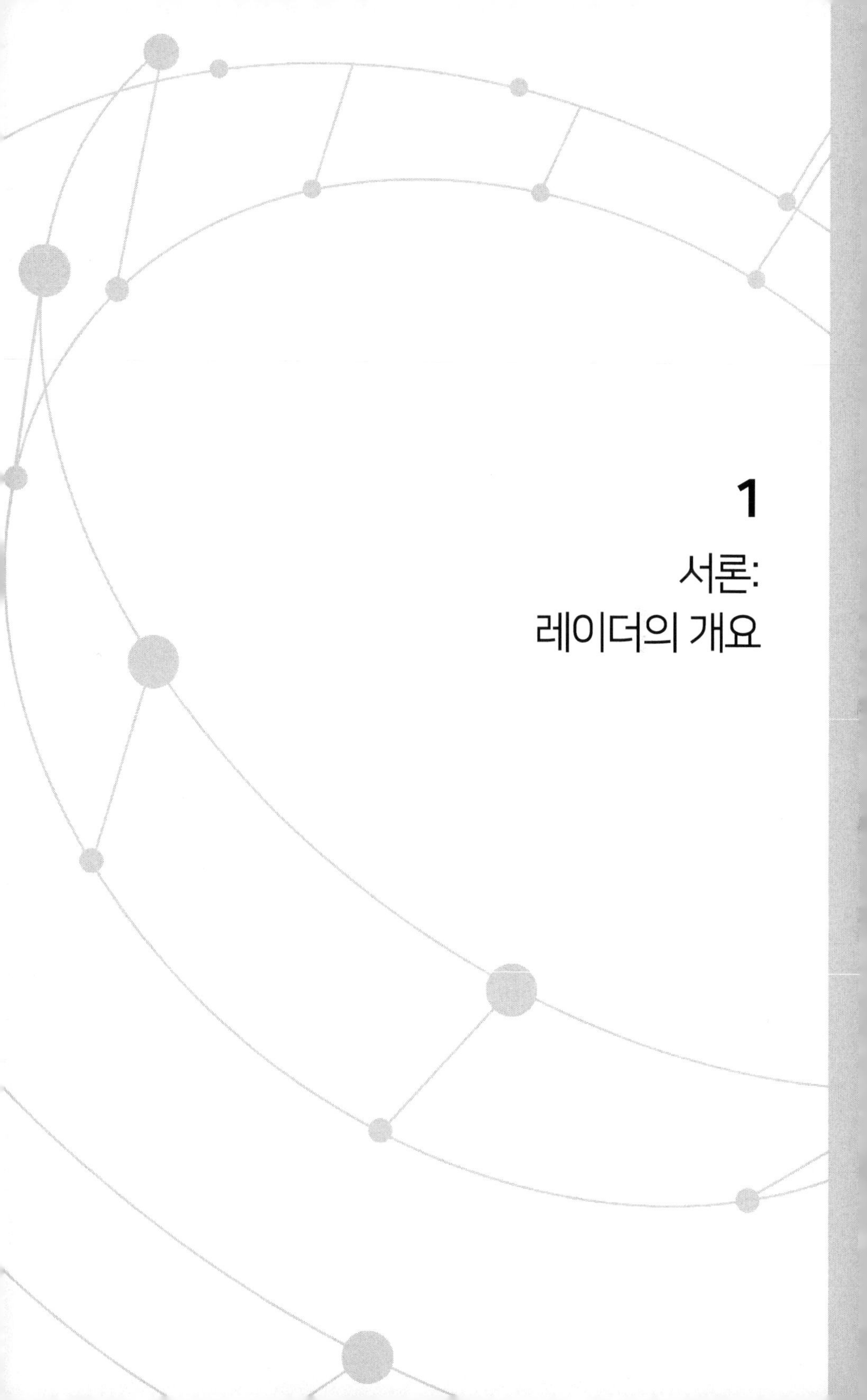

1
서론:
레이더의 개요

1 / 서론: 레이더의 개요

레이더[1](Radar)는 'RAdio Detection And Ranging'의 약어[2]로, 안테나로부터 전파를 방사해 먼 곳에 있는 타깃(일반적으로 목표물 또는 관측 대상)을 탐지해 거리·방향을 계측하거나 레이더 이미지를 생성하는 장치이다. 가시광선과 비교해서 매우 긴 파장의 전자파를 사용하므로, 구름이나 안개 그리고 어느 정도의 비나 눈을 투과하여 아주 먼 타깃을 탐사(探査)할 수 있고, 태양광을 필요로 하지 않기 때문에 야간에도 이용할 수 있다는 특징을 가지고 있다. 본 장에서는 우선 감마선(Gamma線)에서 전파(電波)까지의 전자파(電磁波) 개요를 설명하고, 일반적인 레이더에 이용되는 마이크로파의 주파수대와 특징 그리고 레이더의 원리를 소개한다. 다음으로 헤르츠(Hertz)에 의한 전파실험에서 현재에 이르기까지의 레이더의 역사를 요약한 후, 이 책에서 취급하는 탐색 레이더(Search/Surveillance Radar), 기상 레이더, 차량 레이더, 합성개구레이더(Synthetic Aperture Radar),

1 역) 2014년부터 국립국어원에서는 '레이다'를 기본으로 사용하도록 하고, '레이더'를 복수 인정하고 있지만, 기존 많은 문헌들이 레이더를 사용하고 있고 이미 공용화되어 이에 따른다.

2 1940년 미국 해군에 의한 명칭으로, 영국에서는 이전부터 RDF(Radio Detection Finding)가 사용되고 있었다.

지중(地中) 레이더(GPR: Ground Penetrating Radar) 등 레이더의 종류와 실용 예를 간단히 소개한다.

1.1 전자파 스펙트럼

우리가 이용하는 전자파에는 그림 1.1에서 볼 수 있듯이, 가장 파장이 짧은 고주파 γ-선에서 뢴트겐(Röntgen) 사진에 사용되는 X선, 매우 긴 파장을 가진 저주파의 전파가 포함되어 있다.[1), 2)] 여기서 전자파의 파장 λ와 주파수 f에는 $c=\lambda f$ 관계가 있으며, $c=3\times10^8$[m/s]는 전자파의 대기 중 전파 속도이다. 주파수의 단위는 [1/s]이고, 파동이 1초에 진동하는 횟수를 뜻하며 일반적으로는 헤르츠 [Hz]로 표시된다. 전자파는 입자와 파동의 성질을 갖고, 일반적으로 고주파의 γ-선이나 X-선은 입자로 취급되며, 비교적 낮은 주파수의 빛이나 전파는 파동으로 표현된다. 전자파 에너지는 주파수에 비례하므로,[3] γ-선 등의 방사선 1개의 입자는 생체 세포를 파괴시킬 정도의 방대한 에너지를 갖지만, 저주파의 전파가 가지는 에너지는 적어 생체에 대한 영향도 적다. 3THz[4](파장 0.1mm) 이하의 주파수의 전자파는 총칭해서 전파라고 하며, 일반적인 레이더는 300GHz (파장 약 1mm)에서 0.3GHz(파장 1m)대역의 마이크로파를 이용한다. 마이크로파의 낮은 주파수대보다 저주파의 전파를 사용한 레이더에는 주파수 약 50MHz~1GHz(파장 6.0~0.3m)의 UHF에서 VHF대역을 이용한 지중레이더(GPR: Ground Penetrating Radar)(9장 참조)와 HF대역을 사용한 초

3 역) $E=hf$, h는 플랑크상수.

4 $1THz=10^{12}Hz$, $1GHz=10^9Hz$, $1MHz=10^6Hz$.

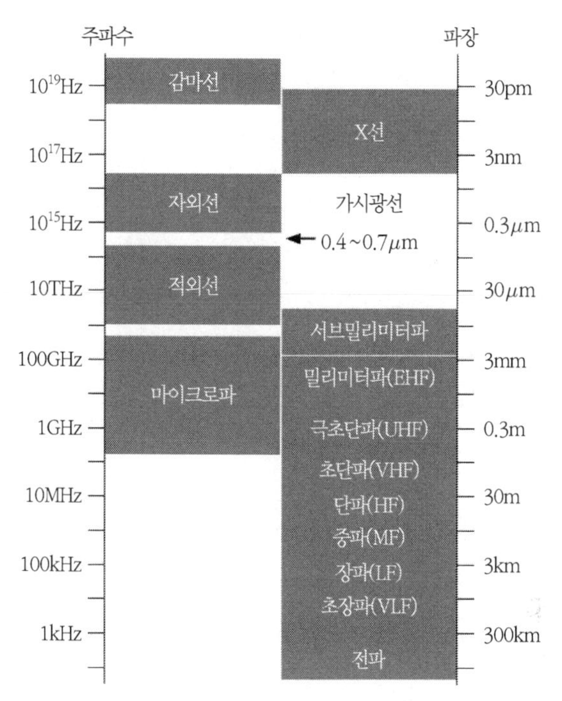

그림 1.1 전자파의 파장, 주파수(Hz, 단위 [1/s]) 및 밴드 이름[5]

수평선[6] 레이더(OTHR: Over-The-Horizon Radar)가 있다. 지중 레이더에서는 물질을 투과하는 신호가 필요하므로, 토양에 대한 투과율이 비교적 큰 장파의 전자파를 이용하고 있다(2장 참조). 또, 일반적인 레이더에서는 지구의 곡면 때문에 수평선 너머의 먼 타깃을 지상으로부터 검출하는 것이 어렵다. OTHR에서는 HF대의 전파가 전리층(Ionized Layer)에 의해서 반사되는 특성을 이용해, 지평선 넘어 수천 km 앞의 항공기나 선박으로부터의 반사파를 수신하는 것으로 타깃 검출을 실시한다. 상세한 것은

5 전자파의 주파수대 분류는 학문 응용 분야에 따라 다소 차이가 있다.

6 역) 초지평선, 초수평선 둘 다 사용된다.

이 책의 범위 밖이지만, OTHR에는 매우 큰 배열 안테나를 사용하여 목표물의 이동에 의한 수신 신호의 도플러 주파수 변화를 이용하고 있다(도플러 레이더에 관해서는 6장 참조).

레이더에 사용되는 마이크로파는 그림 1.2에 있듯이, 파장(주파수)별로 세분화되어 있다. IEEE Standard의 예(a)에서는, 파장이 짧은 밀리미터파 가운데 40~110GHz의 주파수대는 W와 V-밴드로 분할하여 차량 레이더나 전파 천문학 분야에서 사용되고 있고, 주파수 40~12GHz의 마이크로파는 파장이 짧은 순서대로 Ka, K, Ku-밴드라고 하며 강우 레이더와 위성통신에 널리 이용되고 있다. X-밴드는 일반적인 탐사 레이더(Probing Radar)를 비롯해 합성개구레이더(SAR: Synthetic Aperture Radar), 도플러 레이더(Doppler Radar), 통신 등에 주로 사용되는 밴드 중 하나이다. S와 L 및 P-밴드는 주로 통신과 텔레비전 방송 등에 이용되고 있으며 일부 합성개구레이더에도 사용되고

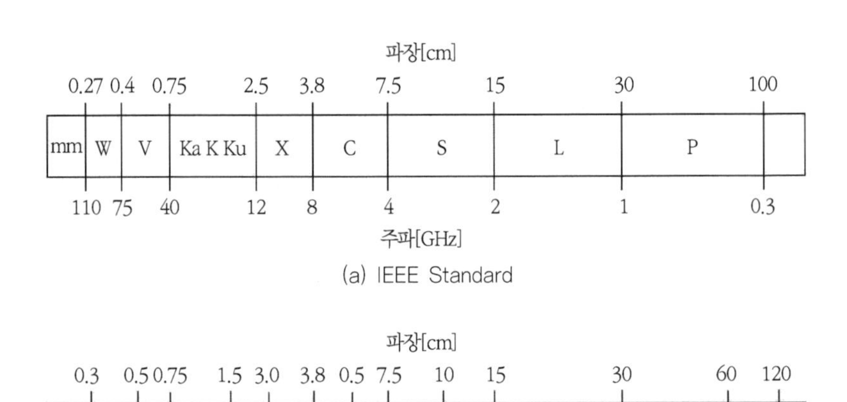

그림 1.2 마이크로파의 파장, 주파수 대역 및 밴드 이름

있다. 또, 앞서 서술한 바와 같이 P-밴드로부터의 1GHz의 주파수대는 지중 레이더(GPR)에 이용되고 있다.

1.2 레이더의 원리와 정의

1.2.1 펄스 레이더[3), 4), 5), 6)]

레이더에는 다양한 종류가 있는데, 가장 일반적인 레이더는 짧은 펄스를 연속적으로 송신해 같은 안테나로 수신하는 펄스 레이더(Pulse Rader)이며, 그림 1.3에서 펄스 레이더의 원리를 나타내고 있다. 우선, 송신 회로의 마그네트론(Magnetron)[7]이나 반도체 회로를 사용해 발생한 마이크로파를 증폭하여 지향성이 높은 안테나를 통해 목표 방향을 향해 방사한다. 펄스 방사 후에는 송수신 전환기가 일정 시간 동안 수신 모드로 전환한다. 그림 1.3처럼 조사(照射, Irradiation) 범위 내에 있는 타깃 A는 입사파를 모든 방향으로 재방사하고, 안테나 방향으로 반사된 에코[8] 전자파가 안테나로 수신된다. 수신 후에 송수신 전환기가 송신 모드가 되어 다음의 펄스를 방사한다. 수신파의 파워는 송신파와 비교해서 매우 작기 때문에, 송신 시에 대출력의 신호가 수신기로 유입되어 수신 회로가 망가지지 않도록 해야 한다. 그래서 송수신 전환기에는 송수신 경로를 전기적으로 분리하는 듀플렉서(Duplexer)라고 불리는 분파기(Branching Filter)가 사용된다.

---

7 마이크로파를 발생하는 일종의 진공관으로 전자레인지에 이용되고 있다.

8 수신 신호는 메아리처럼 돌아오는 것부터 echo(에코)라고도 불린다.

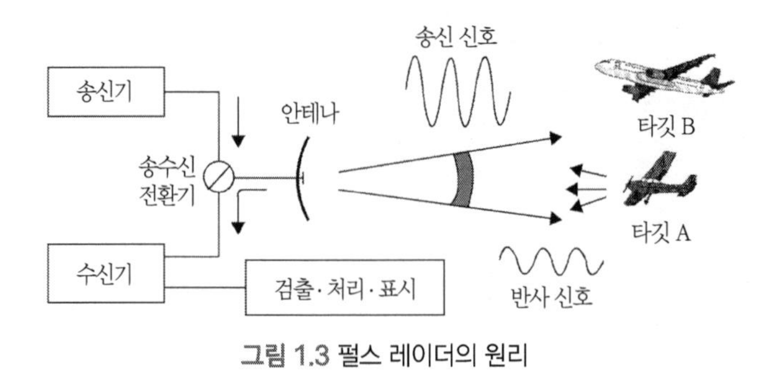

그림 1.3 펄스 레이더의 원리

레이더는 안테나를 회전해 빔 방향을 변화시키면서 송신과 수신 프로세스를 반복한다. 타깃과 안테나와의 거리는 송신 시각과 수신 시각으로부터 산출되며 방위는 회전 안테나의 방사 방향으로 추정된다. 그림 1.3의 예에서 안테나의 방사 방향이 바뀌면서 처음에 조사된 목표물 A가 조사권 밖에 있게 되고, 타깃 B가 조사권 내에 들어가면 B의 거리와 방위가 마찬가지로 산출된다.

보다 정량적으로는 전자파의 공기 중에서 속도를 $c(=3\times10^8\text{m/s})$, 펄스 방사 시각과 목표물의 수신 시간과의 차이인 펄스 왕복 시간을 τ_R로 하면 타깃의 거리는

$$R=\frac{c\tau_R}{2} \tag{1.1}$$

이다. 거리 R은 일반적으로 레인지(Range) 혹은 레인지 거리라고 불린다.

1.2.2 최대 탐지 레인지[3), 4), 5), 6)]

그림 1.4에서 볼 수 있듯이, 만약 표적 A가 펄스 1과 2 시간대의 거리에

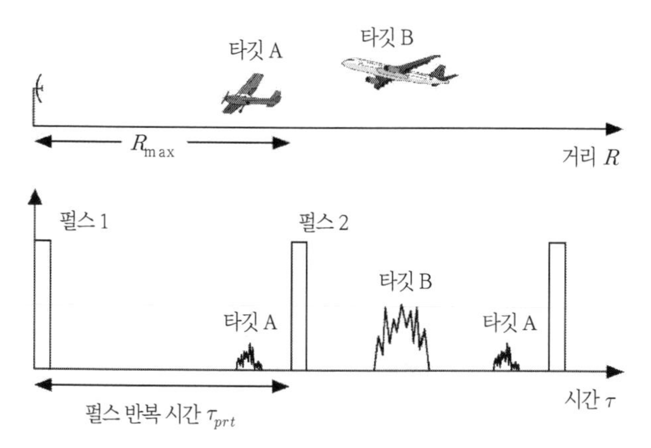

그림 1.4 펄스 반복 시간 τ_{prt}와 최대 탐지 거리 R_{max}, 그리고 타깃 B의 2차 에코

있다고 하면 타깃 A의 거리는 식 (1.1)로 측정할 수 있다. 그러나 혹시 타깃 B가 펄스 1과 펄스 2 시간대에 해당하는 거리에 위치하지 않고, 보다 먼 위치에 있다고 하면 타깃 B의 위치는 펄스 2 전송 후 탐지된다. 타깃의 거리는 송신 시각과 수신 시각으로 산출되므로, 타깃 B의 거리는 잘못된 값이 되어버린다. 이 현상은 2차 에코 (2차 이후는 다차) 주기 외 에코 (Second-time-around Echo) 혹은 단순히 2차 에코/메아리(Second Echo)라고 하며, 몇몇 보정법이 제안되고 있다(2.2절 참조). 이런 2차 잔향이 발생하지 않는 거리, 즉 애매함 없는 최대 탐지 거리(Maximum Unambiguous Range)는 펄스 반복 주기 f_{prf}, 혹은 펄스 반복 시간 $\tau_{prt} = 1/f_{prf}$에 의해서 정해진다.[9] 2장에서도 언급하겠지만, 이 거리는 식 (1.1)에서

$$R_{max} = \frac{c\tau_{prt}}{2} \tag{1.2}$$

9　한편, 펄스 반복 시간은 수신 신호의 파워 대 시스템 노이즈비를 고려하여 설정한다.

로 정의된다.

1.2.3 해상도[3), 4), 5), 6)]

펄스 레이더(Pulse Radar)에서는 삼각함수로 기술되는 전자파 신호를 짧은 직사각형의 지속시간 내에 진폭 변조한 펄스를 사용하고 있다. 미소한 점상(點狀)의 타깃이 있으면, 수신 신호의 진폭은 감소하지만 모양은 같은 펄스 폭을 가지게 된다. 두 개의 표적이 충분히 떨어져 있으면 그림 1.5에서 볼 수 있듯이 2개의 수신 신호는 서로 식별될 수 있다. 그러나 타깃 간의 거리가 짧으면 2개의 수신 신호가 중복되어 식별이 되지 않게 된다. 식별이 가능한 조건은 2개의 수신 신호의 시간차가 펄스 폭 τ_0 이상이면 된다. 이 시간은 해상도 시간으로, 펄스 왕복 시간을 고려하면 공간 해상도 폭은

$$\delta R = \frac{c\tau_0}{2} \tag{1.3}$$

로 정의된다. 즉, 해상도를 높이기 위해서는 펄스 폭을 짧게 하면 된다.

방위 해상도 폭은 빔 폭에 상당하고 아래와 같이 정의된다.

$$\delta D \simeq 2R\tan\left(\frac{\theta_D}{2}\right) \tag{1.4}$$

여기서, θ_D는 수평 방향의 빔 폭(각도)이다. 빔 폭(거리)은 레인지 거리가 증가함에 따라 증가하므로 해상도도 나빠진다. 예를 들면, 펄스 폭 0.15μs, 수평 빔 폭 0.25°의 일반적인 항만 감시 레이더에서는 공간 해상도 폭은 $\delta R \simeq 23$m, $R = 1$km에서 방위 해상도 폭은 $\delta D \simeq 4$m이고, 레인지 거리

10km에서는 약 44m이다. 또, 수직 방향의 해상도 폭도 식 (1.4)와 같이 정의해서 수직 방향의 빔 폭 15.0°에서, 레인지 거리 1km와 10km에서의 해상도 폭은 각각 약 26m와 263m이다.

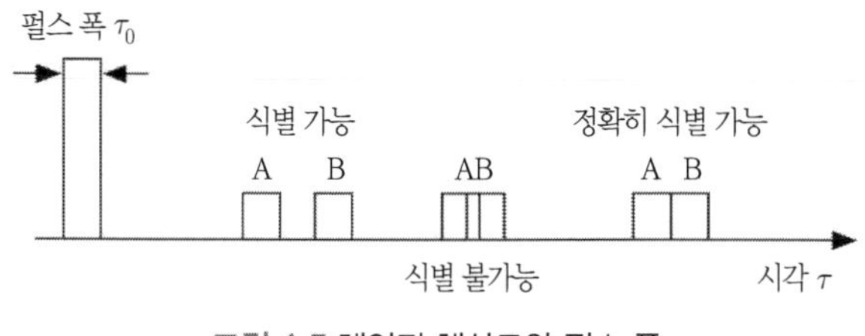

그림 1.5 레인지 해상도와 펄스 폭

1.2.4 처프 신호(Chirp Signal)와 펄스 압축 기술

레이더의 탐지거리를 향상시키기 위해서는 송신 전력을 크게 할 필요가 있다. 수신 신호 파워는 타깃과의 거리의 4제곱에 역비례하므로(식 (2.24) 참조), 예를 들어 탐지거리를 2배로 만들기 위해서는 송신 신호의 피크 전력을 16배로 만들 필요가 있고 이는 쉽지 않다. 펄스 폭을 길게 하면 평균 전력을 증가시킨다는 의미에서 탐지거리를 길게 할 수 있지만, 식 (1.3)에서와 같이 공간 해상도가 떨어지게 된다. 이 탐지거리와 해상도의 상반된 문제를 해결하는 기법에 펄스 압축 기술이 있다.[2)]

펄스 압축 처리에서는 그림 1.6 (a)의 비교적 긴 펄스에 직선 모양의 주파수 변조를 가한 (b)(그림 4.2 참고)와 같은 펄스가 사용된다. 이러한 주파수가 변조된 펄스는 FM(Frequency Modulation) 혹은 처프 펄스(Chirped Pulse)로 불린다. 처프[10] 펄스는 주파수 변조 변환되어 (c)의 RF 송신파가 되고 안테나로

10 역) '첩'이라고도 한다.

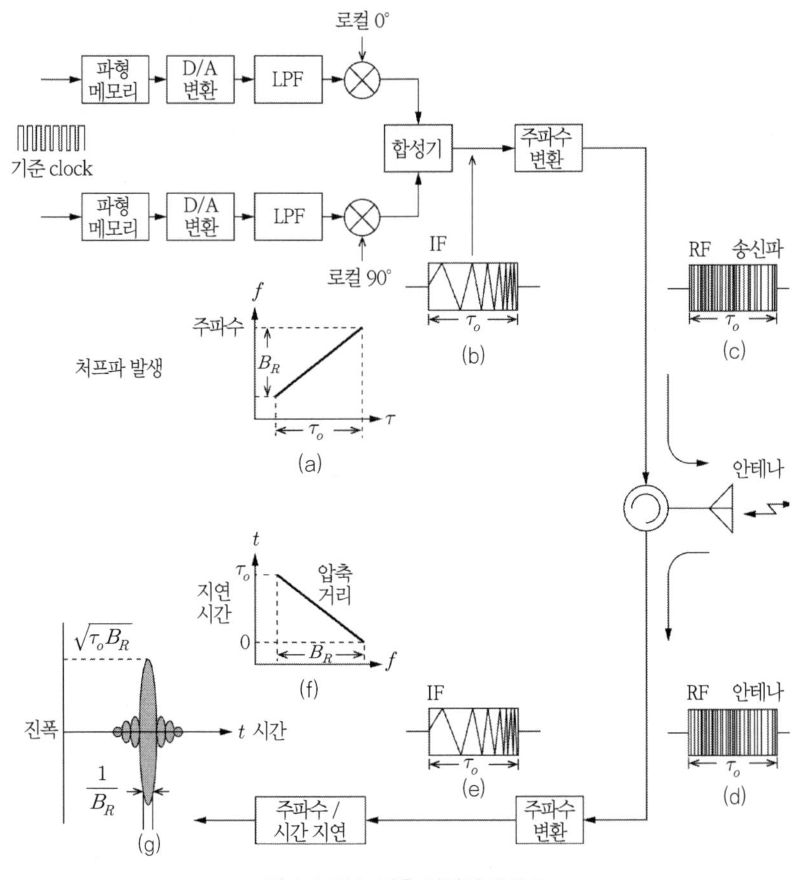

그림 1.6 펄스 압축 처리의 흐름도

부터 방사된다. 미소(微小) 산란체(Micro Scatterer)로부터 반사되어 수신된 신호 (d)는 수신기에서 주파수 변조 변환되어 중간 주파수 신호 (e)가 된다. 이 신호를 송신 신호와 같은 참조 신호를 사용하여 (f)와 같이 주파수-지연 특성을 갖는 회로에서 처리(상관 처리)하면, 긴 펄스 내에 분산된 주파수 성분이 한 점으로 집약되고 (g)와 같은 펄스로 변환된다. 압축 후의 펄스 포락선(抛落線, Envelope) 파형(진폭) $E_R(\tau)$는

$$E_R(\tau) = \sqrt{\tau_0 B_R}\frac{\sin(\pi B_R \tau)}{\pi B_R \tau} \tag{1.5}$$

로 된다. 여기서 B_R은 처프 밴드 폭(주파수 변조 폭)으로 불리는 상수이고, τ_0은 송신 펄스 폭을 나타낸다. 따라서 압축 후의 펄스 폭은 $1/B_R$가 된다. 처프 신호의 상세는 4.1.3항에, 압축 처리 상세는 8.1절에서 해설하지만, B_R은 τ_0에 비례하기 때문에 펄스 압축 처리에서는 전 절의 직사각형펄스와는 반대로, 긴 펄스일수록 고해상도가 된다.

펄스 압축 처리에 사용되는 주파수-지연 특성의 회로에는 기존 SAW 디바이스[11]가 많이 사용되었지만, 최근에는 FPGA(Field Programming Gate Array) 등의 성능 향상으로 그림 1.7과 같은 트랜스버셜(Transversal) 형태의 비재귀형(Nonrecursive) 디지털 필터도 사용되고 있다. 그림 1.8은 펄스 압축 처리의 구현 예로, 처프 펄스의 폭이 극단적으로 짧은 펄스로 되었고, 압축 펄스 파워의 피크 값도 크게 상승한 것을 알 수 있다.

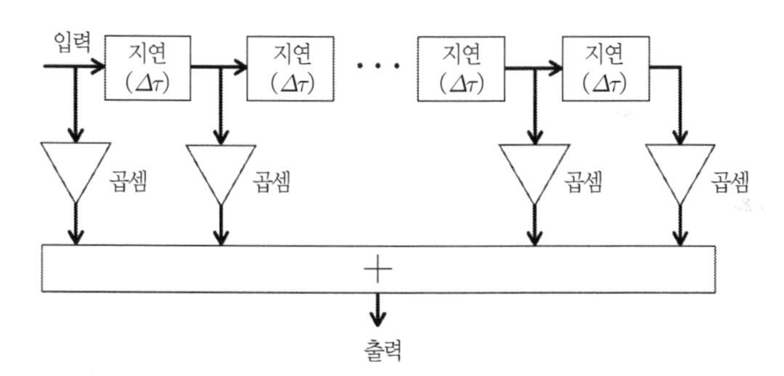

그림 1.7 지연선(遲延線) 필터(Transversal Filter)에 의한 주파수-지연 회로

11 Surface Acoustic Wave 필터로 압전체의 박막 등에 형성된 규칙적인 빗살형 전극을 사용하여 특정 주파수대의 전기 신호를 꺼내는 필터이다.

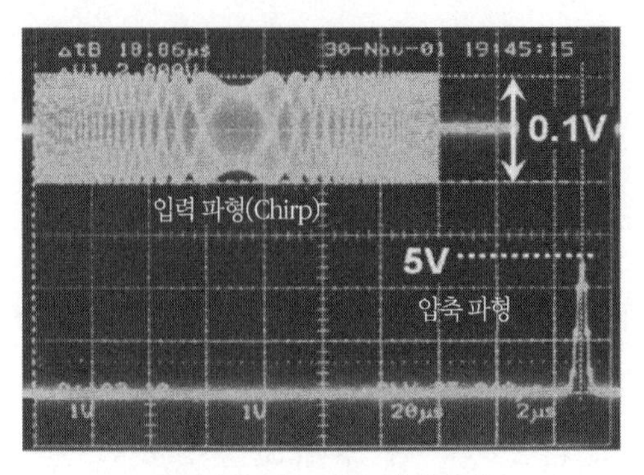

그림 1.8 펄스 압축 처리의 예

펄스 압축 기술은 일반적인 수색 레이더를 비롯해 다양한 레이더의 해상도 향상에 이용되고 있는데, 특히 위성 탑재 합성개구레이더 등에서는 전원을 태양전지에 의존하고 있어, 고출력의 짧은 펄스를 연속해 방사하는 것이 곤란하기 때문에 펄스 압축 기술이 반드시 필요하다.

1.3 레이더의 역사

1.3.1 여명기(19세기 후반~1920년대)[7), 8), 9)]

19세기 후반 이후, 고전 전자기학의 확립과 실험에 의한 증명으로 전파의 성질을 밝히게 되었고, 1920년대에는 현재까지 이어지고 있는 레이더의 기본인 펄스 레이더, CW(Continuous Wave: 연속파) 레이더의 원리가 완성되었다. 그러나 당시에는 아직 주변 기술이 뒷받침되지 않았고, 그 유효성이 사회에 퍼지지 않아 실용화되지는 않았다. 이하에는 레이더의 발전과정을 연대에 따라 요약한다.

- 1888: 독일의 물리학자 헤르츠(H.R. Hertz)가 처음으로 전자파 방사와 검출에 성공하고 전파가 파동과 같은 특성을 갖고 있음을 발견했다. 이 실험은 영국의 물리학자 맥스웰(J.C. Maxwell)이 1864년에 완성한 전자파 이론을 실제로 증명하는 실험으로서, 그 후의 레이더 발전의 기초가 되었다.
- 1901: 이탈리아 물리학자로 무선의 선구자로 불리는 마르코니(G. Marconi)가 보스(J.C. Bose)의 다이오드 검출기를 사용한 대서양 횡단 무선 실험에 성공하였다.
- 1904: 독일의 물리학자이자 발명가인 크리스티안 휠스마이어(C. Hülsmeyer)가 캄캄한 밤과 안개 속에서도 작동할 수 있는 배 충돌 방지 장치를 개발했고, 라인강에서의 실증 실험에 성공하였다. 이는 첫 레이더 특허로 인정받고 있다. 선박 탐지는 할 수 있었지만 거리는 계측할 수 없어 실용화되지 못했다. 그 후 20년간에 걸쳐 비슷한 장치가 개발되었지만, 현재의 형태인 실용적인 레이더가 개발된 것은 1930년대에 들어서고 나서였다.
- 1905: 브라운관의 발명(1897년)으로 알려진 독일의 물리학자 브라운(K.F. Braun)이 복수 안테나의 위상을 제어함으로써 빔 형성을 실시해 조사(照射, Irradiation) 방향을 전기적으로 제어하는 위상배열안테나(Phased-Array Antenna)를 개발하였다. 이 시스템은 후에 레이더 발전에 크게 공헌하는 동시에 통신 분야에서의 MIMO(Multiple-Input and Multiple-Output) 기술로 발전한다.
- 1922: 미국 해군 연구소(NRL: Naval Research Laboratory)는 무선 통신 실험 중 근처를 지나는 선박에 의해 전파가 교란되는 것을 토대로 장애물 탐지 가능성을 보고했다. 이것은 CW 레이더의 원리이지만,

이 시점에서는 타깃 검출을 위한 레이더 개발에는 이르지 않았다.

- 1925: 워싱턴의 카네기 연구소(Carnegie Institute of Washington D.C.)의 브리엣(G. Breit)과 튜브(M.A. Tuve)가 펄스 레이더를 사용해 전리층의 고도를 계측했다. 펄스 레이더의 원형은 크리스티안 휠스마이어(C. Hülsmeyer)의 충돌 방지 레이더이지만, 실제로 이용된 것은 이 실험이 처음이다. 전리층을 향해 방사된 펄스가 항공기나 새 떼에 의해 반사되어 수신된 것을 계기로 물체 탐지를 위한 펄스 레이더 연구가 시작되었다. 일본의 야기 안테나(Yagi Antenna, 무선에서 사용되는 지향성 안테나)가 발명된 것도 1925년이다.

1.3.2 발전기(1930년대~1940년대 중반)[10)]

1930년대부터 제2차 세계대전 전후는 군사 목적으로 레이더 개발이 급속히 발전한 시기이다. 제1차 세계대전(1914~1918년) 후, 나무판들을 붙인 복엽기(Biplane)를 대신해 항행 거리가 길고 높은 고도를 비행하는 금속제의 단엽기(Monoplane)가 개발되어 폭격기로서 이용되었다. 그 결과 대형 폭격기에 대한 조기 경보 레이더(EWR: Early Warning Radar) 개발이 시급해졌고 레이더 기술은 눈부시게 발달했다. 또 고출력 마이크로파 발진을 가능케 하는 마그네트론 등 주변 분야의 발달로 소형 고해상도 레이더가 실용화되어 선박이나 항공기 검출을 위해 이용되었다. 그러나 전세(戰勢)를 결정지은 것은 레이더의 성능뿐만 아니라, 그 운용에 기인하는 점도 크다고 알려져 있다.

- 1935: 영국의 물리학자로 '레이더의 아버지'로 불리는 왓슨와트(Sir R. Watson-Watt)는 전파 탐지 방식을 제언하고 연속파에 의한 항공

기 탐지 실험, 그리고 펄스 방식의 항공기 탐지 실험을 진행했다. 단파 펄스 레이더를 사용하여 120km 떨어진 항공기의 거리와 방위를 탐지하는 데에 처음으로 성공하였고, 그 결과 영국에서는 레이더를 전제로 한 방공 체제를 구축하게 되었다.

- 1936: 영국이 20~30MHz(파장 15~10m)의 지상 설치 CH(Chain Home[12]) 레이더를 개발하고, 빠르게 송신탑의 건설을 추진해 1939년에는 영국 동해안 모든 영역을 커버하기에 이르렀다. 이 시기 독일에서는 200MHz라는 높은 주파수의 레이더를 개발하는 등 고도의 기술을 가지고 있었지만, 영국은 각 레이더를 모두 통신선으로 연결하여 정보를 집중 관리하라는 명령을 내리며 운용 면에서 앞섰으며, CH 레이더는 항공 방어에 크게 기여했다고 한다. 그때쯤 NRL이 타깃 검출 목적의 펄스 레이더의 프로토타입(Prototype)을 개발한다(1938년).
- 1939: 독일에서 지름 3m의 파라볼라 안테나를 사용한 주파수 565MHz, 최대 출력 8kW의 뷔르츠부르크 레이더(Würzburg Radar)가 개발되었으며 최장 측정 거리는 40km였다. 당시 레이더 기술은 독일이 가장 앞서고 있었고, 동맹국이었던 일본은 뷔르츠부르크 레이더 도입을 결정하여, 어려움 끝에 1943년에 도면을 가져갔다. 하지만 그 후 일본은 뷔르츠부르크 레이더의 국산화에 성공했지만, 실전에서 성과를 거둘 기회를 얻지 못하고 종전을 맞이했다.
- 1940: 영국에서 고출력(기존의 삼극 진공관의 약 10배)의 공동 마그네트론이 개발되어 3GHz 대역의 AI(Airborne Interception: 요격기 탑재 레이더) 등의 개발이 시작되었다. 참고로 마그네트론은 영국이 최

12 역) 영국이 구축한 해상 조기경보 레이더 시스템의 암호 명칭.

초로 개발하였고, 1939년에 일본에서도 개발되었지만 레이더에 이용되지 않았다. PPI스코프(Plan Position Indicator: 평면 좌표 지시 화면)를 사용한 레이더 시스템이 개발된 것도 그때쯤(1942년 영국)이다.

1.3.3 전성기(1940년대 중반~)[7), 8), 9)]

제2차 세계대전 중에 발전한 레이더 기술은 전쟁이 끝난 후에도 다방면에서 이용되게 되었다. 그 요인으로는, 디지털 기술·컴퓨터 기술의 급속한 발달에 의한 신호 처리 능력의 향상, 반도체 기술의 발전에 수반되는 마이크로파 발진의 안정화나 송신기의 반도체 이용 등을 들 수 있다. 신호 처리 기술과 전자기기의 발전에 따라 레이더 기술 발전의 전성기를 맞이하여, 위상배열안테나(Phased Array Antenna)나 넓은 주파수 대역에서 고해상도 레이더가 개발되고, 군사 이용을 비롯해 차량·선박·항공기의 운항부터, 기상, 지중탐사 나아가 항공기·위성 탑재 이미지 레이더에 의한 지구·행성 관측에 이용되고 있다. 다음에 각종 레이더의 개발사를 요약한다.

1.3.4 탐색 레이더(Search/Surveillance Radar)

탐색 레이더의 예로 선박 레이더와 항공 관제 레이더의 역사를 요약한다.

(1) 선박 레이더

각국이 제2차 세계대전 중에는 적(敵)을 찾기 위해서 레이더를 개발했으나, 전쟁 후에는 항법용(Navigation)으로 이용하게 되었다. 일본의 선박 레이더를 예로 설명하자면, 제2차 세계대전이 끝난 후 GHQ(General Headquarters)에 의한 비군사화 정책을 통해서 군사용으로 이어질 우려가 있는 레이더의 개발, 생산은 금지되어 있었다. 1946년, 식량난을 해소할 목적으로 GHQ의 허가 아래 남극해 포경 선단(捕鯨船團, Whaling Fleet)이 편성되고, 전시 중 전함 Yamato호에도 탑재된 것으로 알려진 파장 10cm의 레이더(그림 1.9 (a))를 개조하여 선박 레이더로 해서 남극해 포경 선단 모선(母船)에 설치했다(그림 1.9 (b)의 화살표).

(a) 1944년 이후 군함에 설치된 레이더 혼(Horn)형 안테나

(b) 남극해 포경선단 모선(Setsu Maru)[13]의 안테나(화살표)

그림 1.9 선박 레이더의 예시

1951년에 GHQ로부터 일본 내 생산 허가를 받자, 이듬해 1952년 일본 최초의 국산화를 통한 상선용 대형 레이더가 개발되었다. 그림 1.10이 그 외관이다. X-밴드 30kW의 송수신기와 5피트 반사 안테나, 고정형 편향 코일의 12인치 CRT(Cathode Ray Tube: 브라운관)의 지시기로 이루어진 3유닛 시스템이었다.

---

13 역) 일본 육군에서 1945년 상륙함(Landing Ship)으로 건조한 군함이나, 일본의 패전 후 포경선으로 개조되어 사용되었으나 1953년 남극해에서 침몰하였다.

그림 1.10 선박용으로 개발된 레이더

1960년대에 기존의 반사형 안테나(Reflector Antenna)에서 슬롯 배열 안테나(Slot Array Antenna)로의 전환, 전원의 반도체화, 평형 혼합기(Balanced Mixer)의 채용 등 큰 기술 혁신이 있었고 경량화도 진행되었다. 이후에도 마그네트론을 제외한 송수신기의 완전 일체화, 지시기의 디지털화 등 시대에 맞는 기술이 적용돼 현재까지 이르고 있다. 한편, 선박용 레이더의 다양화도 진행되었다. 항해용 이외에 어로용으로 사용하기 위해 목적에 맞는 레이더 성능이 요구되었다. 바다새를 탐색하는 탐조(Bird Detection) 레이더, 조업 상황을 감시하는 다기능 레이더(Multifunction Radar), 정치망(定置網) 부표 등을 탐색하기 위한 부이 레이더(Buoy Radar) 등 어선 전용 레이더, 레저보트용 저가격대 레이더 등을 들 수 있다. 2000년대 이후는, 메모리의 대용량화나 CPU(Central Processing Unit)의 고속화가 급속히 진행되어 지시기(Indicator)의 처리 능력이 비약적으로 진보하였다.

(2) 항공 관제 레이더

1903년 미국의 라이트 형제가 비행기에 의한 인류 첫 유인 동력 비행에 성공했다. 이후 전 세계에서 항공기 수가 늘면서 항공 관제 시스템이 불가피해졌다.

미국은 세계에서 가장 먼저 항공 관제에 나섰다. 1930년대에 항공 관제가 시작되고, 1940년대에는 레이더를 사용한 항공 관제를 하였다. 1949년에는 공항주변의 공역(空域, Airspace)에 대한 레이더 관제가 시작되었다.

1944년 시카고에서 열린 국제민간항공 회의에서, 국제민간항공조약(Convention on International Civil Aviation, 시카고 조약)이 체결되었다. 1947년 이 조약에 기초하여 "국제민간항공이 안전하고 질서 있게 발전하도록, 또한 국제 항공 운송 업무를 기회 균등 주의에 입각하여 건전하고 경제적으로 운영되도록 하기 위하여, 각국의 협력을 도모하는 것"을 목적으로 국제민간항공기구 ICAO(International Civil Aviation Organization(Aviation))가 발족하였다. 이에 따른 국제적인 법 정비도 진행되어 1950년대에는 레이더에 의한 관제가 확립되었다. 일본의 항공 관제는 제2차 세계대전 이후 본격적으로 개시되어 1953년에 ICAO에 가입했다. 레이더는 항공로 감시, 공항 감시, 공항 지상 감시[14] 등에 사용되고 있고, 항공기의 원활한 운용에 없어서는 안 되는 장치가 되었다.

1.3.5 추적 레이더(Tracking Radar)

추적 레이더의 시작은 제2차 세계대전 이후 구소련(舊蘇聯)군이 개발한 대공 전차에 탑재된 RPK-2레이더이다. 이 레이더의 최대 탐지 거리는

14 역) 공항지상감시레이더: ASDE(Airport Surface Detection Equipment).

20km로 탐지 후에 8km 이내의 항공기를 추적할 수 있다는 것이었다. 추적 레이더는 전파를 공중의 항공기나 미사일 등의 비상체(飛翔體)를 향해서 계속 조사(照射)하고, 추적 필터를 사용해 위치나 속도를 계측하고 추정한다. 주요 추적 필터에는 1960년대에 개발된 $\alpha - \beta$ 필터나 칼만 필터 등이 있다. 2000년대 이후는 기존 필터에 개량이 이뤄져 보다 정확하게 되었고, 초기 설계 등의 파라미터가 필수 추적 성능(Required Tracking Performance)에서 직접 결정 가능한 NP(Non Process Noise) 필터, 다중 목표물 추적 필터 등이 개발되고 있다. 이전에는 기계적인 빔 주사(走査)였지만, 현재는 위상배열식의 추적 레이더가 주로 사용된다.

1.3.6 능동 위상배열 레이더(Active Phased Array Radar)

기존의 빔 주사는 안테나를 기계적으로 회전하는 것에 의한 것이지만, 능동 위상배열 레이더(APAR: Active Phased Array Radar)는 배열된 안테나 소자의 위상을 변화시킴으로써 안테나를 회전하지 않고 빔 방향을 제어하는 레이더이다. X-밴드 APAR의 시작품은 1960년대부터 미국, 소련, 일본 등에서 개발되고 있었다. APAR이 실용화된 것은 1980년대로 주로 군사 목적으로 개발되었지만, 이후에 민간의 레이더 대부분에 적용되기 시작했다. 현재까지 각국의 기관에서 APAR의 개발·개량·실용화가 이루어지고 있으며, 추적 레이더를 비롯해 기상 레이더나 위성 탑재 SAR 등 많은 레이더 시스템에 이용되고 있다. 또, 통신 분야에서는 스마트 안테나나 MIMO(Multiple Input Multiple Output) 시스템 등에도 응용되고 있다.

1.3.7 기상 레이더(Weather Radar)[8), 11)]

1940년부터 1941년까지 영국 General Electric Corporation 연구소가 S-밴드 레이더에서 항공기를 검출하던 중 강우나 진눈깨비로 에코가 수신되는 것을 확인했다. 당시, 강우 에코는 타깃 검출의 방해가 되는 클러터(Clutter), 즉 노이즈로서 처리되고 있었지만, 이것이 기상 레이더 개발의 계기로 여겨진다. 이후 빗방울의 산란이론과 실험결과가 발표되기 시작했고 강우에 따른 마이크로파 반사율과 강우율 관계를 보여주는 경험식이 도출되었다.

그림 1.11에서와 같이 일본에서는 1954년에 첫 기상 레이더가 개발되었다. 이 레이더부터 본격적으로 A스코프, PPI(Plan Position Indicator), RHI(Range-Height Indicator)의 3종을 표시할 수 있었다. 1964년에는 최대 관측 거리 800km의 후지산 레이더를 사용해서 태풍 등의 기상을 관측했다. 1980년대는 기상 레이더가 급속히 발전한 시기로, UHF 및 X-밴드의 펄스 도플러 기상 레이더가 개발되었고, 후자는 남극 쇼와 기지(Syowa Station, 남극 이스트 옹굴섬(East Ongul Island)에 있는 일본의 관측 기지)에 설치되었다. 또, 고도 2km의 대류권에서 고도 500km의 초고층 대기의 관측을 목적으로 한 직교 야기 안테나(Yagi Antenna)를 사용한 지름 103m의 대형 MU레이더(Middle and Upper Atmosphere Radar)가 개발되었다. 1990년대 이후에는 열대 강우 관측 위성(TRMM: Tropical Rain Measuring Mission) 탑재의 Ku-밴드 강우 레이더(PR: Precipitation Radar)가 개발되어 1997년부터 18년간 열대 지방과 해상 등 지상에서의 관측이 곤란한 지역의 강우 관측을 실시했다. 현재 후속 위성인 전지구 강수 관측 임무(GPM: Global Precipitation Mission)의 2주파 강우 레이더(DPR: Dual-frequency Precipitation Radar)가 활약하고 있다. DPR은 Ka-밴드로 약

한 비와 눈의 관측이 가능하지만, Ku-밴드에서는 강한 비의 관측이 가능해 보다 고성능이 되고 있다. 게다가 6장에서 설명하는 바와 같이 항공기 탑재 W-밴드 구름 관측 레이더, 수평·수직 이중 편파 도플러 레이더, 바이스태틱(Bistatic) 강우 X-밴드 레이더 등이 개발되고 있다.

그림 1.11 일본 개발 기상 레이더와 안테나(1954년)

1.3.8 차량 탑재 레이더(Automotive Radar)

차량 레이더의 개발은 1960년대 초기에 미국에서 차량의 후방에 반사경의 형태로 설치한 것부터 시작되었지만,[12] 그 후 전방의 차량 탐지용 FM-CW 레이더로 전환되었다. 초기의 레이더는 주파수 10GHz의 큰 것이었는데, 1970년대에 되어 34GHz와 50GHz의 고주파 대역 차량 펄스 레이더가 독일에서 시험 제작되었다. 일본에서의 개발과 시작품도 이때이지만, 실제로 시장에 도입된 것은 1993년의 대형 차량 전용의 24GHz대 장거리 레이더로, 1990년대 후반에 국제적으로 주파수 76GHz가 차량 레이더용으로 할당되고, 일반 승용차에 대한 밀리미터파 차량 레이더의 유럽 시장 도입이 시작되었다. 그 후 24GHz대 근거리 레이더, 76GHz대의 원거리(200m 초과) 레이더의 실용화가 진행되어, 밀리미터파 레이더의 저비용화와 함께 한국, 일본이나 구미의 다수의 메이커의 차종에 전방, 후방, 측방 감시 및 크루즈 컨트롤(Cruise Control)용 레이더 탑재가 진행되고 있다. 현재, 79GHz의 광대역(4GHz) 레이더에 의한 공간 해상도 향상(수십 cm)이 연구되고 있다.

1.3.9 합성개구레이더와 역합성개구레이더[2)]

1952년 윌리(C. Wiley)가 합성개구레이더(SAR: Synthetic Aperture Radar)를 개발했다. 초기의 합성개구기술은 'Doppler Beam Sharpening'이라고도 불리고 있었다. 같은 해에 SLAR(Side Looking Airborne Radar)가 개발되었지만, 군사 이용 목적이었기 때문에 기밀적으로 행해져 공개되지 않았다. SAR의 민간에 대한 공개는 9년 후인 1961년이었다. SAR는 이동하는 안테나를 사용해 가상의 긴 안테나를 합성하여 고해상도 이미지를 생성하는 이미지 레이더(Image Radar)이다. 반대로, 정지 안테나를 사용하여 항공기나 선박 등의 회전(이동)으로 발생하는 도플러 신호로부터 타깃의 고해상도 이미지를 생성하는 역합성개구레이더(ISAR: Inverse SAR)가 있다. 역합성개구레이더는 1980년대에 실용화되어 현재까지 사용되고 있으며 주로 군사 분야에서 이용되고 있다. 또 관측 대상의 동요에 의해서 품질이 떨어진 SAR 이미지의 보정 방법도 ISAR라고 한다.

SAR의 개발 초기에는 항공기를 사용하여 실험과 관측을 실시하였고, 위성 탑재 SAR로서는 1964년에 미국 국가 정찰국이 발사한 X-밴드 QUILL이 처음이다. 항공기 탑재 SAR와 비교해서 저해상도의 QUILL은 두꺼운 대기나 전리층을 투과하여 고품질의 레이더 이미지가 생성되는가의 실증 실험에서 실질적으로 4일간 운용되었다. 당시는 컴퓨터에 의한 디지털 처리가 아닌 렌즈를 조합한 광학 프로세서에 의해서 이미지를 생성하였다. 그 후 1978년에 주로 해양의 지구 관측을 목적으로 한 첫 민간위성 SEASAT 탑재 L-밴드 SAR가 발사되고, 우주왕복선 탑재 L-밴드 SIR (Shuttle Imaging Radar)-A, SIR-B(Shuttle Imaging Radar B), 다주파(X-/C-/L-밴드)SIR-C/X-SAR, SRTM(Shuttle Radar Topography Mission)에 의한 세계 표고 데이터 작성으로 이어졌고, 1990년대 이후 위성 탑재 SAR가 각국의 기관에서 차례로 발사되었다. 일본은 1992년에 L-밴드 SAR가 탑재된 JERS-1을 발사, 2006년에는 후속 ALOS-PALSAR가 발사되었다. 현재 PALSAR-2를 포함 약 20기의 위성 탑재 SAR가 운용되고 있다. 또 항공기 및 무인기(UAV: Unmanned Aerial Vehicle)도 각국에서 많이 개발돼 운용되고 있다.

SRTM에서는, 2대의 안테나를 사용한 InSAR(Interferometric Synthetic Aperture Radar)를 사용하여 지형도를 작성했지만, InSAR의 이론은 1970년대에 제안되었으며 1980년 후반 SIR-B를 사용한 것이 최초의 InSAR이었다. 그 후 여러 시기(時期) 데이터를 사용한 차분(差分) DInSAR(Differential Interferometric Synthetic Aperture Radar) 알고리즘이 개발되어 지진이나 화산활동에 의한 지각변동과 산사태 등의 계측에 이용되고 있다. DInSAR의 예로는, 1992년에 발생한 남 캘리포니아의 Landers 지진에 의한 지각변동, 1995년 고베 대지진, 2011년 동일본 대지진으로 인한 지각 변동의 계측 등 수없이 많다. 1990년대부터 연구가 시작된 POLSAR(Polarimetric SAR)에서는, 관측 대상의 형상이나 전기적 특성에 의해서 마이크로파의 산란 특성이 다르다는 것을 이용해서 수직·수평편파의 복수의 조합으로 이루어진 편파 이미지로부터 대상물의 분류 등을 하고 있다. 게다가 현재는 폴러리메트리(Polarimetry)와 인터페로메트리(Interferometry)를 조합하여 Pol-InSAR의 응용이 연구되고 있다.

1.3.10 지중 레이더(Ground Penetrating Radar)

전파 음향 측정기(Echo Sounder)에 의한 지하 계측의 첫 시도는 1929년에 오스트리아 빙하의 얼음 두께를 측정하는 실험이지만, 당시 거의 주목되지 않았다. 1956년에는 송신파와 수신파의 간섭으로부터 지하수면(地下水面)의 심도를 계측하는 결과가 보고되었다.[13] 1950년대는 각국에서 극지 연구가 이루어지고 있었으며, 미군이 항공기 탑재 (펄스)레이더 고도계를 사용해 그린란드 빙상의 고도를 계측하던 중 극초단파와 단파대에서 큰 계측 오차가 발견되었다. 이 결과는 전파의 얼음에 대한 투과율에 의한 것으로, 1960년대에는 전파 음향 측정기를 이용해서 남극 얼음 두께의 계측, 지하의 소금과 석탄층의 탐사에도 적용되어 땅속(지중) 레이더의 개발로 전개했다.

1970년대부터 1980년대까지는 지중 레이더가 가장 많이 발전한 시기로, 아폴로 17호의 달 표면의 지질과 토양의 전기적 성질의 연구, 미국의 차코 캐니언(Chaco Canyon)의 매몰 유적의 발견 등 고고학 분야에서의 이용이 활발해졌다. 일본에서도 지중 레이더를 이용한 나라(奈良)아스카무라(ASUKAMURA, 明日香村)의 미야코즈카(都塚) 고분 조사에서 시작해 각지의 유적 조사에 널리 확산되었다. 원·중거리 지중 레이더를 사용해서 파이프라인 부설을 위한 영구동토층 조사, 지층·빙하 등의 학술 연구에서 수도관 등의 매몰 파이프와 공동의 탐지 등 이용 분야도 다양했다. 또, 지질과 전파와의 도전성이나 편파 등의 전기적 특성이 이해되기 시작하면서, 디지털 신호 처리의 발전과 함께 해상도가 향상된 지중 레이더가 개발되었다.

1990년대 이후 기존 이용 분야에서 땅속 레이더의 사용이 세계적으로 확산되고, 중요 과제인 지뢰 탐사나 활성단층 조사, 지질 분류나 지하

오염수 탐사 등에서 더 다양하게 활용되고 있다.

1.4 주요 레이더의 종류와 응용

1.4.1 탐색 레이더(Search/Surveillance Radar)[3), 4), 5)]

바다 위를 항해하는 선박이나 상공을 비행하는 항공기를 수색 탐지할 목적으로 전후(戰後)부터 현재에 이르기까지 많은 레이더가 이용되고 있다. 선박 레이더는 항해의 안전을 확보하기 위해 선박에 탑재되고, 시야가 나쁜 상황에서도 자선 주변에 있는 장애물을 탐지할 수 있는 등 선박 안전에 중요한 장치다. 탑재하는 선박의 종류나 크기에 따라 성능기준이 엄격히 정해져 있으며 IMO(국제해사기구)에서 성능기준이 제정되었고, IEC(국제전기표준회의)에서 시험기준이 규정되어 있다. 그림 1.12의 (a)는 실제 선박 레이더의 예이다. 주로 사용되는 주파수대는 X-밴드이며, 출력은 수 kW~수십 kW이다. 탑재 공간의 제약에서 안테나의 길이는 1~3m 정도이고, 도파관 슬롯 배열(Waveguide Slot Array)이 일반적이다. 빔 폭은 1도(度)에서 몇 도 범위이다. 펄스 폭은 수십 ns~수 μs이므로, 거리 해상도는 수 m~수백 m이다. 덧붙여 X-밴드는 강우에 의한 반사의 영향을 받기 쉽기 때문에, 강우 반사가 보다 적은 S-밴드의 선박 레이더를 같이 사용하는 경우도 있다.

항만 감시 레이더와 해상 감시 레이더는 항만 내와 해상을 항해하는 선박을 감시하기 위해 육상에 설치된다. 높은 방위 해상도를 얻기 위해 선박 레이더보다 개구(Aperture)가 긴 안테나나 Ku-밴드 등 높은 주파수가 사용된다. 그림 1.12의 (b)는 항만 감시 레이더의 예이다.

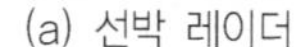

(a) 선박 레이더　　(b) 항만 감시 레이더

그림 1.12 해상 레이더의 예시

한편, 항공 교통의 안전 확보를 목적으로 해서, 항공기의 탐색·탐지에도 각종 레이더가 이용되고 있다. 공항에서 약 50마일(1마일은 1852m) 이상 떨어진 영공을 비행하는 항공기를 탐지, 감시하는 데에는 항공로 감시 레이더 ARSR(Air Route Surveillance Radar)이 사용된다. 거리 200마일의 항공기를 탐지할 필요가 있어서, 사용 주파수는 공간 감쇠와 강우의 영향을 받기 어려운 L-밴드가 사용되고 송신 펄스의 첨두 전력(Peak Power)은 2MW이다. 높은 거리 해상도는 요구되지 않기 때문에, 송신 펄스 폭은 수 μs 정도이다. 안테나는 반사경형이 이용되며 폭 10m 이상, 높이 5m 이상에 달하는 대형인 것이어서, 바람의 영향을 받지 않도록 구형의 돔에 덮여서 보호되고 있다. 그림 1.13의 (a)는 ARSR의 예이다. 덧붙여 지형이나 건조물 등 고정된 목표물로부터의 신호를 소거하는 MTI(Moving Target Indicator) 처리를 하고 이동 목표만을 표시하는 신호 처리도 하고 있다.

공항에서 약 50마일 이내의 이른바 터미널 구역에 대해서는, 항공기의 침입 관제 및 출발 관제를 실시하기 위해서 ASR(Airport Surveillance Radar)이 사용된다. 성능요건은 국제민간항공기관 ICAO(International Civil Aviation Organization)의 규격으로 정해져 있다. 주파수는 S-밴드가 이용되고, ICAO 규격 요구인 방위 해상도 1.2°를 만족하기 위해서, 폭 5~6m, 높이 3m

미만의 반사경형 안테나가 사용된다. 그림 1.13 (b)에 ASR의 예를 나타낸다. 송신 첨두 전력은 수백 kW로부터 1MW 정도이고, 펄스 폭은 1μs 정도이다. ARSR와 마찬가지로 MTI 처리를 하고 있어 고정 목표물을 소거하고, 이동 목표만을 표시하는 신호 처리를 실시하고 있다.

공항 내에서 항공기의 지상 유도를 안전하게 실시하기 위해, 활주로나 유도로상의 항공기나 차량을 탐지할 목적으로, 공항지상감시레이더(ASDR: Airport Surface Detection Radar)가 이용된다. 이 레이더는 높은 해상도를 얻기 위해 주파수는 K-밴드, 송신 펄스 폭은 수십 ns이다. 주파수가 높아 강우반사의 영향을 받기 쉽기 때문에, 비로부터의 반사가 잘 보이지 않는 원편파가 이용된다. 최대 탐지 범위는 몇 마일 떨어져도 괜찮기 때문에, 펄스 반복 시간은 10,000PPS(Pulses Per Second) 이상으로 할 수 있다.

(a) ARSR(Air Route Surveillance Radar)

(b) ASR(Airport Surveillance Radar)

그림 1.13 항공기 탐색·탐지 레이더의 예시

1.4.2 추적 레이더(Tracking Radar)[14), 15)]

추적 레이더는 항공기 등 비행 물체와 같은 목표물의 움직임(이동)에 레이더 전파를 추종(Tracking)하여 지향하는 레이더이다. 목표물을 조준하거나 사격하기 위한 사격 통제 장치 FCS(Fire Control System)의 일부로서 군사용으로 이용되는 경우가 많다. 그림 1.14의 (a)는 추적 레이더의 예로, 원형의 반사경 안테나를 기계적으로 목표물에 지향시켜서 추적한다.

다수의 목표물을 동시에 고속으로 추적하기 위해서는 레이더 전파의 지향성을 기계적으로 실시하는 방법으로는 한계가 있다. 따라서 안테나를 기계적으로 스캔(Scan)시키는 일 없이, 전자적으로 전파의 지향 방향을 제어하는 위상배열 방식의 전자주사형(Electronically Scanned) 안테나를 가지는 레이더도 사용하게 되었다(그림 1.14의 (b) 그림 참조). 최근에는 안테나와 신호 처리를 조합해 여러 개의 빔을 동시에 생성할 수 있다. DBF(Digital Beam Forming) 기술도 개발되어 군사용뿐만 아니라 기상 레이더 등 민간 분야에서도 실용화되고 있다.

(a) 기계적 주사방식 안테나
(Mechanically Scanned Antenna)

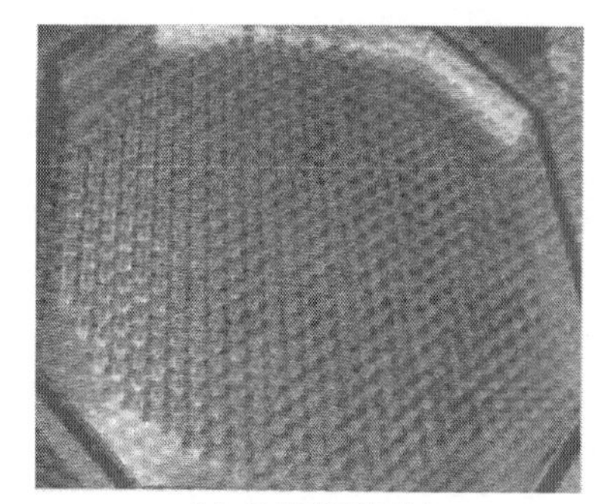

(b) 위상배열안테나
(Phased-Array Antenna)

그림 1.14 추적 레이더(Tracking Radar)의 예시

1.4.3 기상 레이더(Weather Radar)[8), 16)]

기상 레이더는 비, 눈, 우박, 천둥 등의 기상현상을 관측하는 레이더이다. 우량 측정이나 뇌운 탐지 등 특정의 용도를 주로 하는 경우, '레이

더 우량계', '번개 탐지 레이더(Lightning Detection Radar)' 등과 같이 불리는 경우도 있다.

기상 레이더의 기본적인 원리는 비 등으로부터의 반사 강도와 강우 강도 사이의 관계성을 이용하는 것이다. 따라서 다른 레이더가 목표물의 유무나 위치의 검출을 실시하는 것임에 비해서, 비나 눈으로부터의 반사 강도를 정확하게 계측해야 하므로 수신기에는 넓은 다이나믹 레인지(Dynamic Range)가 필요하다.

강우 지역은 관측하려고 하는 목표물이면서 동시에 강우 지역 너머 반대편을 관측하는 경우에 전파의 전달 손실(Propagation Loss) 요소, 바꾸어 말하면 저해 요소이기도 하다. 따라서 목적으로 하는 관측 범위에 따라서 사용하는 주파수도 여러 가지이다. C-밴드가 사용되는 경우도 많았으나 매우 광역을 관측하는 기상 레이더에서는 강우 감쇠가 적은 S-밴드가 이용되고, 섬세한 기상 상황의 관측을 목적으로 한 국지용 기상 레이더 등에는 X-밴드가 이용된다.

기상 레이더에서는 PPI(Plan Position Indicator)에 의한 평면적인 분포 관측에 추가적으로 연직 방향으로 안테나를 주사(Scan)시켜 관측하는 RHI(Range-Height Indicator) 표시, 나아가 PPI를 고도마다 둥글게 표시하는 CAPPI(Constant Altitude PPI) 표시도 이용된다. 컬러 그림 1은 이들 표시의 예이다.

기상현상의 관측에 있어서는 비구름의 유무나 강도뿐만 아니라 대기의 흐름에 기인하는 반사 목표물의 움직임도 중요한 요소이다. 이동 목표물에 전파를 조사(照射, Irradiation)하면, 반사파는 그 목표물의 속도에 따라 도플러 현상에 의한 위상(주파수)의 변이가 발생한다. 이 현상을 이용해, 목표물 이동 속도 정보를 얻을 수 있는 레이더를 도플러 레이더

(Doppler Radar)라고 하고, 기상 관측에서도 도플러 기상 레이더로서 이용되고 있다. 도플러를 측정함으로써 바람의 움직임을 관측할 수 있고, 도플러가 급변하고 있는 곳을 다운버스트(Downburst)나 마이크로버스트(Microburst)라고 부른다. 바람이 급변하는 영역은 항공사고 요인 중 하나로도 알려졌으며 국제공항 등에는 이 관측을 위해 터미널 도플러 레이더(Terminal Doppler Weather Radar)가 설치되어 있다.

강우 강도의 보다 정확한 관측을 위해 최근에는 이중 편파 레이더(Dual Polarization Radar)나 멀티 파라미터 레이더(MP 레이더, Multi Parameter Radar)도 실용화되고 있다. 강우 입자는 대기 중에서 낙하할 때 공기저항에 따라 타원형으로 편평(Flatness)해지고, 입경이 커질수록 편평한 정도도 커지는 것으로 알려져 있다. 또 강우 입자의 형태와 강우 고도에는 관계가 있는 것으로 알려졌다. 따라서 강우 입자의 형태를 관측할 수 있다면 강우 강도를 추정할 수 있다. 이중 편파 레이더와 멀티 파라미터 레이더에서는 수직과 수평 2개의 편파를 사용하고, 이 2개의 편파에서의 반사 강도나 위상 차이로부터 강우 입자의 모양이나 크기를 관측하여 강우 강도를 산정하고 있다. 단순하게 하나의 편파 반사 강도로부터 강우 강도를 산정하는 종래의 방법에 비해서, 관측 정확도 향상이 이뤄질 것으로 보인다.

1.4.4 차량 탑재 레이더(Automotive Radar)[17)]

일반적인 레이더는 수십 km 먼 곳에 있는 목표물을 상세하게 파악하고 위치를 특정하는 것을 목적으로 하기 때문에, 대기나 강우에 의한 감쇠가 큰 밀리미터파는 적용할 수 없다. 그러나 차량 탑재 레이더는 최장 200m 정도의 비교적 근거리에 있는 목표의 측위(測位)와 상대속도 계측이 목적이므로, 소형이고 경량이며 고해상도가 용이한 밀리미터파 레이더가 이용되고 있다. 밀리미터파는 먼 곳으로 전달되기 어렵기 때문에 다른 레이더와의 간섭도 경감할 수 있다. 상세한 내용은 7장에서 설명하지만, 일반적인 원거리 차량 레이더의 목적은 차량 사이의 거리 제어나 충돌 회피 등이고, 주파수 변조 연속파(FM-CW: Frequency Modulation-Continuous Wave) 및 2주파 CW 레이더가 이용되고 있다. 근거리 레이더에 의한 후방·측방(側方) 감시에는 높은 공간 해상도가 요구되고 있으며 펄스 레이더가 많이 사용되고 있다. FM-CW 레이더에 의한 거리와 속도 계측은 송신 신호와 수신 신호의 주파수 차이에서 생기는 비트 주파수를 이용하고 헤테로다인 검출(Heterodyne Detection)을 이용하고 있다. 2주파 CW 레이더는 주파수가 약간 다른 CW 신호를 교대로 송신하고, 수신 신호와 송신 신호로부터 각각 주파수의 비트 신호를 산출한다. 또한 거리와 속도는 두 비트 신호의 위상차로부터 산출된다. 차량 탑재 레이더에서는 탐색 레이더와 같은 앙각 방향의 주사(走査)가 필요 없기 때문에, 앙각은 고정된 폭이 좁은 빔이 이용된다. 수평 방향에서는 고해상도에서의 주사가 필요하고, 위상배열이나 DBF 방법 등이 이용되고 있다.

1.4.5 측방 감시용 항공 탑재 레이더(Side-Looking Airborne Radar)[2)]

측방 감시용 항공 탑재 레이더(Side-Looking Airborne Radar) 혹은 단순히 SLAR라 불리는 레이더는 탐사나 추적을 목적으로 하는 레이더와 달리 이미지 생성을 목적으로 한 이미징 레이더(Imaging Radar)이다. 합성개구레이더와 구별하여 실개구레이더(Real Aperture Radar)라고도 불리며 이미징 레이더에서는 합성개구레이더가 주류이지만, SLAR는 주로 지형·지질의 관측이나 지하면에서의 감시 등에서 현재에도 이용되고 있다. SLAR의 원리는 합성개구레이더를 이해하는 데 중요하므로, 다음에 이미지 생성 과정을 요약한다.

그림 1.15의 (a) 그림은 SLAR의 지오메트리이고 오른쪽 그림은 SLAR 안테나의 예이다. 비행체에 탑재된 안테나는 경사거리(Slant Range) 방향으로 짧은 마이크로파 펄스를 송신하고, 그 후 수신 모드로 바뀌어 후방 산란된 신호를 수신하는 과정을 반복하면서 애지머스(방위, Azimuth) 방향으로 진행한다. 그러면 송수신 신호의 강도는 시간의 함수로서 그림 1.16의 (a) 그림과 같이 되고, 송수신 신호를 송신 펄스마다 정렬을 하게 되면 그림 1.16의 (b) 그림에 있는 2차원 레이더 이미지가 생성된다.

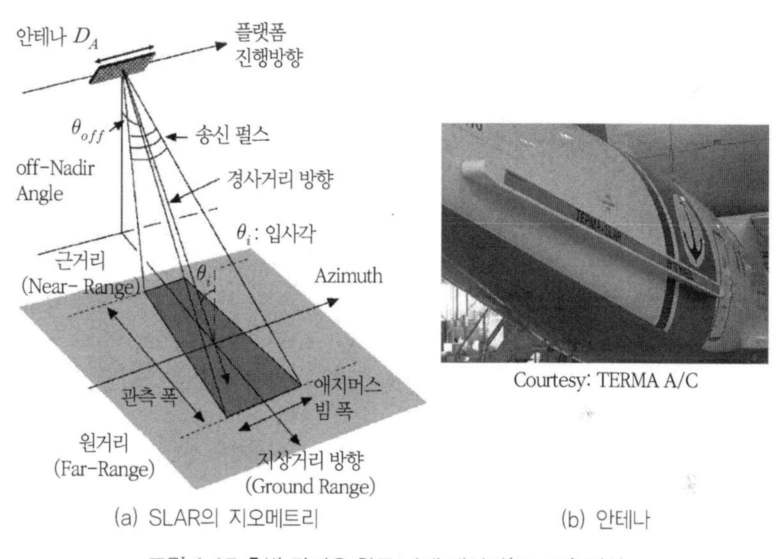

(a) SLAR의 지오메트리 (b) 안테나

그림 1.15 측방 감시용 항공 탑재 레이더(SLAR) 예시

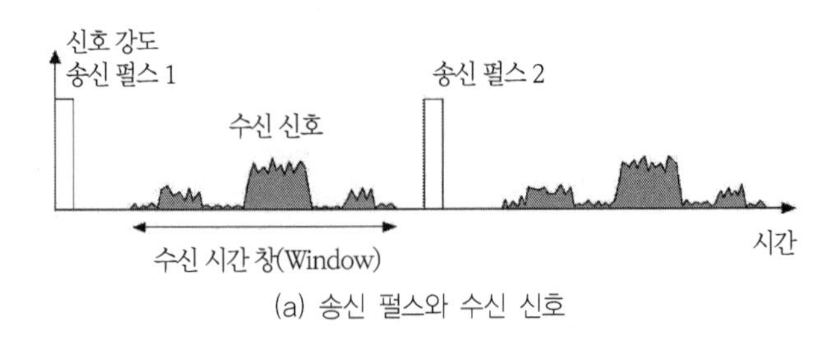

(a) 송신 펄스와 수신 신호

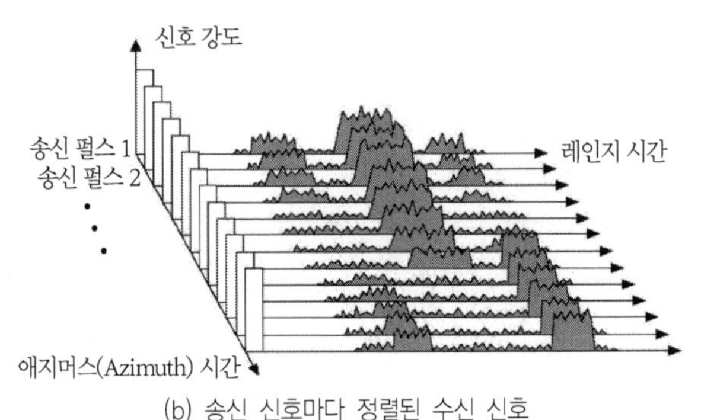

(b) 송신 신호마다 정렬된 수신 신호

그림 1.16 송수신 신호

직사각형 펄스를 사용한 SLAR의 해상도는 1.2.3항의 펄스 레이더 해상도 폭을 지상거리(Ground Range)[15] 쪽으로 변환하면 된다. 즉, 식 (1.3)의 $\delta R = c\tau_0/2$와 경사거리와 지상거리의 관계식 $R = Y\sin\theta_i$에서 산출된다.

$$\delta Y = \frac{c\tau_0}{2\sin\theta_i} \tag{1.6}$$

여기서 Y과 θ_i는 각각 지상거리 방향의 공간변수와 입사각이다. 예를 들면, 입사각 $\theta_i = 45°$에서 20m의 지상거리 해상도 폭을 위해서는, $\tau_0 = 0.09\mu s$

15 역) 그라운드 레인지라고도 한다.

의 짧은 펄스 폭이 필요하다. 식 (1.6)에서 해상도는, 펄스 폭이 짧아질수록 향상되어 원거리(Far-range)에서 근거리(Near-range)로 될수록 (입사각이 작아지면서) 떨어지는 것을 알 수 있다. 레이더가 바로 밑을 관측했을 경우, $\theta_i = 0°$이라 $\delta Y = \infty$가 되어 대상물의 식별을 할 수 없게 된다. 이것이 SLAR나 SAR가 측방 감시용 레이더(Side looking)인 이유이다.

레인지 방향의 해상도를 높이려면 앞서 서술한 펄스 압축 기술이 이용된다. 애지머스(Azimuth) 방향의 공간 해상도 폭은 식 (1.4)의 빔 폭에 상당하다. 자세한 것은 8.1절에서 다루지만, 애지머스 빔 폭은 레이더 파장과 경사거리 및 애지머스 방향의 안테나 길이 D_A를 사용하고 $\lambda R_0 / D_A$로 나타낸다. K-/X-밴드처럼 짧은 파장이 L-/P-밴드보다 빔 폭이 좁아 고해상도가 되지만, 비 등의 영향을 받기 쉽다. 일반적인 파장 $\lambda = 3$cm의 SLAR의 예를 들면 경사거리 $R_0 = 10$km에서의 빔 폭, 즉 방위해상도 폭은 $D_A = 3$m에서 100m이다. 긴 안테나를 사용함으로써 해상도가 향상되므로 그림 1.15(b)의 오른쪽 그림처럼 방위방향에 긴 안테나가 사용되고 있다.

이와 같이 SLAR에서는 합성개구기술을 쓰지 않고도 어느 정도의 해상도(수 10m~수 100m)는 얻을 수 있다. 그러나 같은 레이더를 위성에 탑재하면 경사거리가 700km 전후로 매우 길어지며 빔 폭, 즉 해상도 폭이 7km가 되어 실용적이지 않다. 수 km로 매우 긴 안테나를 사용하면 해상도는 향상되지만, 위성에 탑재할 수는 없다. 거기서 고안된 것이 방위 방향으로 이동하는 5~10m 정도의 안테나를 사용해서 수신한 신호를 적절히 처리하고, 가상의 긴 개구(안테나)를 합성하는 것으로 방위 방향의 높은 해상도를 얻는 합성개구기술이다.

1.4.6 합성개구레이더(SAR)[2)]

현재의 모든 합성개구레이더(SAR) 레인지 방향의 고해상도는 펄스 압축 기술을 사용해 달성하고 있다. 한편, 방위(애지머스, Azimuth) 방향의 해상도 향상에는 다음에 요약하는 합성개구 기술을 이용하고 있다.

안테나가 방위 방향으로 이동함에 따라 펄스 송신 시각과 타깃으로부터의 수신 시각과의 차이가 변화한다. 이 변화를 수신 신호의 위상으로 하면, 수신 신호는 일차 근사에서 주파수가 방위 시각 t^2와 함께 변화하는 처프 신호로 된다. 이 신호에 펄스 압축 기술을 적용하면 그림 1.6 (g)와 같은 출력신호를 얻을 수 있다. 그러나 레인지 방향의 펄스 압축에서 상관 처리에 필요한 참조 신호는 송신 펄스였지만, 방위 방향의 참조 신호는 없기 때문에, 레인지 거리나 플랫폼 속도 등의 정보로부터 참조 신호를 만든다. 기존의 이미지 강도(Intensity) 데이터를 이용하는 방법과 더불어, 간섭 SAR에 의한 DEM(Digital Elevation Model) 작성이나 지각 변동 계측, 편파 SAR의 분류 등으로의 응용은 앞에 서술한 대로이다(1.3.9항 참고).

1.4.7 지중 레이더(GPR)[18)]

1.1절에서도 언급했듯이 지중 레이더 혹은 GPR(Ground Penetrating Radar)이란, 물질에 대한 투과율이 큰 극초단파(UHF)에서 초단파(VHF)대의 전파를 지중으로 방사하고 전기적 특성의 차이로 지중의 물질을 계측하는 레이더로, 관측 대상에는 암반이나 지뢰 등의 지하 매몰 물질 및 공동(空洞) 탐사, (고고학 분야에서는) 매몰유적, 토양수분 등이 있다. 최근의 동향으로는 가스, 수도관, 터널 등의 구조물 보전(Preservation), 지뢰 탐사, 오염 지질 조사 등의 보안 분야, 제방이나 댐, 암반 등의 지하수 분야,

고고학이나 토목 지질학, 지질학, 지진학 등의 지층조사 분야에서 지중 레이더를 활용할 수 있다. 세계적으로 중요한 과제가 되고 있는 지뢰탐지로는 1GHz 이상의 주파수를 이용한 FM-CW방식과 인수분해법(Factorization Method) 등이 연구되고 있다. 가장 최근의 고고학 분야에서는 2015년에 지중 레이더에서 발견된 90여 개의 매몰 거석군이 있다. 이 유적은 영국 스톤헨지 근처에 있으며 '제2의 스톤헨지' 혹은 '슈퍼 스톤헨지(Super Stonehenge)'로서 연구가 진행되고 있다. GPR에 대한 상세한 내용은 9장에서 언급하고 있지만 지중 심부 탐사용 레이더에는 보어홀 레이더(Borehole Radar)가 있다. GPR에서는 지중에서의 송신 전파의 감쇠가 크기 때문에 계측 가능한 연직 거리가 한정되어 있다. 크로스홀·보어홀 레이더(Crosshole·Borehole Radar)는 그림 1.17 (b)에 있듯이 두 개의 보어홀 내 송신과 수신 안테나를 삽입하여 지하 심부의 계측을 하는 레이더에서 지층조사 등에 이용되고 있다. 또 하나의 구멍 안에 설치한 송수신 안테나를 사용하는 방법은 싱글홀 보어홀 레이더(Singlehole Borehole Radar)로 불린다.

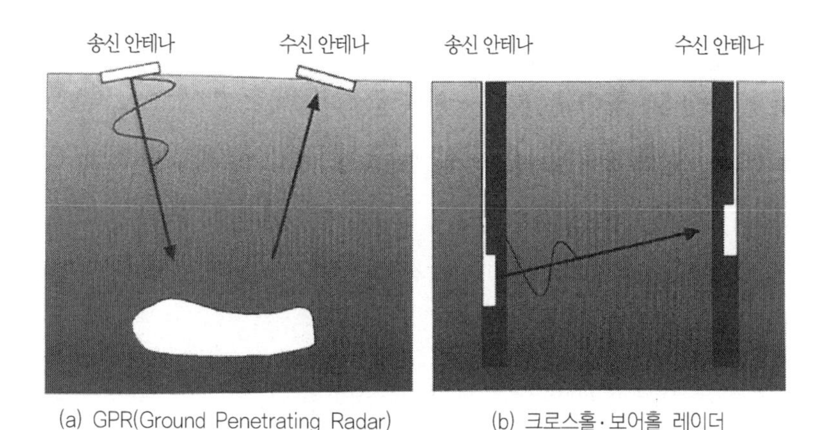

(a) GPR(Ground Penetrating Radar) (b) 크로스홀·보어홀 레이더

그림 1.17 지중 레이더

1.4.8 그 밖의 레이더

해양단파/초단파(HF/VHF) 레이더는 단파대역의 마이크로파를 이용하여 해류 속도, 파랑, 쓰나미 등을 계측하는 도플러 레이더이다. 1기의 안테나로는 시야 방향의 속도 성분만 계측할 수 있지만, 속도 벡터를 계측하기 위해서는 해안에 설치된 2기에서 다른 각도로부터 산출한 속도 성분을 이용해야 한다. 안테나 길이는 40~200m, 관측범위는 수십~수백 km^2이고 공간 해상도 폭은 약 250m~7km이며 시스템에 따라 다르지만 계측 정밀도는 10cm/s 이하이다. 일본에서는 대학이나 해상보안청 등이 운용하는 약 50기의 해양 레이더로 연안 해역을 커버하고 있다.

벽 투과 레이더는 UWB(Ultra Wide Band, 초광대역)의 전파를 사용해 벽을 투과하여 실내 등의 내부의 정보를 얻는 레이더로, 주로 테러리즘 대책으로서 1960년대부터 연구가 시작되었다. 운반이 용이한 소형 레이더로 현재는 기술적으로도 어느 정도 확립되어 있다.

미약한 밀리미터파를 옷 위에서 조사(照射, Irradiation)하여 인체면을 투시하는 레이더가 개발되어 있다. 이 레이더는 회전 스캐너로 옷 안에 숨겨진 금속과 플라스틱 등의 수상한 물건을 투과하여 보안검사를 하는 것으로, 각국의 공항에 설치가 시작되었다. 비슷한 시스템으로 인체에서 방사되는 밀리미터파를 사용해 은닉물을 탐지하는 수동형 센서도 개발되고 있다.

오비스(ORBIS)[16] 레이더는 X-밴드 도플러 레이더의 일종이다. 주로 고속도로에 설치되어 있으며 자동차의 속도를 계측한다. 휴대형 스피드

---

16 역) 라틴어로 '눈(Eye)'을 의미하고, 속도위반 측정기에 대한 보잉사의 상표이다. 따라서 여기서는 속도위반 탐지 레이더라고 하는 것이 적합하다.

건과 같은 원리로 광속에 비해 자동차나 공의 속도가 매우 작기 때문에, 송신 신호와 수신 신호를 더한 헤테로다인 검출(Heterodyne Detection)을 적용하고 있다.

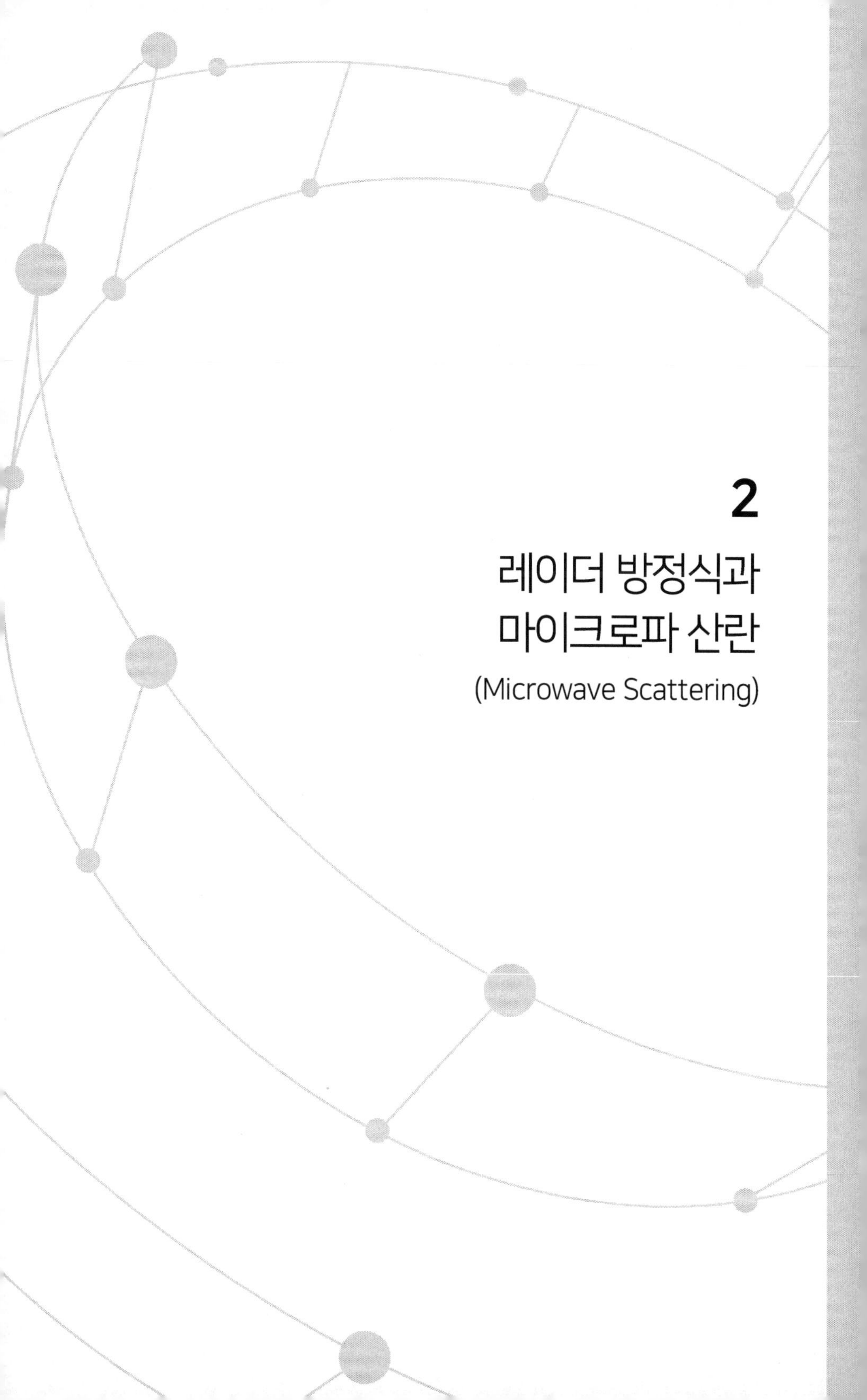

2

레이더 방정식과 마이크로파 산란

(Microwave Scattering)

2

레이더 방정식과 마이크로파 산란 (Microwave Scattering)

레이더 방정식(Radar Equation)이란, 안테나로부터 방사된 마이크로파와 관측 대상으로부터 산란되어 다시 안테나로 수신된 신호의 관계를 기술하는 기본적인 방정식을 말한다. 레이더 방정식은 단일 안테나로 송수신을 행하는 모노스태틱(Monostatic) 레이더와 송수신을 서로 다른 안테나로 행하는 바이스태틱(Bistatic) 레이더에 따라 다르다. 2장에서는 우선 레이더 방정식의 기초가 되는 전자파의 특성과 레이더 방정식을 설명하고, 레이더 산란 단면적(RCS: Radar Cross Section)[1]과 마이크로파 산란 프로세스를 기술한다. 마지막으로 레이더의 방사교정(放射較正, Radiometric Calibration)[2]에 이용되는 전파반사경(Corner Reflector 등 레이더 반사기(Radar Reflector)), 스텔스 기술(Stealth Technique) 및 전파 흡수체에 대해 요약한다.

1 역) 레이더 '유효반사면적' 혹은 '반사면적'이라고도 하였다.

2 역) '방사보정'이라고도 하나, '방사교정'이 적합함. 하지만 일반적으로 보정이라고 많이 사용한다.

2.1 전자파의 기초 지식

2.1.1 횡파와 평면파[1)~3)]

마이크로파를 포함한 전자파는 파동의 진행 방향과 직교하는 방향으로 진동하면서 전파하는 횡파이고, 소리(音, Sound)는 진행 방향으로 진동하면서 전파하는 종파이다. 횡파와 종파 모두 반사나 굴절, 회절이나 간섭 현상 등의 특성을 나타내지만, 종파는 진동 방향이 진행 방향으로만 있는 반면에 횡파는 진동 방향이 다른 '편파' 특성을 갖고 있다. 전자파 중에 가장 단순한 파동은, 어느 시각에서 파동의 일정한 위상이 진행 방향과 직교하는 평면으로 기술되는 평면파(Plane Wave)이다.

그림 2.1은 전기장(Electric Field) E가 수직(z축) 방향으로 진동하고 있는 정현파(正弦波, Sine Wave)로 기술되는 평면파이고, 위상은 각각의 평면상에서 일정한 값을 가지며, 임의 시각 t에서의 값은

$$E(x,t) = E_{0z}\cos(kx \mp \omega t) \tag{2.1}$$

에 따라서 공간적으로 변화한다. 여기서 E_{0z}[V/m]는 진폭이고, x는 파동 진행 방향의 공간 변수, $k = 2\pi/\lambda$는 마이크로파의 파수(Wave Number), λ는 파장, $\omega = 2\pi f$는 각주파수, f[Hz]는 주파수이다. 부호 $\mp$의 '-'와 '+'는 각각 파동이 $+x$와 $-x$ 방향으로 진행되는 것을 나타낸다.

전기장(Electric Field)의 발생과 함께 전기장과 직교하는 y축 평면에 자기장(Magnetic Field)이 발생하고, x축 방향으로

$$B_y(x,t) = B_{0y}\sin(kx \mp \omega t) \tag{2.2}$$

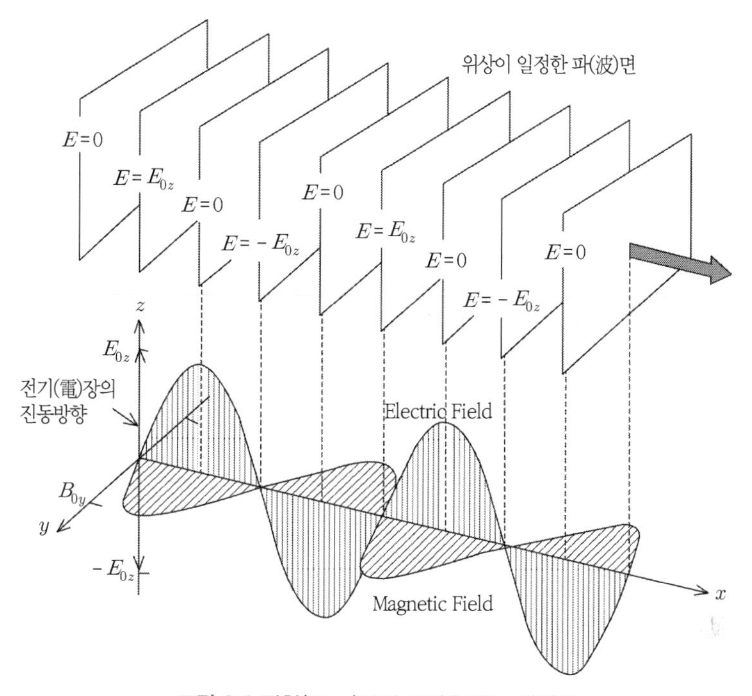

그림 2.1 정현(Sine)파의 특성을 갖는 평면파

에 따라서 진행한다. 여기서 B_{0y} [Wb/m[2]]은 자속밀도(Magnetic Flux Density)의 진폭이다. 이러한 전자파를 삼각함수로 기술하면 연산이 복잡해지므로 일반적으로는 복소함수로

$$E(x,t) = E_{0z}\exp\left(i(kx \mp \omega t)\right) \tag{2.3}$$

$$B(x,t) = B_{0y}\exp\left(i(kx \mp \omega t)\right) \tag{2.4}$$

로 기술되는 경우가 많다. 여기서 $i = \sqrt{-1}$ 은 허수단위이다.

2.1.2 편파(偏波) 특성[1)~3)]

그림 2.1에서 전기장은 수직 방향의 평면에서 진동하면서 진행하지만, 다른 각도의 평면(예, 다른 축)에서 진행하는 파동 혹은 진행하면서 각도와 진폭이 변화하는 파동도 있다. 이처럼 시간과 함께 변화하는 전기장의 진폭과 진동 방향은 편파 특성이라고 한다. 그림 2.1에 있는 전기장의 최대 진폭(振幅, Amplitude) 값의 위치($E = E_{0z}$인 흰색 부분)를 진행 방향의 뒤에서 관찰하면, 시간과 함께 수직 방향으로 직선적으로 변화한다. 이러한 편파 상태는 직선편파(Linearly Polarized Wave) 또는 평면편파(Plane-Polarized Wave)(진동면이 평면이기 때문에)로 불리며, 수직과 수평 방향으로 진동하고 있는 전자파는 각각 수직편파(垂直偏波, Vertically Polarized Wave) 및 수평편파(水平偏波, Horizontal Polarization)의 전자파라고 한다.

그림 2.2는 진폭의 y 성분과 z 성분이 같은 값을 가지며, 파동진행과 함께 진동면이 변화하는 편파 상태를 나타낸다. 이 파동을 뒤에서 보면, 진폭 앞쪽의 끝단 위치는 오른쪽(시계) 방향의 원 궤도가 되기 때문에 우회전 원편파(圓偏波, Circularly Polarized Wave)라고 불린다. 파동진행과 함께 진동면과 진폭이 변화하면 궤적이 타원이 된다. 이러한 편파 상태는 타원편파(Elliptically Polarized Wave)라고 한다.

그림 2.3은 직선편파, (우선회와 좌선회) 원편파 그리고 (우선회와 좌선회) 타원편파의 궤적을 각각 나타낸다. 타원편파가 일반적인 편파 상태를 나타내고, 진폭의 y 성분과 z 성분이 같고 시간변화가 없는 경우는 타원편파는 원편파가 되며, 타원의 단축이 0으로 되면 직선편파로 수렴된다. 백색광은 다양한 파장과 편파 상태의 전자파가 랜덤으로 혼재되어 있어 편파 상태를 특정할 수 없다. 이같은 전자파는 비편파 상태 또는

편파되지 않은 상태에 있다고 한다. 특정의 편파 상태에 있는 마이크로파가 관측 대상에 의해서 산란되면, 산란파는 편파와 비편파 상태로 이루어진 경우가 있다. 이와 같은 편파 상태는 부분적인 편파라고 한다. 레이더 안테나로부터 송신된 마이크로파와 수신 신호의 편파 특성의 변화로부터, 관측 대상의 물리적 성질을 계측하는 기술은 폴러리메트리(Polarimetry, 편파측정이라고도 함)라 한다(8.4절 참조).

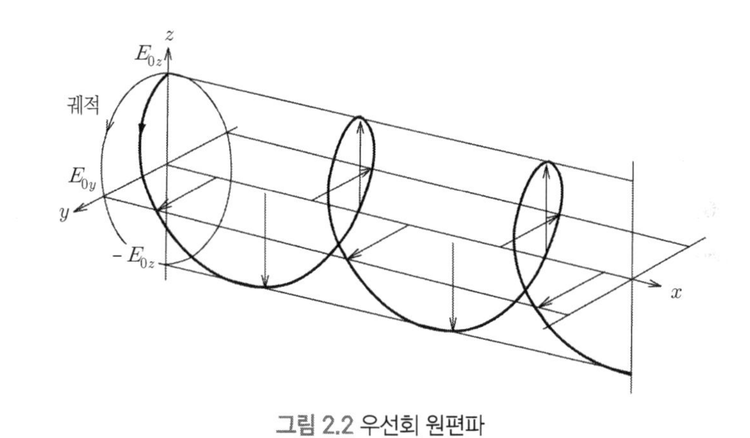

그림 2.2 우선회 원편파

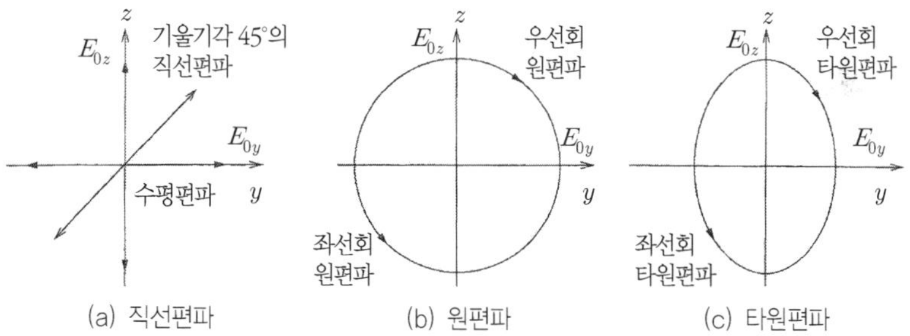

z
E_{0z}
기울기각 45°의
직선편파
E_{0y}
수평편파
y
(a) 직선편파

z
E_{0z}
우선회
원편파
E_{0y}
y
좌선회
원편파
(b) 원편파

z
E_{0z}
우선회
타원편파
E_{0y}
y
좌선회
타원편파
(c) 타원편파

그림 2.3 직선편파, 원편파, 타원편파의 궤적

2.1.3 마이크로파의 감쇠와 반사계수[1)~3)]

외부 전기장에 의해 물체 내부에 전기분극이 유기되는 물질은 유전체(誘電體, Dielectric Material)라고 불리며, 전기분극에 의해 매질(유전체) 내부에서 전기장이 발생한다. 발생한 전기장은 매질(Medium) 내에서 진행하는데, 전기적 특성이 다른 매질(공중, 지중, 수중 등)에서는 다른 특성을 가지고 진행 혹은 감쇠한다. 여기서는 우선 매질 내에서의 전자파의 감쇠를 해설하고, 다른 매질과의 경계면에서의 반사율과 투과율 그리고 임계각과 브루스터 각(Brewster's Angle)에 대해 요약한다.

임의의 매질 내에서의 x 방향으로 진행하는 전자파를

$$E(x,t) = E_0 \exp(i(kx - \omega t)) \tag{2.5}$$

로 한다. 매질의 비유전율(比誘電率, Relative Permittivity)은

$$\varepsilon_r = \varepsilon_r' - i\varepsilon_r'' \tag{2.6}$$

이라고 쓸 수 있다. 여기서 $\varepsilon_r' = \varepsilon' / \varepsilon_0$, $\varepsilon_r'' = \varepsilon'' / \varepsilon_0$이고, ε', ε'', ε_0은 각각 매질의 복소유전율(複素誘電率, Complex Permittivity)의 실수와 허수 성분, 진공에서의 유전율로 단위는 [F/m]이다. 복소비유전율(複素比誘電率, Relative Complex Permittivity)이란, 입사한 전자파에 의해서 유발된 전기량의 변화와 위상의 지연을 나타내는 지표이다. 진공에서의 유전율은 $\varepsilon_0 \simeq 8.8542 \times 10^{-12}$ [$s^2C^2/(m^3kg)$]이고, 자기 투과율을 나타내는 투자율(透磁率, Magnetic Permeability)은 $\mu_0 \simeq 4\pi \times 10^{-7}$[$m \cdot kg/C^2$](C는 쿨롱(Coulomb)의 단위)이다. 진공 중 전자파의 속도는 $c = 1/(\varepsilon_0 \mu_0)^{1/2}$이므로, $c \simeq 3 \times 10^8$[m/s]이다. 공기 중의 전

자파의 속도도 진공 중의 값과 거의 같다.

매질 내에서의 전자파의 파수는, $k^2 = \omega^2 \varepsilon_0 \mu_0 (\varepsilon_r \mu_r)$에서 주어지고, 매질은 비자성체로서 $\mu_r = 1$로 두고, 식 (2.5)에서 $E(x,t) = E_0 \exp(i(\omega/c)(\sqrt{\varepsilon_r}x - ct))$를 얻을 수 있다. 게다가 $\sqrt{\varepsilon_r} = (1/\sqrt{2})(\sqrt{\varepsilon_r'^2 + \varepsilon_r''^2} + \varepsilon_r')^{1/2} + i(1/\sqrt{2})(\sqrt{\varepsilon_r'^2 + \varepsilon_r''^2} - \varepsilon_r')^{1/2}$ 관계로부터

$$E(x,t) = E_0 \exp(-\alpha_A x) \exp(ik_A(x - v_A t)) \tag{2.7}$$

을 얻을 수 있다. 여기서 k_0은 진공에서 전자파의 파수, $v_A = (k_0/k_A)c$와 k_A는 매질(Medium) 내에서 전자파의 속도와 파수이고,

$$\alpha_A^2 = k_0^2 \frac{\varepsilon_r'}{\sqrt{2}} \left(\sqrt{1 + (\varepsilon_r''/\varepsilon_r')^2} - 1 \right) \tag{2.8}$$

$$k_A^2 = k_0^2 \frac{\varepsilon_r'}{\sqrt{2}} \left(\sqrt{1 + (\varepsilon_r''/\varepsilon_r')^2} + 1 \right) \tag{2.9}$$

이다. 식 (2.7)로부터 전자파의 전력(Power)은

$$P = |E(x,t)|^2 = P_0 \exp(-2\alpha_A x) \ : \ P_0 = |E_0|^2 \tag{2.10}$$

이다. 이와 같이 매질에 입사한 마이크로파의 전력(Power)은, 식 (2.10)의 음의 지수함수에 따라 감쇠한다. 식 (2.8)의 α_A는 감쇠계수(Damping Factor)라 한다. 일반적으로, 감쇠계수는 손실 탄젠트(Loss Tangent)로 불

리는 값 $\tan\delta_A \equiv \varepsilon_r''/\varepsilon_r'$를 사용하여 표시하고, 손실 탄젠트가 클수록 전자파 감쇠가 커진다. 전자파의 파워가 $P_0\exp(-1)$의 값이 되는 때의 거리 $\Delta x_A = 1/(2\alpha_A)$은 전자파의 침투 깊이로 정의된다. 진공에서는 $\varepsilon_r = 1-i0$, $\alpha_A = 0$이기 때문에 침투 깊이는 $\Delta x_A = \infty$로 되고, 전자파는 우주 공간에서 감쇠하지 않고 전파한다. 한편, 완전 도체에서는 $\varepsilon_r'' = \infty$이므로, $\alpha_A = \infty$로 되고 침투 깊이는 $\Delta x_A = 0$이 된다.

감쇠계수는 $\alpha_A = 0 \sim \infty$의 값이고, 침투 깊이는 유전체의 복소비유전율에 따라 크게 다르다. 표 2.1에 있듯이, 마이크로파의 바닷물 침투 깊이는 L-밴드에서 X-밴드로 가면서 매우 짧아지며, 약 5~1mm 정도이다. 표 2.2는 물 함유율이 다른 모래에 대한 복소비유전율과 침투 깊이이고, P~X-밴드의 마이크로파는 건조한 모래에는 약 3.8m~30cm까지 침입하지만 수분을 머금은 모래에서는 침투 깊이가 극단적으로 짧아진다.

표 2.1 온도 20°(염분 3.5%)에서 바닷물의 유전율(Klein and Swift)[4]과 마이크로파 침투 깊이

파장[m]	주파수[GHz]	복소비유전율	침투 깊이[$\times 10^{-3}$m]
0.3	1.0	72-i90	5.13
0.05	6.0	65-i36	1.84
0.0375	8.0	61-i36	1.35

표 2.2 물 함유율 0.3%(30%)에 대한 모래의 유전율(Njoku and Kong)[5]과 마이크로파 침투 깊이

파장[m]	주파수[GHz]	복소비유전율	침투 깊이[m]
1.0	0.3	2.9-i0.071(16.7-i1.2)	3.82(0.542)
0.3	1.0	2.9-i0.037(16.7-i1.0)	2.20(0.195)
0.1	3.0	2.9-i0.027(16.7-i1.9)	1.00(0.034)
0.0375	8.0	2.9-i0.032(15.3-i4.1)	0.31(0.006)

공기 중에 있는 전자파가 임의의 각도로 다른 매질에 입사하면 일부 입사파는 반사되고, 일부는 굴절, 투과하고 투과한 전자파는 식 (2.7)과 같이 진행한다. 입사파, 반사파 및 투과파의 관계는, 각각의 매질서의 파동을 기술하는 파동 방정식을 경계면의 조건하에서 푸는 것으로 얻을 수 있다. 이 경계 조건이란, 경계면에 대해서 접선 방향의 전기장의 성분은 경계면을 사이에 두고 연속이어야 하고, 자기장의 접선성분에 대해서도 동일하다. 따라서 전기장 벡터 **E**와 자기장 벡터 **H**에는

$$\mathrm{E}_i \times \hat{\mathrm{n}} + \mathrm{E}_r \times \hat{\mathrm{n}} = \mathrm{E}_t \times \hat{\mathrm{n}} \tag{2.11}$$

$$\mathrm{H}_i \times \hat{\mathrm{n}} + \mathrm{H}_r \times \hat{\mathrm{n}} = \mathrm{H}_t \times \hat{\mathrm{n}} \tag{2.12}$$

가 성립된다. 여기서 ×는 벡터의 외적, 아래첨자 i, r, t는 각각 입사파, 반사파, 투과파(Transmitted Wave)를 뜻하며, E, H $(= \mathrm{B}/\mu)$, $\hat{\mathrm{n}}$는 각각 전기장 벡터, 자기장 벡터(단위는 [A/m]), 접선 방향의 단위벡터이다(그림 2.4 참조). 자세한 내용은 생략하지만, 식 (2.11)과 식 (2.12)에 입사파, 반사파, 투과파에 상당하는 식 (2.3)과 식 (2.4)를 대입함으로써 굴절률(Refractive Index), 반사계수, 투과계수를 도출할 수 있다.

매질 1과 2의 굴절률 $n_j = c/v_j = \sqrt{\varepsilon_j \mu_j / (\varepsilon_0 \mu_0)}\,(j = 1, 2)$, 입사각 θ_i와 굴절각 θ_t의 관계는

$$\frac{\sin\theta_i}{\sin\theta_t} = \frac{n_2}{n_1} \tag{2.13}$$

가 되고, 이것은 스넬의 법칙(Snell's Law, 굴절의 법칙)이나 다름없다. 굴

절률이 작은 매질로부터 큰 매질에 전자파가 입사하면 전자파의 속도가 감소하고, 그림 2.4에 있듯이 굴절각이 입사각보다 작아진다. 반대의 경우, 즉 큰 굴절률의 매질로부터 작은 굴절률의 매질에 전자파가 입사하면, 굴절각이 입사각보다 커진다. 이 현상은 그림 2.4에서 굴절파를 입사파로, 입사파를 굴절파로 바꿔보면 쉽게 이해할 수 있다. 여기서 입사각이 커짐에 따라 굴절각도 증가하고, 특정 입사각이 되면 굴절각이 90°가 되는 굴절파는 경계면을 따라서 진행한다. 이때의 입사각은 임계각이라고 하고, 임계각 이상의 입사각으로 입사하는 전자파는 전반사(Total Reflection)된다. 경계면을 따라 진행하는 전자파는 굴절파의 파장에 해당하는 거리에서 급속히 감쇠한다. 이런 전자파는 점점 사라져 간다는 의미로 에바네센트파(Evanescent Wave, 소멸파)라고 불린다. 전반사 현상의 응용 예로는 통신 분야에서의 레이저 빛을 사용한 광섬유가 잘 알려져 있다.

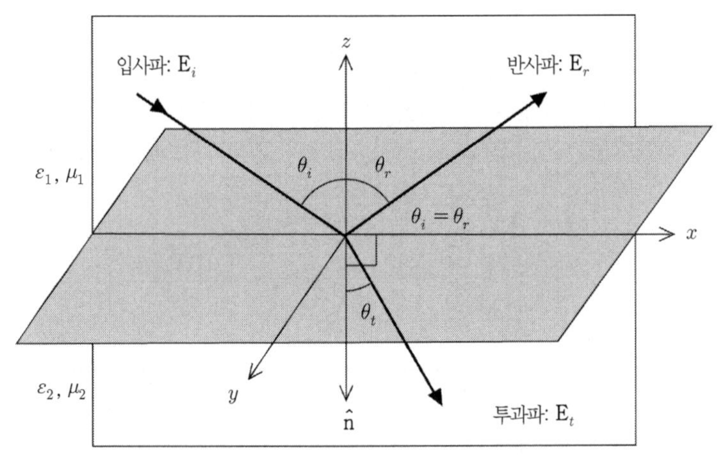

그림 2.4 서로 다른 매질의 경계면에서 입사파, 반사파, 굴절파

반사계수는 반사파의 진폭에 대한 입사파의 진폭으로 표시되며 입사파의 편파 상태에 따라 다르다. 우선 그림 2.5 (a)에서와 같이 수평편파 입사파에서의 반사계수는

$$\Gamma_H = \frac{\cos\theta_i - \sqrt{\varepsilon_r - \sin^2\theta_i}}{\cos\theta_i + \sqrt{\varepsilon_r - \sin^2\theta_i}} \tag{2.14}$$

로 주어진다. 여기서 $\varepsilon_r = \varepsilon_2/\varepsilon_1$, $\mu_r = \mu_2/\mu_1$이고 $\mu_r \simeq 1$로 가정하였다. 그림 2.5 (b)의 수직편파에서는

$$\Gamma_V = \frac{\varepsilon_r\cos\theta_i - \sqrt{\varepsilon_r - \sin^2\theta_i}}{\varepsilon_r\cos\theta_i + \sqrt{\varepsilon_r - \sin^2\theta_i}} \tag{2.15}$$

로 된다. 식 (2.14)와 식 (2.15)는 프레넬 반사계수(Fresnel Reflection Coefficient) 또는 산란계수라고 불리며, 전자파 산란의 기초가 되는 식이다. 마찬가지로 프레넬 투과계수(Fresnel Transmission Coefficient)는

$$\mathrm{T}_H = \frac{2\cos\theta_i}{\cos\theta_i - \sqrt{\varepsilon_r - \sin^2\theta_i}} \tag{2.16}$$

$$\mathrm{T}_V = \frac{2\sqrt{\varepsilon_r}\cos\theta_i}{\varepsilon_r\cos\theta_i - \sqrt{\varepsilon_r - \sin^2\theta_i}} \tag{2.17}$$

이다. 수평편파에서는 투과계수와 반사계수 사이에 $\mathrm{T}_H + (-\Gamma_H) = 1$의 관계가 모든 입사각에 대해서 성립되지만, 수직편파에서는 $\mathrm{T}_V + \Gamma_V = 1$ 관계는 입사각이 $\theta_i = 0$일 때만 성립한다. 그림 2.6은 모래의 프레넬 반

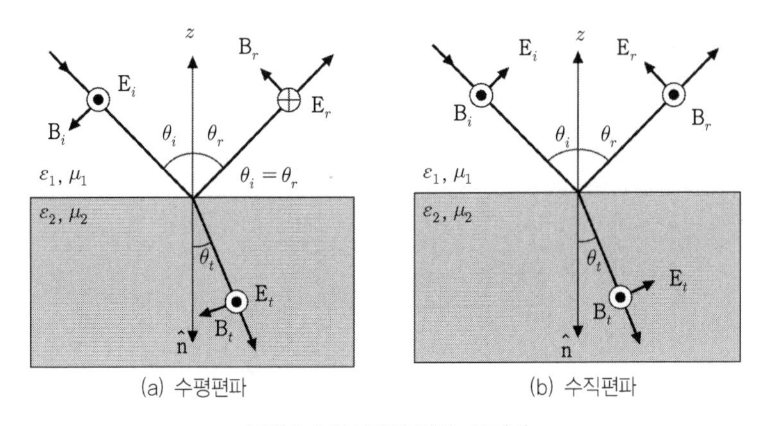

그림 2.5 입사파와 반사·굴절파

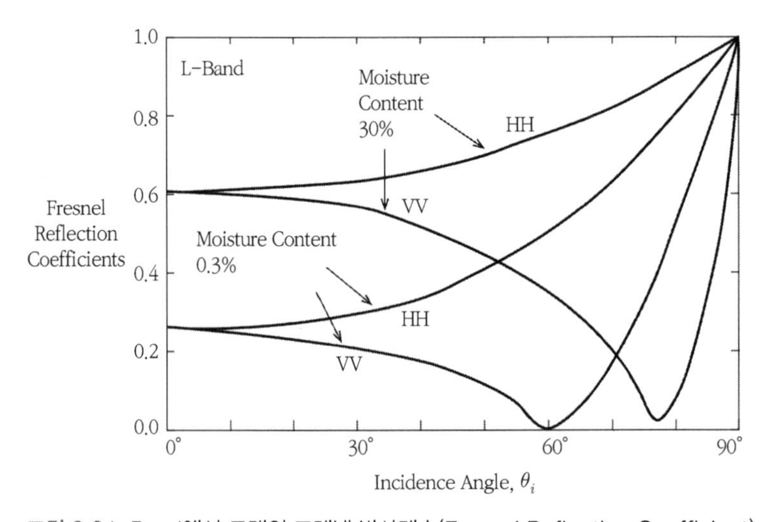

그림 2.6 L-Band에서 모래의 프레넬 반사계수(Fresnel Reflection Coefficient)

사계수(Fresnel Reflection Coefficients)로, 입사각이 커지면서 수평편파(HH)의 반사계수는 1에 근접하게 된다. 한편, 수직편파(VV)에서는 입사각이 커짐에 따라 반사계수가 감소하고 최소치에서 다시 증가하여 입사각

90°에서 1이 된다. 수직편파의 반사계수가 최소로 되는 각도는 편파각 (Polarization Angle) 혹은 브루스터 각(Brewster's Angle)이라고 한다. 젖은 모래의 반사계수는 전도성이 높기 때문에 건조한 모래의 반사계수보다 크다. 반사파의 수직편파 성분을 보면, 모두 혹은 거의 없어지는 경우가 있다. 브루스터의 각은 식 (2.15)에서 $\tan\theta_i = \sqrt{\varepsilon_r}$ 을 만족할 때의 각도가 되지만, 반사가 완전히 없어지는 현상은 엄밀히는 $\varepsilon_r'' = 0$의 조건이 필요하다. 그림 2.6의 건조한 모래(Moisture Content 0.3%)의 경우, L-Band의 브루스터 각은 약 60°로 수직편파 성분은 거의 반사되지 않는다.[3]

그림 2.7은 동경만(Tokyo Bay)에 있는 항만에 대해서 TerraSAR-X 합성개구레이더에 의해 얻어진 편파별 이미지를 나타낸다. 마이크로파 입사방향과 거의 직교하는 직선상에 있는 타깃들은, HH편파(송신과 수신이 수평편파)는 매우 밝게 비치고 있지만, VV편파(송신과 수신이 수직편파) 이미지는 대부분 찍혀 있지 않다. 이들 타깃은 콘크리트 방파제이고, 그 원리는 그림 2.8과 같다. 위성에서 해당 이미지 수집 시 해수면에서의 입사각은 약 $\theta_1 \simeq 30°$이고, (해수면으로부터의 반사는) 해수의 X-Band에 대한 프레넬 반사계수는 수평과 수직편파 모두 크게 다르지 않다. 그러나 콘크리트 방파제에 입사각은 약 $\theta_2 \simeq 60°$ 되어 콘크리트의 브루스터 각에 가깝고 수직편파 반사계수가 $r_V \sim 0$이다.[6)] 그래서 그림 2.7 방파제는 VV편파 이미지에서 거의 보이지 않게 되는 이유이다.

편파와 반사 현상의 가까운 예로 편광 선글라스가 있다. 이 선글라스는 수평편파 성분을 제거하도록 되어 있어, 수면이나 노면에서 반사된

---

3 역) L-밴드와 C-밴드의 브루스터 각에 해당하는 입사각은 각각 85°과 83°로 건조한 모래에서는 입사각 약 60°에서 수직편파 성분은 거의 반사되지 않는다.

태양광의 눈부심(Glare)을 차단하는 효과가 있다. 덧붙이면, 편광 선글라스를 90° 기울이면 수평편파 성분이 증가하고 눈부시게 된다.

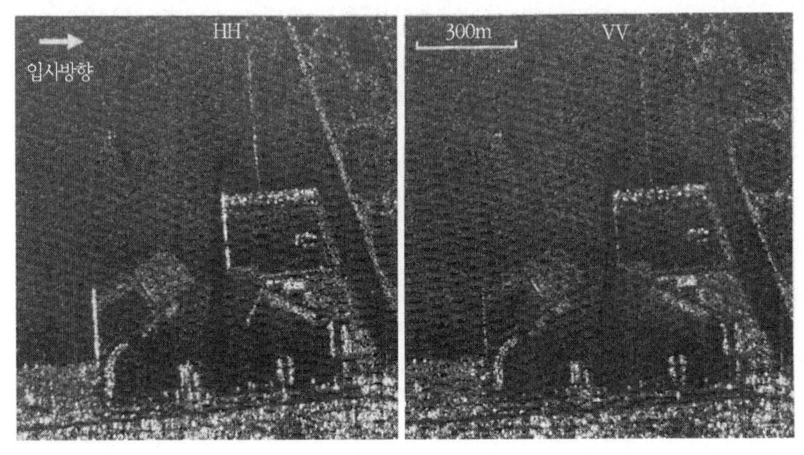

그림 2.7 동경만(Tokyo Bay)에서의 TerraSAR-X 레이더 이미지(좌: HH, 우: VV)

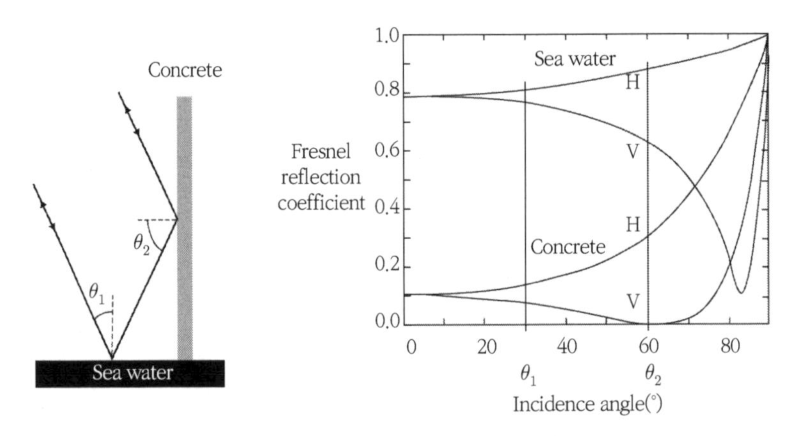

그림 2.8 그림 2.7의 이해를 돕기 위한 설명 자료

2.2 레이더 방정식

2.2.1 레이더 방정식과 레이더 레인지 방정식

그림 2.9는 마이크로파의 송수신을 서로 다른 안테나로 하는 바이스태틱 레이더(Bistatic Radar)의 레이더 방정식[7)~11)]을 설명하는 그림이다. 송신 안테나에서 모든 방향으로 똑같이 마이크로파를 방사했을 때의 파워(전력)를 P_t[W]로 하면 거리 R에 있는 점의 전력밀도(단위면적당의 파워)는 안테나를 중심으로 한 반경 R의 가상의 공의 표면적($4\pi R^2$)에 대한 방사 파워 $P_t/(4\pi R^2)$로 주어진다. 그러므로 $1/(4\pi R^2)$은 방사 마이크로파의 확장에 의한 손실이라고 생각할 수 있다. 실제 안테나는 모든 방향으로 마이크로파를 발사하는 것이 아니라 지향성을 가진 안테나로 일정한 방향으로 가는 마이크로파 빔을 발사한다. 이 지향성의 지표가 되

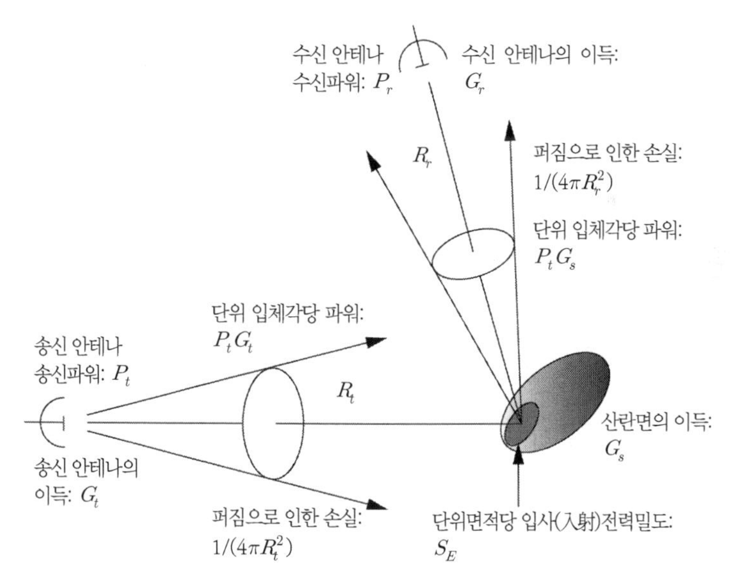

그림 2.9 바이스태틱 레이더의 레이더 방정식 설명도

는 것이 안테나 이득(게인: Gain) G_t 이고, 일정하게 방사된 전력 밀도(Power Density)에 대해서 특정 방향으로 방사된 전력 밀도의 비율로 정의된다(안테나 이득의 예는 2.3 참조). 산란체 방향으로 방사된 마이크로파의 단위 입체각당 파워는 $(P_t G_t)$이므로, 거리 R_t에 있는 조사면에서의 단위면적당 전력 밀도 S_E는

$$S_E = (P_t G_t)\left(\frac{1}{4\pi R_t^2}\right) \tag{2.18}$$

로 주어진다. 조사면의 전체 면적에 입사하는 파워는 단위면적당 전력밀도와 실효면적 A_E의 곱으로 $(S_E A_E)$가 된다. 산란체에 입사한 마이크로파 중 일부는 흡수돼 열에너지가 되지만 나머지 마이크로파는 산란매질에 전류를 유발해 입사파와 같은 파장의 마이크로파를 재방사한다. 산란매질의 마이크로파 흡수율을 $0 \leq f_A \leq 1$로 하면, 다시 방사된 마이크로파의 파워 P_s는

$$P_s = (S_E A_E)(1 - f_A) \tag{2.19}$$

이다. 이 다시 방사된 마이크로파를 거리 R_r의 다른 안테나로 수신했다고 하면, 수신 안테나의 단위면적당 입사하는 전력 밀도 S_R은 식 (2.18)의 도출과 마찬가지로, 방사 파워 P_s와 산란면의 수신 방향의 이득 G_s 및 확대에 의해 손실 $1/(4\pi R_r^2)$의 곱으로

$$S_R = (P_s G_s)\left(\frac{1}{4\pi R_r^2}\right) \tag{2.20}$$

가 된다. 수신 파워 P_r은 S_R과 안테나 실효 면적 A_R의 곱 $P_r = S_R A_R$이고, 실효 면적은 $A_R = \lambda^2 G_r/(4\pi)$로 주어진다. 여기서 λ은 마이크로파의 파장, G_r은 수신 안테나 이득이다. 게다가

$$\sigma = A_E(1-f_A)G_s \tag{2.21}$$

로 두면, $P_s = S_E\sigma/G_s$가 되고, 식 (2.20)은

$$S_R = P_t G_t\left(\frac{1}{4\pi R_t^2}\right)\left(\frac{1}{4\pi R_r^2}\right)\sigma \tag{2.22}$$

가 된다. 따라서 수신 파워 $P_r = S_R A_R$은

$$P_r = \frac{P_t G_t G_r \lambda^2}{(4\pi)^3 R_t^2 R_r^2}\sigma \tag{2.23}$$

이 된다. 식 (2.23)은 바이스태틱 레이더의 레이더 방정식으로, 레이더의 송수신 파워와 산란체의 특성과의 관계를 나타낸다. 식 (2.21)의 σ는 레이더 단면적(RCS: Radar Cross Section)이라고 하며, 산란체에 입사된 마이크로파를 수신 안테나 방향으로 재방사하는 능력의 지표가 되는 산란체의 중요한 파라미터이다. 식 (2.21)에 있듯이, RCS가 산란체에서 수신 안테나 방향으로 방사하는 전력 밀도의 입사 전력 밀도에 대한 비 $(1-f_A)G_s$와 산란면의 실효 면적 A_E와의 곱으로 주어진다. RCS는 산란체의 실효 면

적에 비례하여 면적의 단위를 가지지만, 산란체의 물리적인 크기에 직접 관계하는 것은 아니고, 산란체의 형상이나 전기적 특성 및 마이크로파의 파장에 의해서 정해지는 값이다.

모노스태틱 레이더(Monostatic Radar)의 레이더 방정식은 식 (2.23)의 $R = R_r = R_t$, $G_r = G_t$로 되므로

$$P_r = \frac{P_t G_t^2 \lambda^2}{(4\pi)^3 R^4} \sigma \tag{2.24}$$

가 된다.

식 (2.24)에서, 타깃(목표물)인 산란체가 안테나에서 멀어질수록(R^{-4}에 비례해서) 수신 파워가 감소한다. 타깃 검출 가능한 거리, 즉 레이더의 최대 탐지 거리 R_{max}는 수신 파워가 최소 수신 파워 P_{min}과 동일해졌을 때라고 생각할 수 있다. 이 최대 탐지 거리는 식 (2.24)에서 $P_r = P_{min}$로 둠으로써

$$R_{max} = \left(\frac{P_t G_t^2 \lambda^2}{(4\pi)^3 P_{min}} \sigma \right)^{\frac{1}{4}} \tag{2.25}$$

가 된다. 식 (2.25)는 레이더 레인지 방정식(Radar Range Equation)으로 불리는 기본식이다. 최대 탐지 거리를 길게 하려면 큰 송신 신호의 파워로 긴 파장(저주파)인 마이크로파와 고이득의 안테나를 사용하면 된다. 안테나의 고이득은 빔 폭을 좁히고 개구 효율이 큰 안테나를 사용함으로써

달성된다(개구 효율은 안테나 개구면이 실제로 이용되는 실효적 개구면의 지표). 조기 경보 레이더(Early Warning Radar)에서는 먼 거리의 타깃에는 S-밴드를 사용하고 가까운 거리에서는 X-밴드를 이용하는 경우가 많다. 또 최대 탐지 거리는 목표물의 레이더 단면적이 커지면서 길어지지만 레이더 단면적은 목표물의 형태와 전기적 특징 그리고 레이더와의 상대각도에 의해 크게 좌우된다. 차후에 설명하겠지만, 최근의 전투기나 전함 등에서는 형상을 예각화하거나 전파 흡수체를 사용함으로써 레이더 단면적을 작게 하고, 레이더에 탐지되기 어려운 스텔스 기술(Stealth Technique)이 활용되고 있다.

레이더 방정식과 레이더 레인지 방정식은 레이더 시스템을 개발하는 경우의 성능평가나 필요한 기술, 각종 파라미터 값의 선정 등에 이용되지만 실제 레이더 운용에서의 신호 처리와 탐사에 충분하다고는 할 수 없다. 그 이유는 실제의 레이더 신호는 랜덤으로 변화하는 '요동(Fluctuation)' 특성이 있기 때문이다. 레이더 신호의 요동(Fluctuation)에는 전기회로에 생기는 열 잡음이나 탐사 목적의 타깃 이외로부터의 신호 요동이 있다. 게다가 타깃 자체의 레이더 단면적에도 랜덤성 요동이 있다. 공중이나 물 위에 있는 타깃 검출 시에는 육지면이나 해수면으로부터 산란되는 지면 클러터(Ground Clutter)나 해수면 클러터(Sea Clutter)라고 불리는 랜덤한 노이즈가 있고, 마이크로파가 공중 전파할 때에 대기, 특히 비나 안개로 인한 신호의 요동이 생길 수 있다(레이더 클러터에 대해서는 3장 참조). 이러한 랜덤한 신호를 기술하기에는 확정론적인 레이더(레인지) 방정식으로는 불충분하며, 레이더 탐지거리는 확률론적으로 취급할 필요가 있다. 구체적으로는 레이더 탐지거리가 임의의 거리에 있는 목표물을 검출할 확률 p_d와 잘못 검출할 오경보 확률 p_{fa}의 함수가 된다.

레이더 수신 신호에 포함되는 랜덤 노이즈는, 클러터로부터 목표물 신호를 추출하는 데 있어서, 식 (2.25)에 있는 최소 수신 파워를 참조하는 것은 적절치 않음을 나타낸다. 상세한 것은 3장에서 다루나, 실제의 레이더 시스템에서는 수신 신호에 적절한 기준 값을 설정해 타깃 신호를 검출하는 임계값[4] 검출(Threshold Detection)이 적용된다. 그림 2.10에 시각에 따라 변화하는 레이더 신호를 나타낸다. 만약, 임계값을 A의 레벨로 설정하면 타깃 신호는 높은 검출 확률로 주위의 클러터와 식별된다. 한편, 임계값을 B의 레벨로 낮추면, 일부의 클러터의 파워가 임계값보다 커져 타깃으로 검출되어버린다. 이것이 오경보(False Alarm)라고 하는 현상이다. 또, 임계값을 타깃 신호보다 높은 레벨로 하면 신호와 클러터 모두 검출할 수 없다. 이와 같이 임계값 검출에서는 임계값의 설정에 의해서 타깃 검출률과 오경보율이 크게 좌우된다. 적절한 임계값의 설정에

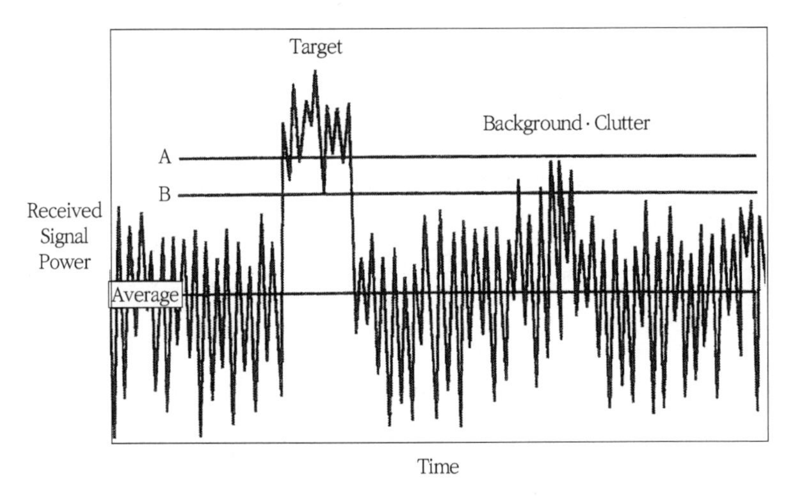

그림 2.10 레이더 수신 신호의 시간 변화와 임계값 검출

---

4 역) '문턱 값'이라고도 한다.

는, 요동(Fluctuation) 크기의 지표인 표준편차 값이나, 타깃의 신호 대(對) 잡음비(SNR: Signal to Noise Ratio) 등이 이용되지만, 가장 일반적으로는 요구되는 오경보 확률(False Alarm Probability)에 적합한 일정의 임계값으로 타깃을 검출하는 일정 오경보율(CFAR: Constant False Alarm Rate) 기법이 적용된다. CFAR에 대해서는 3장에서 해설한다.

2.2.2 최대 탐지 거리와 펄스 반복 주파수(PRF)

직사각형 펄스로 마이크로파를 반복해 송신하는 하나의 일반적인 레이더를 생각해보았을 때, 송신 펄스 간의 시간은 펄스 반복 시간 τ_{prt} (PRT: Pulse Repetition Time), 주파수 영역에서 펄스 반복 주파수를 f_{prf} (PRF: Pulse Repetition Frequency)라 불린다. 타깃의 레인지 거리는 송신 펄스와 타깃으로부터의 수신 신호의 시간차로부터 계측된다. 레이더와 정지해 있는 타깃 A와의 거리를 R_A 라고 하면, 펄스 왕복 시간은 $\tau_A = 2R_A/c$가 되고, 거리는 $R_A = c\tau_A/2$로 된다. 이 거리를 계측하려면, 타깃으로부터의 수신 신호가 최초의 송신 펄스와 다음의 송신 펄스 사이에 있어야 한다. 목표물의 레인지(Range) 거리가 길면 그림 2.11 (a)의 타깃 B와 같이, 수신 신호가 두번째 송신 펄스 후에 수신되어 잘못된 거리를 계측해버린다. 1.2절에서도 설명하고 있지만, 이러한 신호는 2차 에코라고 불린다. 따라서 목표물의 최대 탐지 거리는

$$R_{max} = \frac{c\tau_{prt}}{2} = \frac{c}{2f_{prf}} \tag{2.26}$$

이 된다.

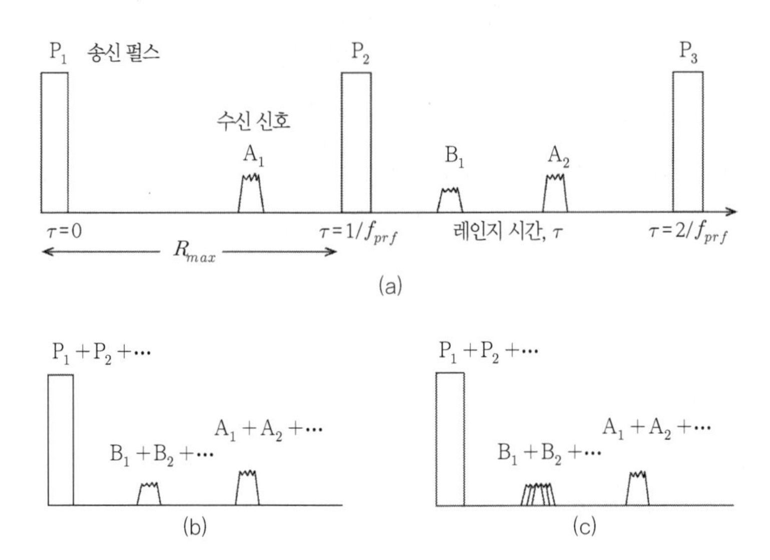

그림 2.11 펄스 반복 주파수(PRF)와 2차 에코

그림 2.11 (a)의 예에서, 타깃 A는 R_{max} 이내에 있고 타깃 B는 R_{max}보다 멀리 있다. 이들 신호가 송신 펄스를 기점으로 PPI(Plan Position Indicator) 등의 화면에 중복되어 나타나면, 타깃 A의 레인지 거리는 올바르게 표시되지만, 타깃 B가 타깃 A 위치보다 레이더에 가깝다고 잘못 판별된다(그림 2.11 (b) 참조). 이와 같은 다(多)차 에코 식별과 억제에는 부등간격의 PRF를 사용하는 스태거드(Staggered) 방식이 있다. 그림 2.11 (c)에 나와 있는 것과 같이 송신 펄스의 PRF가 변하면 타깃 B로부터의 2차 에코의 위치는 PRF별로 다른 위치에 표시되지만, 최대 탐지 거리 내에 있는 타깃 A는 같은 자리에 표시되어 다(多)차 에코가 식별된다. 스태거드 방식 외에도 PRF가 유사 랜덤(Pseudo-Random)으로 변화하는 지터드(Jittered) 방식 등이 있다.

2.2.3 규격화 레이더 단면적(Normalized RCS)

RCS는 면적의 단위를 가지기 때문에 조사(照射) 면적이나 해상도가 바뀌면 RCS도 다른 값이 된다. 그래서 면적에 의존하지 않는 단위면적 δA 당 규격화 레이더 단면적(NRCS: Normalized RCS) $\sigma^0 = \sigma / \delta A$ 를 이용하는 것이 편리하다. 규격화 레이더 단면적은 레이더에 의한 대상물의 검출과 물리량의 계측에 가장 기본적이고 중요한 파라미터이다. 예를 들면, NRCS와 강우량이나 삼림 바이오매스와의 정량적 관계를 샘플 데이터와 레이더 방정식으로부터 미리 정확하게 계측해두면, 양자의 관계로부터 강우량을 추정할 수 있고 전구적인 삼림 바이오매스의 계측도 가능해진다. 또, 항공기 탐사(探査)에서도 NRCS의 평균치나 분포로부터 항공기의 사이즈나 종류 등을 식별할 수 있게 된다. 정확한 NRCS 산출할 때는, 3장에서 해설하는 레이더 클러터와 이미지 레이더에서 스페클(Speckle)이라고도 불리는 코히어런트계 특유의 랜덤한 노이즈가 있기 때문에, 신호의 평균을 취해 노이즈의 평활화(Smoothing)를 실시할 필요가 있다. 이렇게 정확한 NRCS를 산출하는 처리를 방사교정(Radiometric Calibration)이라고 한다. 평균화된 NRCS는

$$\sigma^0 = \left\langle \frac{\sigma_j}{\delta A_j} \right\rangle \tag{2.27}$$

로 정의된다. 여기서, σ_j와 δA_j는 각각 j번째 산란요소의 RCS와 산란요소가 차지하는 면적이고, $<\ \ >$는 앙상블 평균을 의미한다. 앙상블 평균에 관해서는 다음 장에서 해설하겠지만, 여기에서는 단순 평균이라고 생각해도 좋다. 조사(照射)면에 N개의 산란 요소가 있다고 하면, 레이더 방정식은

$$\langle P_r \rangle = \frac{\lambda^2}{(4\pi)^3} \sum_j^N \frac{P_{tj} G_{tj} G_{rj} \sigma^0 \delta A_j}{R_{tj}^2 R_{rj}^2} \tag{2.28}$$

혹은, 보다 일반적으로 사용되는 적분형으로

$$\langle P_r \rangle = \frac{\lambda^2 P_t}{(4\pi)^3} \int_A \frac{G_t G_r \sigma^0}{R_t^2 R_r^2} dA \tag{2.29}$$

이 된다. 이 적분은 조사 면적 또는 해상도의 면적 내에서 이루어지며, 해당 면적 내에서는 상관성이 없이 통계적으로 일정한 산란 요소가 있어야 한다.

레이더의 파워는 10의 거듭제곱으로 변화하는 매우 넓은 다이나믹 레인지를 갖고 있으며, NRCS와 이득, 수신 파워 등의 값을 선형으로 다루는 것은 불편하다. 따라서 상용 로그를 사용한 데시벨 표시를 이용하는 것이 일반적이다. 수신 신호의 파워 P_r을 데시벨 단위 [dB]로 나타내면

$$P_r[\mathrm{dB}] = 10\log_{10} P_r \tag{2.30}$$

가 된다. 마찬가지로, NRCS도 $10\log_{10}\sigma^0$[dB]로 표시한다.

식 (2.23)이나 식 (2.29)에 있듯이, 수신 신호의 파워는 $R_t^2 R_r^2$에 역비례하고 산란체가 멀어짐에 따라 수신 신호가 약해진다. 따라서 측방 감시용 레이더(Side-looking Image Radar)나 합성개구레이더(SAR)에서 생성된 이미지를 그대로 표시하면, 레인지 거리가 증가함에 따라 이미지 강

도가 감소한다. 이러한 이미지의 강도를 일정하게 하기 위해서는 레이더 방정식을 사용한 방사보정을 적용한다.

2.2.4 마이크로파의 산란과 레이더 단면적

전자파가 관측 대상 물질에 입사하면 물질 내부에 전류가 유발되고 입사파와 같은 전자파가 재방사된다. 이것이 산란(Scattering)이라고 불리는 현상으로, 전술한 전자파의 반사나 굴절 등의 현상의 요인이 되고 있다. 건조한 모래나 순수(純水, Pure Water) 등의 유전체(Dielectric)는 표면에 유도되는 전류가 적고, 대부분의 마이크로파는 재방사되지는 않지만 금속이나 바닷물 등의 도체(Conductor)는 전도율(Conductivity)이 높기 때문에 많은 마이크로파가 재방사된다. 레이더 단면적은 이렇게 재방사되어 수신된 마이크로파의 파워에 포함되어 있는 산란체를 파악할 수 있게 해주는 소스(情報源)가 된다. 레이더의 관측 대상은 다양하지만 주로 항공기나 선박 등의 인공물과 삼림, 해수면, 구름, 비 등 자연계의 대상물로 크게 나뉜다. 게다가 마이크로파를 포함한 전자파의 산란 과정은 전자파의 파장에 대한 산란체의 크기에 따라서 레일리 영역(Rayleigh Region), 미(Mie Region) 혹은 공명 영역, 광학 영역의 3종류로 분류된다.

산란체가 전자파의 파장과 비교해서 매우 작을 때는 레일리 영역(Rayleigh Region), 서로 비슷할 때는 미 영역(Mie Region), 그리고 산란체가 파장보다 매우 클 때는 광학영역이 된다. 레이더가 개발되기 이전인 1871년에 영국의 레일리 경(Lord Rayleigh: J.W. Strutt)[5]은 빛의 산란 현상을 설명하는 식을 도출했다. 이것이 레일리 산란(Rayleigh Scattering)이라고 불리는

5 역) 존 윌리엄 스트럿(1842~1919, 영국의 물리학자).

현상으로, RCS는 산란체의 형상보다 밀도와 산란체의 크기에 의존한다. 그림 2.12에 도체의 구(球)에 의한 전자파 NRCS를 원주의 파장에 대한 비($2\pi a/\lambda$)의 함수로 나타낸다. 레일리 산란[6]은 ($2\pi a/\lambda \ll 1$)(a는 구의 반지름)의 경우에 해당되며, RCS은 주파수 4제곱에 비례한다(파장에서는 $1/\lambda^4$).

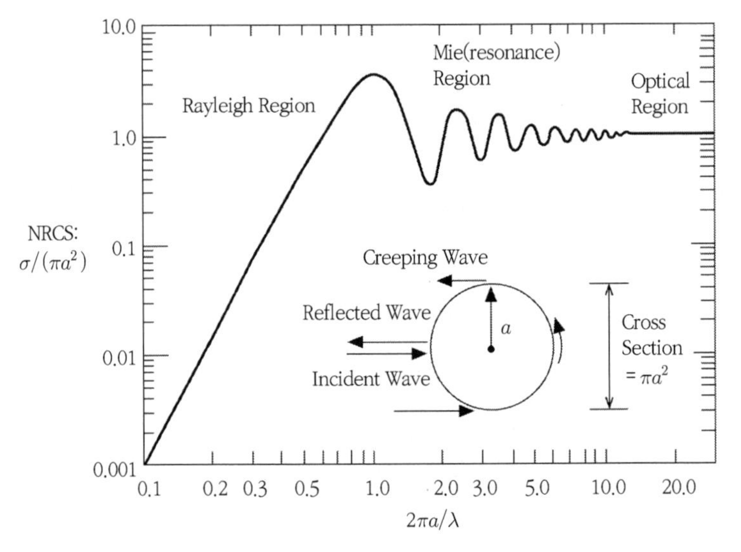

그림 2.12 반경 a의 구형 물체에 의한 NRCS

미 산란(Mie Scattering) 이론은 1980년에 독일의 미(G. Mie)가 도출한 임의의 크기의 구(球)체에 의한 전자파 산란의 완전해(Exact Solution)에 의한 것으로, 구체가 전자파의 파장보다 작은 경우는 레일리 산란에 수렴하고

6 역) 잘 알려진 일상의 레일리 산란에는 하늘이 파랗게 보이는 예가 있는데, 이는 태양광 중 파란색에 해당하는 짧은 파장의 빛이 대기 분자에 의해서 장파의 빛보다 강하게 산란되기 때문이다.

아주 큰 극한에서는 물리 광학 산란에 수렴한다. 공진(共振)영역이라고도 불리는 미 영역에서는 그림 2.12에 있듯이 최댓값이 $2\pi a/\lambda = 1$에서 얻어지고, $2\pi a/\lambda$의 증가에 따라 RCS가 감쇠 진동한다. 이 진동의 원인은, 구에 전자파가 입사하면 회절에 의해서 구체의 뒤쪽으로 돌아서 들어가는 크리핑 파(Creeping Wave)라고 불리는 회절파가 입사 방향으로 진행하면서 직접 반사된 파동과 간섭하기 때문이다. 구체의 반경이 커지면서 구체의 뒷면을 돌아서 들어가는 회절파의 경로가 길어지고 크리핑 파의 진폭이 감소하고, 간섭파의 진폭도 감소한다.

광학 영역은, 구체가 파장과 비교하여 매우 큰 경우 $(2\pi a/\lambda \gg 1)$에 해당되며, RCS는 구체의 물리적인 단면적 $2\pi a^2$과 같게 된다. 주의해야 할 것은, 구체에서는 RCS가 구체의 단면적과 동일해지지만, 복잡한 표면으로 이루어진 항공기나 선박, 차량 등의 복잡한 산란체에서는 간섭이나 회절 등 때문에 기하학적인 단면적과 RCS는 반드시 일치하지는 않는다. 또, 원주나 평면 등의 여러 형상과 전기적 특성이 다른 재질의 산란체로 구성되어 있는 대상물로부터의 마이크로파 산란을 이론적으로 기술하는 방법으로는, 맥스웰의 방정식을 시공간적으로 차분 방정식으로서 순차적으로 전개하는 FDTD(Finite Difference Time Difference)법과 레이트레이싱(Raytracing)을 이용한 수치적 기법이 이용된다. 탐사 레이더에서는 그림 2.13에 있듯이 레이더와 목표물의 방향에 따라 수신파워도 크게 변화하기 때문에, 최대 수신 파워나 평균치가 탐지에 이용된다. 덧붙여서, 방향에 의존하는 RCS를 표시하는 방법으로는, 그림 2.13의 극좌표 외에도 그림 2.14와 같은 직각 좌표 표시도 있다.

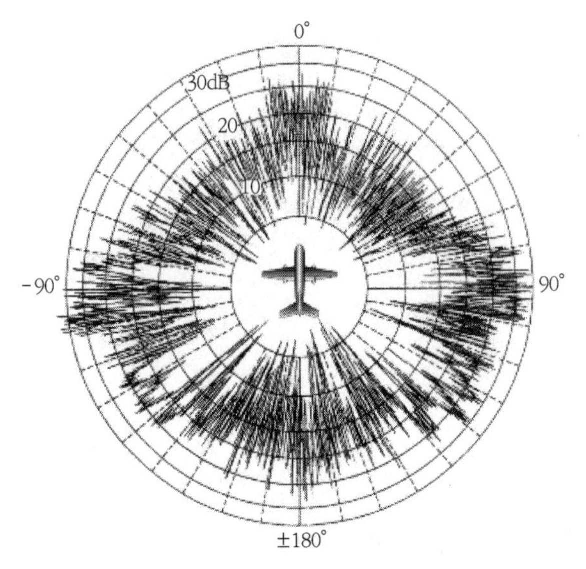

그림 2.13 항공기의 마이크로파 RCS의 예

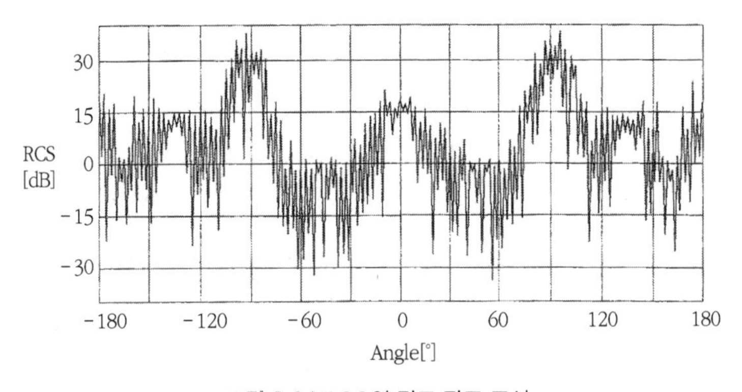

그림 2.14 RCS의 직교 좌표 표시

자연계의 대상물에 의한 마이크로파의 산란은 이하의 2종류로 대별된다. 1) 지면이나 해수면 등의 표면으로부터 산란되는 표면 산란과 2) 여러 번의 반사 또는 삼림, 빙설 등의 불균등한 유전율로 구성되는 내부에 침입한 마이크로파가 산란되는 체적 산란(Volume Scattering) 또는 다중 산란(Multiple Scattering)이다.

표면 산란으로 인한 RCS의 공간적 분포는 산란면의 실효적 거칠기와 비유전율(比誘電率, Relative Permittivity)에 의존한다. 그림 2.15에 있듯이, 매끄러운 산란면에 마이크로파가 입사하면 대부분의 반사 성분은 거울 반사되고 일반적인 모노스태틱 레이더 안테나에서는 후방 산란파는 거의 수신되지 않는다. 표면이 조금 거칠어지면 거울 반사 성분이 감소해 확산 산란 성분이 증가한다. 게다가 거친 면에서는 산란파는 확산 산란 성분만이 남게 되어 강한 신호가 수신된다.

다중 반사 산란(Multiple Scattering) 혹은 체적 산란(Volume Scattering)이란 수목, 빙설, 강우 영역 등에 입사하는 마이크로파가 매질 내부의(나뭇잎/줄기와 공기, 얼음과 기포, 빗방울과 공기 등) 유전율의 부분적 차이에 의해 산란되는 현상이다. 침입 심도[7]가 큰 P-밴드나 L-밴드의 저주파(장파) 마이크로파가 고주파의 K-밴드나 X-밴드보다 체적 산란의 영향이 커진다. 합성개구레이더에 의한 삼림의 계측에서는, 고주파 마이크로파는 주로 수관(樹冠)[8]에서 산란되지만 저주파 마이크로파는 조금 더 안쪽의 가지나 줄기 등으로부터의 산란이기 때문에 정보량이 많다. 토양의 물 함유량 계측에서도 침입 심도가 큰 저주파 마이크로파가 이용되지만, 계측에는 산란 데이터로부터 토양면의 거칠기에 의한 산란 성분을 구별할 필요가 있다. 또 해빙에 인한 마이크로파 산란에서는, 새로 생긴 얼음은 염도가 높아 표면 산란이 주를 이루지만 다년빙(多年氷)이 되면서

7 역) 전자파가 매질에 들어가는 깊이.

8 역) 나무줄기의 윗부분으로 가지와 잎의 갓 모양 부분.

염도가 감소해 체적 산란이 증가한다. 한편, 강우(모노스태틱) 레이더에서는 빗방울의 사이즈가 밀리미터 혹은 서브 밀리 단위이므로 저주파 마이크로파는 투과율이 너무 좋기 때문에 빗방울에 가까운 파장의 K-밴드나 X-밴드가 이용된다.

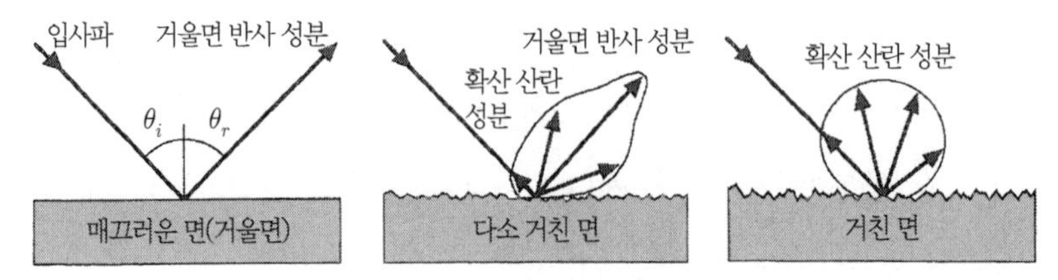

그림 2.15 표면 거칠기에 따른 마이크로파의 산란

이와 같이 지표면이나 해수면으로부터의 표면 산란과 체적 산란에 의한 후방 산란파는 관측 대상의 물리적 정보를 포함하고 있지만, 탐색 레이더와 기상 레이더에 있어서는 3장에서 설명하는 지면 클러터와 해수면 클러터가 되어 목표물 검출에 방해가 된다.

2.3 안테나와 전파반사경

2.3.1 안테나[7), 8), 11)]

금속제의 판자를 안테나 방향으로 돌리면 강한 반사 신호가 수신된다. 이러한 전파의 반사 특성을 이용한 장치를 총칭해 전파반사경이라고 한다. 전파반사경에는 여러 유형이 있지만, 가까운 예로는 파라볼라 안테나(Parabolic Antenna)가 있다. 그림 2.16의 (a)처럼 파라볼라 모양의 반사경의 초점이 되는 위치로부터 방사된 전파는, 개구면에서 위상이 갖추어진 평면파가 되어 강한 지향성을 가진 고이득(Gain)의 빔이 방사된다. 반대로 방사원의 위치에 수신기를 두면, 위성방송 텔레비전의 수신 안테나나 우주로부터의 전파를 파악하는 전파망원경과 같이 높은 이득을 가진 안테나로서 신호를 수신할 수 있다. 파라볼라 안테나의 이득은

$$G_t = r_A \left(\frac{\pi D_A}{\lambda} \right)^2 \tag{2.31}$$

로 표현되며, r_A는 개구 효율, D_A는 안테나 직경이다. 개구 효율(Aperture Efficiency)은 안테나 개구면이 실제로 이용되는 실효적 개구면의 지표로, 안테나 실효면적의 기하학적 면적에 대한 비율로 정의된다. 개구 효율은 일반적으로는 0.6~0.8이고, 이 값을 얼마나 높이는가가 안테나 기술로 요구되고 있다. 지름 30cm의 안테나의 예에서는, X-밴드(λ=0.03m)에서는 안테나 이득이 약 28[dB]이지만, L-밴드(λ=0.3m)에서는 약 8[dB]가 되어버린다. 이와 같이 저주파의 마이크로파로 높은 이득을 얻으려고 하면 큰 안테나가 필요하게 된다.

개구 효율을 높이기 위해 그림 2.16의 (b)처럼 빔 바깥쪽에 송신기(수신기)를 설정한 반사경도 있다. 이런 안테나는 오프셋 파라볼라 안테나(Offset Parabolic Antenna) 혹은 허셜(Herschel)식 안테나라고 한다.

방사원(放射源)에는 그림 2.17에 나와 있는 것과 같이 가장 단순한 다이폴 안테나(Dipole Antenna)와 많이 이용되는 혼 안테나(Horn Antenna)[9]

9 혼 안테나(Horn Antenna)는 형상이 악기 중 하나인 나팔(Horn)과 비슷해서 붙여졌다.

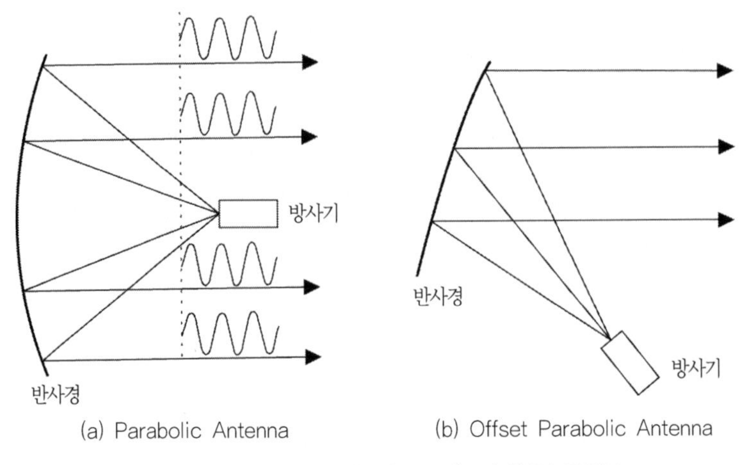

그림 2.16 파라볼라 안테나와 오프셋·파라볼라 안테나

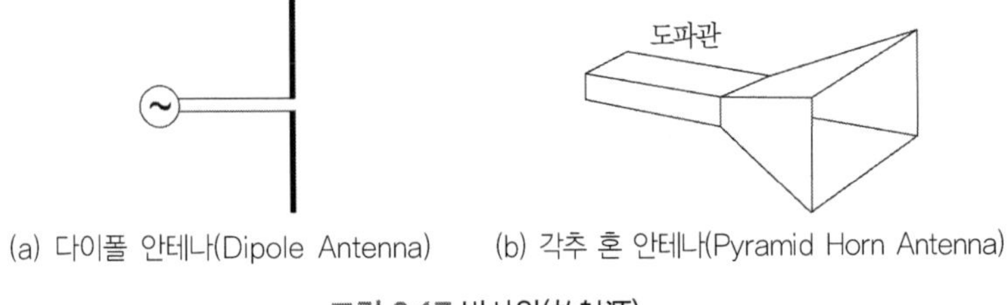

그림 2.17 방사원(放射源)

등이 있다. 다이폴 안테나는 두개의 도선에 교류 전압을 가해 마이크로파를 방사하는 것으로 도선의 전체 길이는 반파장(Half Wave Length)의 정수배이다. 직선 편파에 이용되는 각추 혼 안테나(Pyramid Horn Antenna)는 도파관[10] 모서리에 마이크로파를 각추형의 혼으로 지향성을 갖게 하여 방사한다. 빔의 지향성은 혼이 길어짐에 따라 향상된다. 각추형 혼 이외에도 각추 한쪽을 극단적으로 좁게 해서 부채꼴(扇形) 빔(Fan Beam)을

10 내부에 전자계를 형성해 전송하는 금속관.

형성하는 부채꼴형 혼 안테나(Sectoral Horn Antenna)나 원형 혼 안테나(Circular Horn Antenna) 등이 있다. 혼 내부에 많은 가느다란 홈을 낸 주름 혼(Corrugated Horn)은 사이드 로브(Side Lobe)를 억제해 넓은 밴드 폭의 빔 형성이 특징이다.

일반적인 안테나에서는 지향성을 갖는 안테나의 방향을 기계적으로 변화시킨다. 그래서 빔 방향을 바꾸는데 1장에서 소개한 그림 1.14에 있는 위상배열안테나(Phased Array Antenna)에서는 다이폴 안테나나 평면상의 마이크로스트립 안테나(MicroStrip Antenna) 등의 소자를 복수 배열하고 각 소자의 급전회로를 사용해 빔 패턴과 지향성을 제어할 수 있다. 배열 방법에 의해서 직선상에 등간격으로 소자를 배열한 선형 배열 안테나(Linear Array Antenna), 평면 모양으로 배열한 평면 배열 안테나(Planer Array Antenna), 곡면에 소자를 배열한 컨포멀 배열 안테나(Conformal Array Antenna) 등이 있다.

그림 2.18 (a)는 전기회로에 의한 위상배열안테나의 원리를 나타낸다. 만약 전력을 공급했을 때, 안테나 소자까지의 급전회로(Feeder Circuit)의 길이가 같다면 각 소자에서 방사되는 마이크로의 위상은 같고, 빔은 수평방향(왼쪽에서 오른쪽)으로 방사된다. 빔 방향을 바꾸는 경우에는 급전회로 길이를 조정하여 각각의 소자에서 위상이 일정 값만큼 늦은 마이크로파를 방사하도록 한다. 결과적으로 지향성이 다른 빔이 형성된다. 전자적으로 제어하는 방법에는 (b)에 있듯이 각 안테나 소자에 접속된 위상기(Phase Adjuster)를 사용하여 위상을 조정하고 임의의 방향으로 빔을 주사한다. 디지털 빔 형성(DBF: Digital Beam Forming)에서는 위상배열안테나 위상기 대신 디지털 신호 처리를 함으로써 빔 제어를 한다. 위상배열과 DBF의 보다 자세한 내용은 5.1절에서 해설한다.

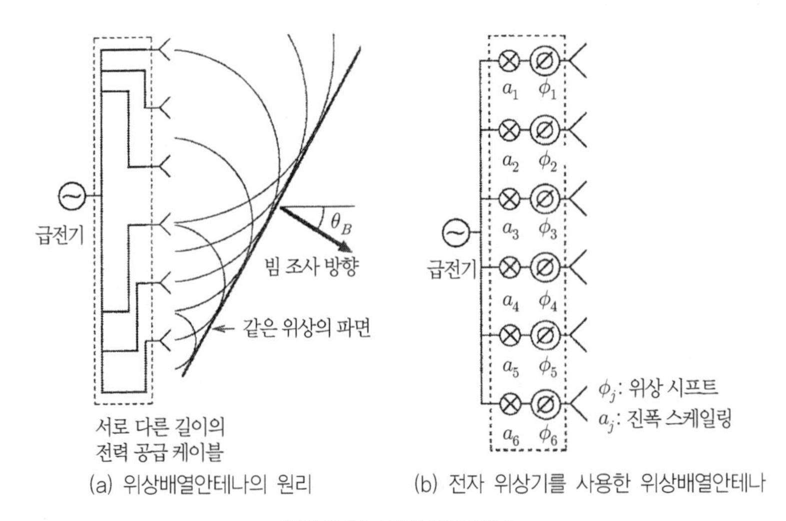

(a) 위상배열안테나의 원리 (b) 전자 위상기를 사용한 위상배열안테나

그림 2.18 위상배열안테나

2.3.2 전파반사경(Radar Reflector)[2), 11)]

전파반사경은 전파 반사 거울의 일종으로, 레이더의 방사교정(放射較正, Radiometric Calibration)에 이용되는 코너(혹은 코너 큐브)반사경은 그림 2.19에서와 같이 3면 또는 2면 금속판으로 되어 있다(3면 반사경은 그림 8.5 참조). 한 변의 길이 l인 정방형의 금속판이 레이더 방향을 향하고 있다면, 금속판의 RCS는 $\sigma = 4\pi l^4/\lambda^2$이다. 사각형 및 삼각형의 삼면 코너 반사경의 RCS는 각각 $12\pi l^4/\lambda^2$와 $4\pi l^4/(3\lambda^2)$이고, 2면 반사경의 RCS는 $8\pi l^4/\lambda^2$이다. 파라볼라 안테나와 마찬가지로 저주파 레이더의 방사교정에는 큰 반사경이 필요하고 l =3m의 삼각 삼면 코너 반사경에서는 ALOS-2 합성개구레이더의 주파수 1257.5MHz(λ =0.2386m)에 대해서 약 38[dB]의 RCS가 된다. 2면 반사경은 레이더의 편파 교정에도 이용되어 그림 2.19에 있듯이, 2회 반사에 의한 반사파의 수평편파성의 위상

은 입사파의 위상과 같지만 수직편파의 위상이 180° 변화하는 특징을 이용하고 있다.

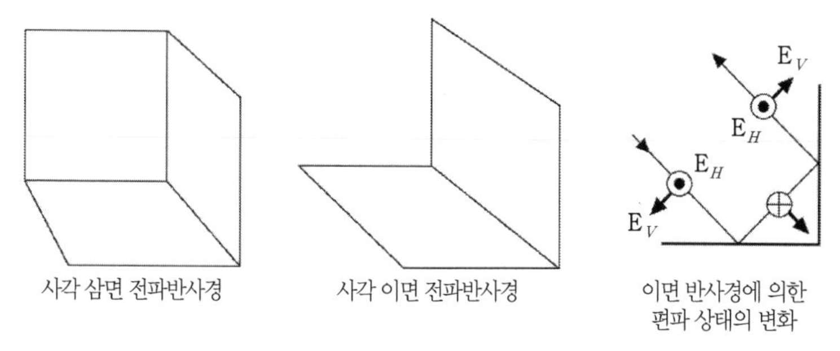

그림 2.19 코너 반사경과 양면 반사경에 따른 편파 상태의 변화

2.4 스텔스 기술과 전파 흡수 기술

모노스태틱 레이더의 안테나에서 매끄러운 금속판에 각도를 가지고 마이크로파가 입사하면 그림. 2.15의 왼쪽에 있는 것처럼 거울 반사의 반사 신호가 수신되지 않는다. 이러한 특성을 이용해 항공기나 선박, 차량 등을 레이더 등의 센서로 검출되기 어렵게 하는 기술을 스텔스 기술(Stealth Technique)이라고 부른다. 스텔스 기술은 군사 분야에서의 이용이 대부분이며, 레이더 이외에도 적외선 센서와 음향, 광학 센서에 의한 검출 억제를 포함한 기술의 총칭이다. 검출을 억제하는 방법에는, 채프(Chaff)라고 불리는 다량의 전파 반사지를 공중에 살포하는 방법이나, 열적외선에 의한 탐지를 막는 플레어를 이용하는 레이더 교란(미끼)을 사용한 방법 등도 있지만, 이러한 오인 기술은 스텔스 기술과는 구별되고 있다. 최근의 스텔스 기술에서는 주로 기체나 선체의 둥그스름한 것을 제외하고 평

면상 반사파를 수신 안테나 방향에서 벗어나게 하는 방법과 입사파를 흡수해 반사를 억제하는 흡수 기술을 사용하는 방법이 이용된다. 전자는 형상제어기술(Shape Control Technology), 후자는 전파 흡수 기술로 불린다. 이런 수동형 기술에 추가적으로, 탐사 레이더로부터의 신호를 수신해서 같은 진폭으로 위상이 180° 다른 신호를 송신하거나, 스텔스 기술이 약한 위치에서 반사 신호를 줄여주는 능동형의 스텔스 기술도 개발되고 있다.

2.4.1 형상제어기술

구형의 금속에 마이크로파를 전파하면 입사 방향으로 반드시 반사되는 부분이 있다. 형상제어기술[12), 13)]에서는 이러한 동그란 모양의 구조물을 최대한 줄이고 평면으로 구성된 측면으로 함으로써 반사파를 모노스태틱 레이더 방향에서 벗어나게 하여 스텔스화를 달성하고 있다. 항공기는 주로 아래쪽에서 오는 레이더에 대한 스텔스성에 중점을 두고 있으며, 둥그스름한 부분을 제거하여 평면으로 구성된 기체 부분들로 형성되어 있다(그림 2.20 참조). 일반적인 항공기의 형상은 추진능력을 높이기 위해 유선형으로 이루어져 공기저항을 줄이면서 큰 추진능력을 얻고 있다. 따라서 평면체로 구성된 스텔스기는 스텔스화의 대가로 추진능력과 추진력이 떨어진다. 형상제어기술로 할 수 없는 예각(銳角) 부분에 대해서는, 전파 흡수 기술에 의해 회절에 의한 산란파를 줄이기 위한 고안이 이루어지고 있으며, 기수의 안테나 부분에는 FSS 기능을 가진 소재가 사용된다. FSS(주파수 선택막: Frequency Selective Surface)란, 유전체 표면에 3각형, 4각형, 6각형 등을 기반으로 한 특유의 형상의 금속박을 배열한 박막으로, 어느 특정 주파수의 전자파만을 반사 또는 투과하는 차폐재(遮蔽材)이다.

안테나 부분을 FSS 기능을 갖춘 차폐재로 덮음으로써 외부로부터의 전파를 차단하는 동시에 (항공기)내부로부터의 특정 주파수의 전파만을 투과(전송)할 수 있다. 당연한 것이지만, 내부로부터의 전파와 같은 주파수의 레이더에 대해서는 스텔스성은 없어진다. 제작비도 일반 항공기에 비해 비싼 편이고, 적재용량(Load Capacity) 저하도 감당해야 한다.

선박 스텔스화에서도 항공기와 같은 기술이 사용되고 있다. 수직 선체 측면에서는 수평 방향으로의 전파를 경면 반사나 코너 반사경의 원리로 강하게 반사해버리므로, 이를 막기 위해 선체와 선수/함교 공간, 갑판실의 측면에 각도를 두도록 선박을 설계해 레이더조사 방향으로 반사파가 가지 않도록 한다(그림 2.20 참조). 마스트에는 평면으로 이뤄진 섬유강화 플라스틱 덮개가 덮여 있다. 이 덮개는 FSS 기능을 가지고 있어 차세대 밀폐형 마스트(Advanced Enclosed Mast)라고 한다.

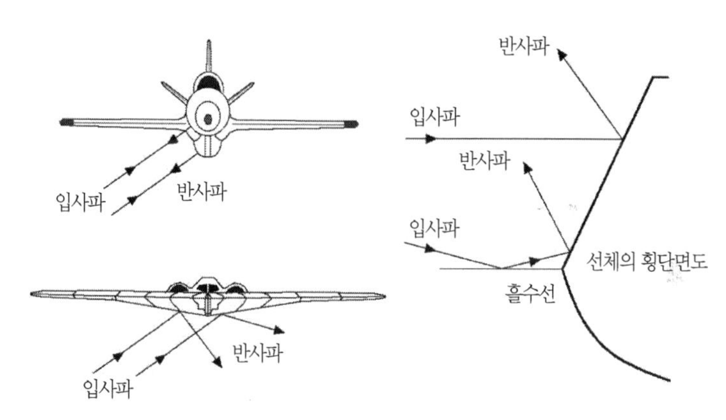

그림 2.20 기존 항공기와 스텔스 항공기 및 스텔스 기술을 고려한 선박

2.4.2 전파 흡수 기술

전파 흡수 기술[14), 15)]에 사용되는 흡수체는 RAM(Radar Absorbent Material)으로 불리며, 물질의 도전성(Electrical Conductive)이나 유전성(Dielectric), 유자성(Magnetic)을 이용해 RAM에 입사하는 전파에너지를 열에너지로 변환함으로써 반사파를 억제하는 방법과 반사파의 간섭을 이용하는 방법이 있다.

전기회로 안에서 저항체에 전압을 걸면 전류가 흐르고 전기에너지를 열에너지로 변환한다. 마찬가지로, 입사 전자파에 의해서 생긴 물질 내의 도전(導電) 전류 에너지를 열로 변환하는 것으로 반사 전자파를 억제할 수 있다. 이것이 도전성을 이용한 전파 흡수 기술의 원리로, 발생한 열은 매우 미소하고 외부로의 방사에 의해서 흡수재료의 온도는 상승하지 않는다. 재료에는 도전성 섬유로 이루어진 저항포나 도전금속을 증착한 유전체 시트, 도전도료(Conductive Paint)를 도포한 폴리에틸렌 필름 등의 저항피막이 사용된다. 유전성 전파 흡수 기술에서는 물질 내의 분극에 의한 유전 손실을 이용하지만, 그 손실이 작기 때문에 탄소 가루 등을 고무나 발포우레탄, 발포 폴리스테롤의 유전체에 혼합한 재료가 사용된다. 혼합률을 바꿈으로써 복소비유전율을 크게 바꿀 수 있으므로 광대역 전파 흡수재로 이용되고 있다. 이상의 전파 흡수 기술은 전기장에 의한 전자파 흡수 기술이지만, 유자성을 이용한 전파 흡수 기술은, 그 이름과 같이 자성체에 입사된 전자파에 의해서 유도된 자기장의 손출(損出, 자기장이 유전 손실되어, 반사파가 억제되는 것을 의미)을 통해서, 입사 에너지의 열로의 변환을 이용하고 있다. 대표적인 재료로는 산화철의 주체인 페라이트(Ferrite)를 고압 소결(燒結)한 페라이트(Sintered Ferrite)와 페라이트 가루를 고무 등에 혼합한 것이 쓰인다. 페라이트 가루를 포함한 유전체인 고무는 유자성과 유전성에 의한 손출(損出)의 특성을 모두 갖고 있다.

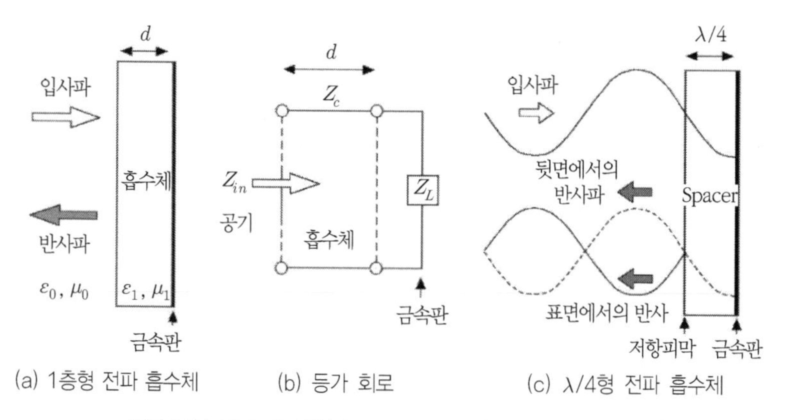

그림 2.21 전파 흡수체(Electromagnetic Wave Absorber)

좋은 전파 흡수 특성을 얻으려면 흡수체의 반사계수를 작게 하여 입사 전파를 효율적으로 흡수체 내부로 들어가게 하고, 들어간 전파를 효율적으로 열에너지로 변환할 필요가 있다. 전파 흡수체의 원리는 전기회로 내의 전류의 전파를 기술하는 전송선 이론이 일반적으로 적용된다. 그림 2.21의 (a)에 있듯이 전파 흡수체의 두께 d의 흡수재에 알루미늄 박막 등의 전도체를 층층이 쌓은 시트로 되어 있다. 이 전파 흡수체에 입사하는 전자파의 전달은 그림 2.21 (b)의 등가 회로(Equivalent Circuit)를 사용해서

$$Z_{in} = Z_c \frac{Z_L + Z_c \tanh(\gamma_c d)}{Z_c + Z_L \tanh(\gamma_c d)} \tag{2.32}$$

로 치환할 수 있다. 여기서 Z_{in}과 Z_c는 전파 입사 면과 흡수체의 특성 임피던스(Characteristic Impedance), Z_L은 전도체의 임피던스인 $\gamma_c = ik\sqrt{\varepsilon_1 \mu_1}$이다. 임피던스란, 직류회로(Direct Current Circuit)에 있는 저항과 같이 교류전류(Alternating Current)의 회로 내에서의 흐름에 어려움을 나타내는 것으로, 단

위는 [Ω]이다. 흡수체의 특성 임피던스는 $Z_c = Z_0\sqrt{\mu_1/\varepsilon_1}$ 으로 정의되고, $Z_0 = \sqrt{\mu_0/\varepsilon_0} = 120\pi\,[\Omega]$은 진공에서의 특성 임피던스로 공기 중에서도 거의 같다. 게다가 금속판은 반도체이므로 $Z_L = 0$ 이라고 하면

$$Z_{in} = Z_0\sqrt{\mu_1/\varepsilon_1}\tanh\left(ikd\sqrt{\varepsilon_1\mu_1}\right) \tag{2.33}$$

을 얻을 수 있다. 반사계수는

$$\Gamma_A = \frac{Z_{in} - Z_0}{Z_{in} + Z_0} \tag{2.34}$$

이므로 반사파를 제로로 하려면, $Z_{in} = Z_0$가 되도록 d와 ε_1 및 μ_1을 선택하면 된다. 이 프로세스는 임피던스 정합(Impedance Matching)이라고 한다. 유전성 흡수체의 경우에는 $\mu_1 = 1$로 해서 ε_1의 값을 선택하고 유자성 흡수체의 경우는 $\varepsilon_1 = 1$로 해서 μ_1을 선정한다. 그림 2.21 (a)의 예에서 흡수체는 1층으로 구성되어 있지만, 다른 매질의 흡수체를 여러 개 합친 다층형 전파 흡수체(Multi-Layer Wave Absorber) 등이 있다.

파동의 간섭을 이용한 $\lambda/4$형 전파 흡수체는 그림 2.21에서의 (c)와 같이, 대상이 되는 전파의 파장 λ의 1/4의 두께의 스페이서(Spacer)가 저항 피막과 금속판에 낀 구조로 되어 있다. 저항 피막에서 반사된 전파의 위상과 저항막을 투과하는 금속판에서 반사된 전파의 위상이 180° 달라서, 양자가 간섭함으로써 반사파를 감쇠한다. 공기 대신 비유전율 ε_1 유전체를 스페이서로서 사용하면, 내부의 전파의 파장이 $\lambda/\sqrt{\varepsilon_1}$ 이 되는 흡수체의 두께를 $1/\sqrt{\varepsilon_1}$ 만큼 줄일 수 있다.

FSS와 전파 흡수체는 군사 분야에서의 스텔스 기술에만 응용하는 것이 아니라, 무반향실(Anechoic Room)을 비롯한 무선 LAN이나 휴대전화 등 다양한 전자기기의 노이즈 억제와 전자요금수수 시스템(ETC: Electric Toll Collection)의 측면과 상부에 설치되어 있는 레인 간의 전파간섭과 전후 차량에 의한 반사전파의 저감, 텔레비전의 허상(고스트 등) 대책, 레이더 허상 장애 방지 등의 전파환경 개선에 이용되고 있다.

전파 암실(Radio Shielding Room)이라는 것은 외부로부터의 전자파를 차단하고 전파 흡수 소재를 내벽 전면에 설치한 전파 무반사실로, 전자기기와 무선기기의 실험이나 전자파 산란 특성의 계측 등에 이용된다. 전파 흡수 재료는 폴리우레탄에 탄소 입자나 페라이트(Ferrite, 소결체燒結体)를 함유한 피라미드형이나 쐐기형으로 되어 있고, 그림 2.22에 나타낸 바와 같이 입사한 전자파를 여러 차례 반사시킴으로써 반사파를 억제하는 구조로 되어 있다. 피라미드형이나 쐐기형의 크기에 따라 전파 흡수체가 작용하는 전자파의 주파수와 흡수량이 다르기 때문에, 이용하는 주파수대에 따라 다른 사이즈의 전파 흡수체를 사용하고 있다.

(a) 전파 암실(Radio Shielding Room)

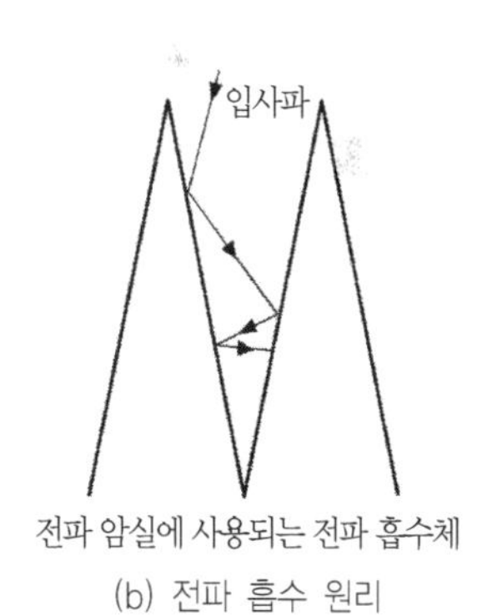

(b) 전파 흡수 원리

그림 2.22 전파 암실(사진 제공: Prof. Haipeng WANG, Fudan University)과 전파 흡수체(Electromagnetic Wave Absorber)

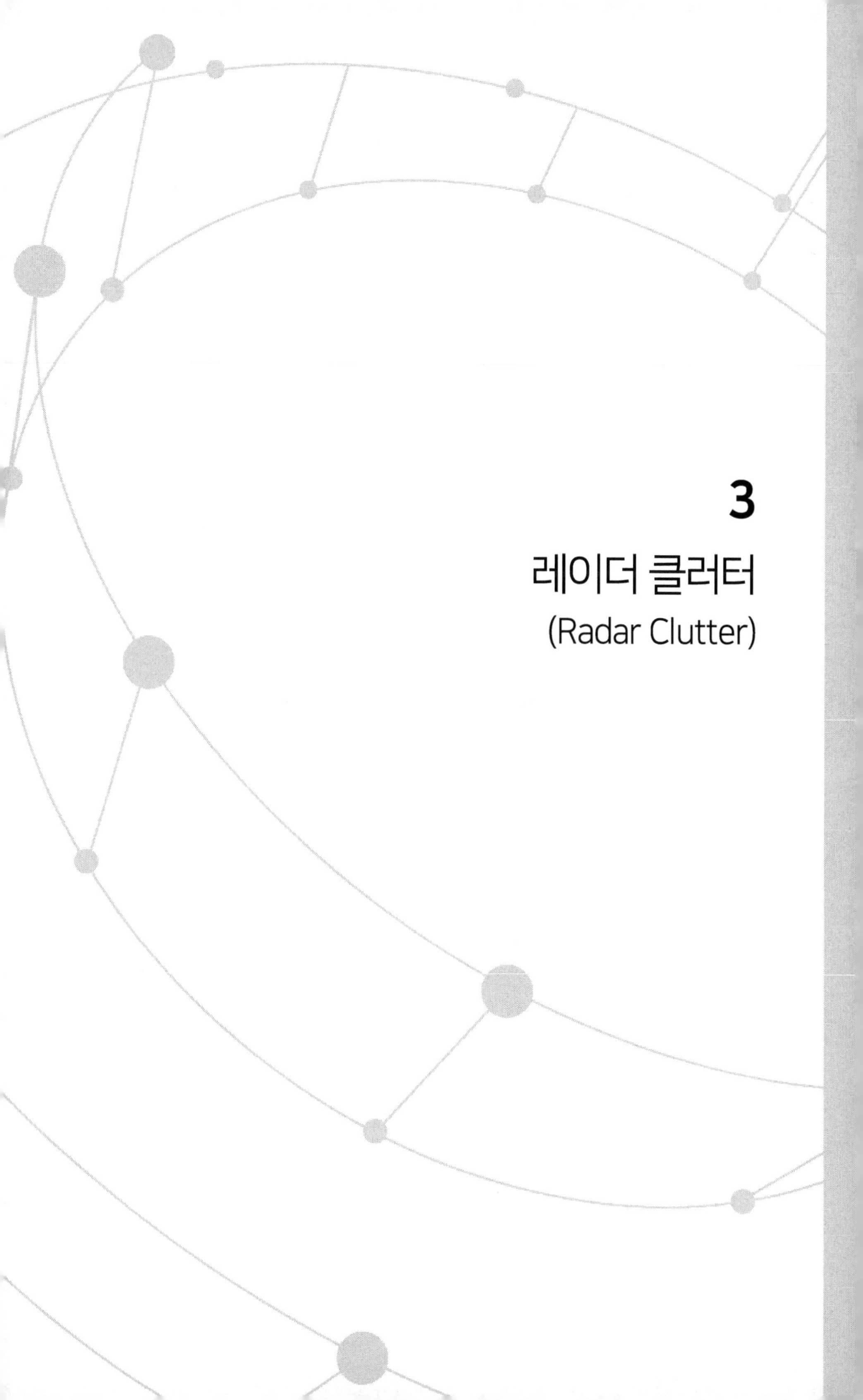

3
레이더 클러터
(Radar Clutter)

3

레이더 클러터 (Radar Clutter)

레이더 클러터(Radar Clutter)는 레이더 수신 신호에 포함되는 목표물 이외의 노이즈(잡음)로, 그림 3.1에 있듯이, 항공기나 선박 등의 정확한 타깃 검출에 방해가 된다. 따라서 타깃 이외의 대상물을 타깃으로 잘못 인식해버릴 확률, 즉 오경보율(FAR: False Alarm Rate)을 줄여서 높은 정확도로 타깃을 검출하기 위해서는 클러터를 억제(Suppression)해 타깃으로부터 분리할 필요

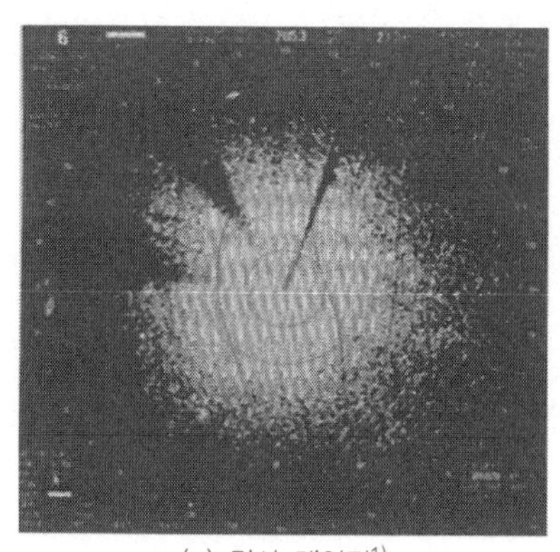

(a) 탐사 레이더[1)]

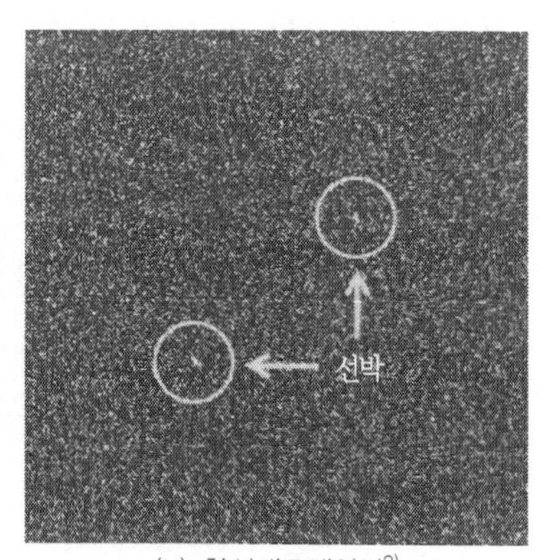

(b) 합성개구레이더[2)]

그림 3.1 탐사 레이더와 합성개구레이더 이미지에서 보이는 클러터와 타깃

가 있다. 클러터는 랜덤으로 변하기 때문에 그 특징을 파악하려면 통계적 수법이 적용된다. 본 장에서는 레이더 클러터의 통계적 성질과 종류, 타깃 검출에 가장 많이 이용되고 있는 '일정 오경보율(一定誤警報率, Constant False Alarm Rate)[1]'에 대해 해설한다.

3.1 레이더 클러터의 통계적 성질

3.1.1 레이더 클러터와 타깃

레이더 시스템의 열 잡음은 수신 신호에 가법적(加法的, Additive)이다. 이에 반해 클러터는 산란체에 의존하는 수신 신호에 승법적(乘法的, Multiplicative)인 노이즈로, 랜덤한 위상과 진폭을 가진 수신 신호의 간섭에 의해 발생한다. 지표면, 해수면, 해빙(海氷), 대기(비(雨) 등)에서의 노이즈는 각각 지면 클러터(Ground Clutter), 해수면(파도) 클러터(Sea Clutter), 해빙 클러터(Sea Ice Clutter), 날씨(비·눈) 클러터(Weather Clutter)라고 한다. 또 곤충이나 새, 대기의 굴절률 변화 등에 의한 클러터는 '엔젤 에코(Angel Echo)[2]'로 불린다.[3)]

직접 수신하는 신호에 더해서 건물로부터 복수 반사(다중경로, Multipath)하는 것에 의해서 발생하는 허상(虛像)과 인위적인 방해 전파나 전파 반사용 은(銀)종이(채프, Chaff)에 의한 랜덤 신호도 클러터의 일종이다. 이러한 클러터는 타깃 검출에 방해가 되므로 억제가 필요하다. 예를 들면

---

1 역) 수신 신호에 포함된 클러터의 변동에도 불구하고 허위 표적으로 탐지되는 빈도수가 일정하도록 하는 비율.

2 초기 레이더 관측에서 아무것도 없을 것으로 보이는 맑은 하늘에서 반사 신호가 수신돼 천사가 공중을 떠다닌다고 해서 명명됐다.

항공기의 검출에서는 비·눈 클러터와 지면 클러터(저공 비행 시 삼림이나 산의 경사면에서)가 강하며, 선박의 검출에서는 쇄파나 해빙에서의 클러터와 선박의 구별이 중요하게 된다.

한편, 클러터의 통계적 성질은 지표면이나 해수면, 비(雨)나 대기 등 산란체의 상태에 따라서 바뀌는 것을 이용하여, 클러터로부터 산란체의 정보를 추출하는 연구도 이뤄지고 있다. 이와 같이 관측 대상에 따라서 타깃과 클러터는 달라지기도 한다. 예를 들면 공항 관제 레이더에서는 항공기가 타깃으로, 강우나 구름은 노이즈로서 취급되지만, 기상 레이더에서는 강우가 타깃이 되고 항공기 등은 노이즈가 된다.

그림 3.1은 탐사 레이더와 합성개구레이더 이미지에서의 클러터와 타깃을 나타낸다. 합성개구레이더와 같은 이미지 레이더에서는 레이더 클러터를 스페클(Speckle)이라고 한다.[4] 클러터가 랜덤으로 분포하고 있으므로, 이러한 신호로부터 타깃을 고정밀도로 검출하려면, 클러터와 타깃의 통계적 성질을 알 필요가 있다.

3.1.2 통계적 설명의 기초 지식

이산적 클러터 신호가 z_1, z_2, z_3, ⋯, z_M 값을 취할 확률을 p_1, p_2, p_3, ⋯, p_M라 하면, 평균

$$\mu_m \equiv \langle z \rangle = \lim_{M \to \infty} \sum_{j=1}^{M} z_j p_j \tag{3.1}$$

은 기대값 또는 앙상블(집합) 평균이라고 한다. 마찬가지로 연속적인 신호 z의 앙상블 평균은

$$\mu_m \equiv \langle z \rangle = \int_{-\infty}^{\infty} zp(z)dz \tag{3.2}$$

으로 정의된다. 여기서 $p(z)$는 z값을 취할 확률밀도함수(PDF: Probability Density Function)이다.

이산적인 신호의 퍼짐 지표인 분산(Variation)은

$$\sigma_z^2 = \lim_{M \to \infty} \sum_{j=1}^{M} (z_j - \langle z \rangle)^2 p_j \tag{3.3}$$

로 정의되고, 연속적인 신호는

$$\sigma_z^2 = \int_{-\infty}^{\infty} (z - \langle z \rangle)^2 p(z)dz \tag{3.4}$$

로 정의된다.

실제 데이터는 유한하기 때문에, 이산적인 신호의 샘플 수 M, 연속적인 신호에서는 구간 $[-z_0, z_0]$에서의 신호 샘플 (표본) 평균이라는 값

$$\hat{\mu}_m = \sum_{j=0}^{M} z_j p_j \tag{3.5}$$

$$\hat{\mu}_m = \int_{-z_0}^{z_0} zp(z)dz \tag{3.6}$$

이 이용된다. 유한 신호의 분산도 마찬가지이다. 이 책에서 다루는 신호

는 따로 언급하지 않는 한, 어느 구간에서 샘플 평균을 취해도 동일한 정상 신호로 하고, 앙상블 평균이 하나의 샘플 평균(분산이나 다른 통계량도)으로 대체되는 에르고딕성(Ergodicity) 신호로 한다(4.2.2항 참조).

3.2 클러터와 확률밀도함수

3.2.1 정규분포(Normal Distribution)[4)~6)]

레이더의 시스템 노이즈는 주로 전기회로 저항에서의 열에 의한 자유전자의 랜덤운동에서 발생하는 열 잡음(熱雜音, Thermal Noise)[3]이고, 그 외 시스템 노이즈로는 이산적으로 발생하는 산탄 잡음(散彈雜音, Shot Noise)이나 강도(Intensity)가 주파수에 반비례하는 $1/f$ 노이즈[4] 등이 있다. 열 잡음의 파워 스펙트럼 밀도(Power Spectral Density)는 전체 주파수에 걸쳐 거의 일정하게 분포하고 있는 이른바 화이트 노이즈(White Noise)로 확률밀도함수(PDF: Probability Density Function)

$$p(z) = \frac{1}{\sqrt{2\pi}\,\sigma_z} \exp\left(\frac{(z-\mu_m)^2}{2\sigma_z^2}\right) \tag{3.7}$$

로 근사된다. 여기서 z, μ_m, σ_z는 각각 수신 신호, 평균치 그리고 표준편차로, 식 (3.7)은 면적이 1이 되도록 규격화되어 있다. 이 확률밀도함수를

---

3 역) 존슨 잡음 혹은 노이즈(Johnson Noise)라고도 한다.
https://en.wikipedia.org/wiki/Pink_noise#/media/File:Pink_noise_spectrum.svg

4 역) 핑크 노이즈(Pink Noise)라고도 한다.

갖는 분포는 정규분포(혹은 가우스 분포)라 한다. 그림 3.2는 $\mu_m = 0$인 정규분포를 나타낸다. 그림에 있듯이 정규분포를 따르는 노이즈의 경우, 신호 강도가 $\mu_m \pm \sigma_z$ 범위 안에 있을 확률은 약 68%가 된다.

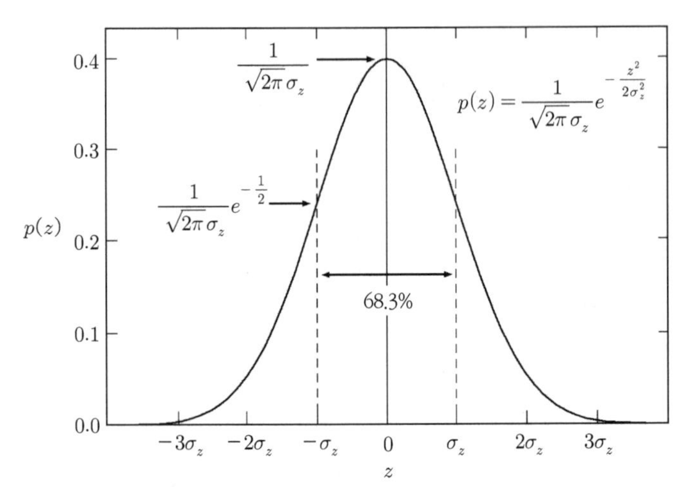

그림 3.2 정규(가우스)분포의 확률밀도함수

확률밀도함수 $p(z)$을 $-\infty$에서 z'까지 적분한 함수는, 누적확률밀도함수(Cumulative Probability Density Function) 또는 누적분포함수(Cumulative Density Function)라고 하며, 정규분포의 경우

$$p_c(z') = \int_{-\infty}^{z'} p(z)dz = \frac{1}{2}\left(1 + \mathrm{erf}\left(\frac{z' - \langle z \rangle}{\sqrt{2}\sigma_z}\right)\right) \tag{3.8}$$

이다. 여기서, erf는 에러함수(Error Function)로

$$\mathrm{erf}(z') = \frac{2}{\sqrt{\pi}} \int_0^{z'} \exp(-z^2) dz \tag{3.9}$$

로 정의된다. 에러함수는, $\mathrm{erf}(-z) = -\mathrm{erf}(z)$의 성질이 있고 기함수(Odd Function)임을 알 수 있다. 그림 3.3에 식 (3.8)의 누적확률밀도함수를 나타낸다. 확률밀도함수의 z에서의 값은 신호치 z의 발생 확률을 나타내는데, z'에서의 누적확률밀도함수의 값은 $-\infty$에서 z'의 구간에 있는 신호 값이 발생할 확률을 나타낸다. 따라서 식 (3.8)의 적분치는, z'가 증가하면서 1, 즉 100%의 발생 확률에 다가간다. 누적확률밀도함수는 타깃을 검출할 확률과 타깃이 존재하지 않는데도 불구하고 타깃으로 오판해버릴 확률을 산출하는 데 이용된다.

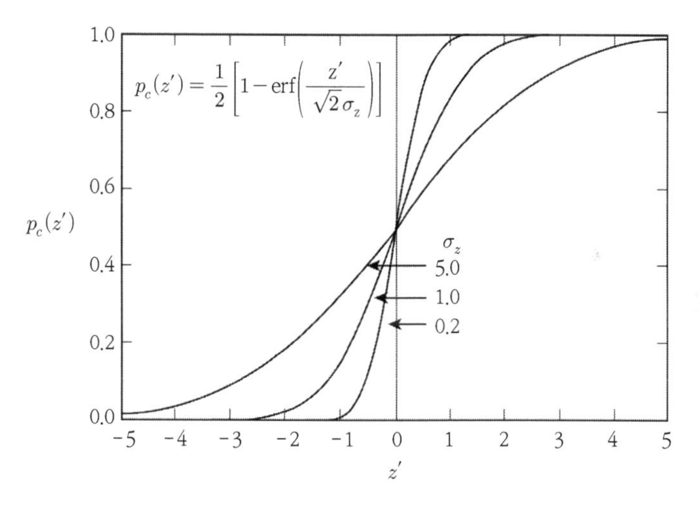

그림 3.3 정규(가우스)분포의 누적확률밀도함수

3.2.2 레일리 분포(Rayleigh Distribution)[4), 5), 6)]

레일리 분포는 클러터의 가장 기초적인 분포함수이므로, 여기서 조금 자세하게 설명한다. 우선 레이더 해상도 폭에 상당하는 타깃 체적 내에 M개의 많은 산란 요소가 있다고 가정한다. 이 타깃 체적으로부터의 수신 신호는

$$A\exp(i\phi)=\sum_{j=1}^{M}a_j\exp(i\psi_j) \tag{3.10}$$

로 주어진다. 여기서 A와 ϕ는 각각 수신 신호의 진폭과 위상이고, a_j와 ψ_j는 각각 j번째 산란 요소의 진폭과 위상이다. 각 산란 요소의 진폭은 랜덤이고, 게다가 그 위상은 진폭에 관계없이 랜덤하게 변화하고 $[0, 2\pi)$ 사이에서 고르게 분포하고 있다고 하면, 중심극한정리(Central Limit Theorem)에 따라 수신 신호의 실수 성분 A_r와 허수 성분 A_i는 정규분포를 따른다. A_r와 A_i의 결합확률밀도함수(Joint Probability Density Function)는 M이 커짐에 따라서

$$p(A_r,\ A_i)=\frac{1}{2\pi\sigma_A^2}\exp\left(-\frac{A_r^2+A_i^2}{2\sigma_A^2}\right) \tag{3.11}$$

의 2-변수(Bivariate) 정규분포에 근접하게 된다. 여기서 σ_A^2는 분산이다. 일반적으로 $M\geq 6\sim 8$이라면 중심극한정리의 근사가 성립된다.

진폭 $A=(A_r^2+A_i^2)^{1/2}$과 위상 $\phi=\arctan(A_i/A_r)$의 결합(동시,

Simultaneous)확률밀도함수는

$$p(A, \phi) = \frac{p(A_r, A_i)}{J(A_r, A_i)} \tag{3.12}$$

의 관계로부터 구해진다. 여기서 J는 야코비언(Jacobian)이라고 불리는 변수 변환 시에 생기는 변화율을 나타내는 행렬식

$$J(A_r, A_i) = \begin{vmatrix} \partial A / \partial A_r & \partial A / \partial A_i \\ \partial \phi / \partial A_r & \partial \phi / \partial A_i \end{vmatrix} \tag{3.13}$$

이다. 진폭과 위상의 정의로부터 야코비언은 $J = 1/A$로 되고, 식 (3.12)는

$$p(A, \phi) = \frac{A}{2\pi\sigma_A^2} \exp\left(-\frac{A^2}{2\sigma_A^2}\right) \mathrm{rect}\left(\frac{\phi}{2\pi}\right) \;:\; A \geq 0 \tag{3.14}$$

이다. 여기서, $\mathrm{rect}(\phi/(2\pi))$는 직사각형 함수(Rectangular Function)로 ϕ가 $[-\pi, \pi)$에 있을 때 1의 값을 취하고, 그 외의 경우는 0이 되는 함수이다. 진폭과 위상의 확률밀도함수는 각각

$$p(A) = \int_{-\pi}^{\pi} p(A, \phi) d\phi = \frac{A}{2\sigma_A^2} \exp\left(-\frac{A^2}{2\sigma_A^2}\right) \tag{3.15}$$

$$p(\phi) = \int_0^{\infty} p(A, \phi) dA = \frac{1}{2\pi} \mathrm{rect}\left(\frac{\phi}{2\pi}\right) \tag{3.16}$$

로 된다.

마찬가지로, 신호 강도 $I = A^2$의 확률밀도함수는, $J(A_r, A_i) = 2$로부터

$$p(I) = \int_{-\pi}^{\pi} p(I, \phi) d\phi = \frac{1}{2\sigma_A^2} \exp\left(-\frac{1}{2\sigma_A^2}\right) \tag{3.17}$$

이다. 강도의 n차 모멘트는

$$\langle I^n \rangle = \int_0^{\infty} I^n p(I) dI \tag{3.18}$$

로부터 구해지며, 앙상블 평균 강도(1차 모멘트)는

$$\langle I \rangle = \frac{1}{2\sigma_A^2} \int_0^{\infty} I \exp\left(-\frac{1}{2\sigma_A^2}\right) dI = 2\sigma_A^2 \tag{3.19}$$

이다. 마찬가지로, 강도의 제곱 평균(2차 모멘트)은 $\langle I^2 \rangle = 2(2\sigma_A^2)^2$이므로, 신호 강도의 분산은 $\langle I^2 \rangle - \langle I \rangle^2 = (2\sigma_A^2)^2 = \langle I \rangle^2$이다. 식 (3.15), 식 (3.17) 그리고 식 (3.19)로부터, 진폭과 강도의 확률밀도함수는 각각

$$p(A) = \frac{2A}{\langle A^2 \rangle} \exp\left(-\frac{A^2}{\langle A^2 \rangle}\right) \tag{3.20}$$

$$p(I) = \frac{1}{\langle I \rangle} \exp\left(-\frac{I}{\langle I \rangle}\right) \tag{3.21}$$

로 주어진다. 여기서 $\langle I \rangle = \langle A^2 \rangle$이다. 식 (3.20)의 진폭분포는 레일리 분포(Rayleigh Distribution)로 알려져 있고, 강도는 식 (3.21)의 음의 지수분포(Exponential Distribution)를 따른다. 그림 3.4는 $A = z$, $\langle A^2 \rangle = \sigma_z^2$로 가정했을 때의 레일리 분포를 나타낸다.

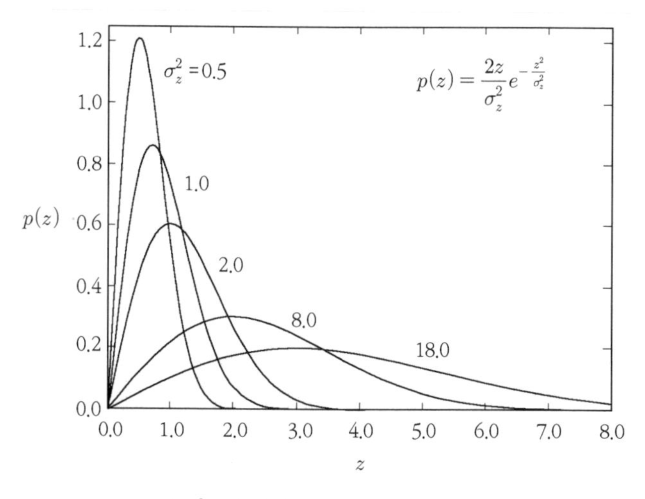

그림 3.4 레일리 분포의 확률밀도함수

레일리 분포의 확률밀도함수를 가진 클러터는 레일리 클러터 혹은 가우스 통계를 따르는 클러터라고 하며, 그 통계적 특성은 평균강도 $< I >$로 완전하게 설명된다. 레일리 클러터는 이 평균 강도와 해상도 폭 내에 랜덤하게 분포되어 있는 산란요소가 많이 존재한다는 것 이외에 산란체에 관한 정보는 포함되지 않았다. 평온하고 일정한 잔잔한 파도로 이루어진 해수면이나 지표면, 열대우림 등 고밀도의 삼림(森林)으로부터의 클러터는 레일리 분포에 적합한 것으로 보고되고 있다.

초기 레이더에 의한 클러터 계측에서는 나무나 건물 등의 공간적인 변화는 해상도폭과 비교해서 작기 때문에, 이와 같은 변화는 해상도 폭 내에서 평균된 수신 신호에 반영되지는 않았다. 결과적으로, 수신 신호의 복소 진폭은 가우스 분포가 되고, 클러터 진폭은 레일리 분포로 기술되어 있었다. 그러나 레이더의 해상도가 높아짐에 따라 많은 경우 클러터가 레일리 분포에 적합하지 않음을 알게 되었다.[5] 고해상도 레이더에서 해상도 폭 내의 산란요소가 적어지거나 반사계수가 시공간적으로 크게 변동하는 경우, 예를 들어 쇄파(Wave Breaking)가 섞인 해수면이나 드문드문 나무들이 분포하고 있는 삼림 등 통계적으로 일정하게 분포하고 있지 않은 불균질한 이종교합(Heterogeneous)의 산란체로부터의 고해상도 레이더의 클러터는 레일리 분포에는 적합하지 않다는 것이 밝혀지고 있다. 이러한 클러터는 비레일리 클러터(Non-Rayleigh Distribution Clutter) 혹은 비가우스 클러터라고 불리며, 이에 적합한 다양한 분포함수가 제안되고 있다.[1), 7)~11)] 또한, 비레일리 클러터에는 해수면 상태나 삼림의 정보가 포함되기 때문에, 그 특성을 이용해서 산란체의 물리량 계측이나 분류법 등이 제안되고 있다.

3.2.3 대수 정규분포(Log-Normal Distribution)

비레일리 클러터의 진폭 분포를 기술하는 확률밀도함수의 하나로 대수 정규분포(Log-Normal Distribution)[4)~6)]가 있다. 대수 정규분포는

$$p(z) = \frac{1}{\sqrt{2\pi}\,\sigma_z z}\exp\left(-\frac{(\ln(z)-\mu_m)^2}{2\sigma_z^2}\right) \qquad (3.22)$$

5　고해상도 레이더에서도 조건을 만족하면 일정한 거칠기로부터의 클러터는 레일리 분포가 된다.

로 정의된다. 여기에서 ln은 자연 대수(Natural Logarithm), $\mu_m = \langle \ln(z) \rangle$와 σ_z^2는 각각 $\ln(z)$ 평균과 분산이다. 그림 3.5에는 $\mu_m = 0$에서의 대수 정규분포를 나타낸다. 식 (3.2)와 식 (3.4)로부터, z의 평균치와 분산은 각각 $\exp(\mu_m + \sigma_z^2/2)$, $\exp(2\mu_m + \sigma_z^2)(\exp(\sigma_z^2) - 1)$이다. 이 확률밀도함수는 다른 비레일리 분포와 비교해서 z의 증가에 따라 긴 '자락(꼬리 부분)[6]'이 있으며, $z = 0$의 값을 지닌 관측치의 확률은 0이다. 따라서 클러터 강도 분포에는 적합하지 않고, 진폭 분포를 기술하는 확률밀도함수로서 알려져 있다. 또, 세로축에 상대 빈도를 대수로 표현된 확률밀도함수로 표시하면, 자락(꼬리 부분) 영역의 차이가 보다 명료해진다.

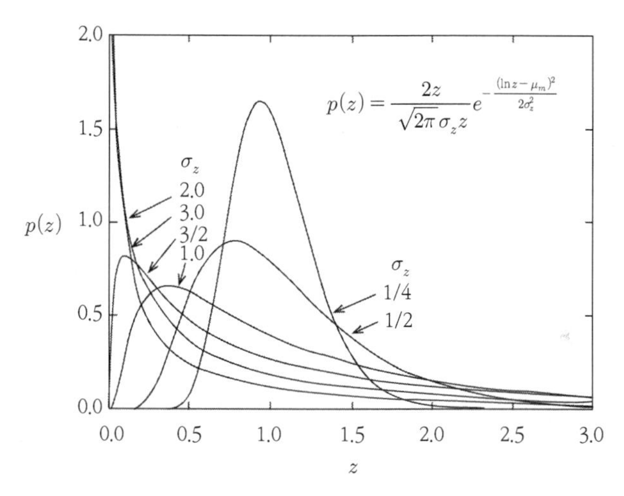

그림 3.5 대수 정규분포의 확률밀도함수($\mu_m = 0$)

6 역) 'skirt'의 의미로, 그림 3.5에서 분포도가 z가 증가하는 쪽으로 완만한 경사를 보이고 있는 부분을 나타낸다.

3.2.4 와이블 분포(Weibull Distribution)[7)]

와이블 분포(Weibull Distribution) 확률밀도함수는

$$p(z) = \frac{\nu}{b}\left(\frac{z}{b}\right)^{\nu-1} \exp\left(-\left(\frac{z}{b}\right)^{\nu}\right) \ :\ b > 0,\ \nu > 0 \tag{3.23}$$

로 정의되고, ν은 형상(Shape) 파라미터, b는 스케일(Scale) 혹은 척도 파라미터이다. 평균치와 분산은 각각

$$\langle z \rangle = b\Gamma\left(1 + \frac{1}{\nu}\right) \tag{3.24}$$

$$\sigma_z^2 = b^2\left(\Gamma\left(1 + \frac{2}{\nu}\right) - \Gamma^2\left(1 + \frac{1}{\nu}\right)\right) \tag{3.25}$$

이다. 여기서 Γ은 감마함수이다. 그림 3.6에 있듯이, 일정 스케일 파라미터에서 $\nu = 1$의 경우에는 (음의)지수 분포가 되고, $\nu = 2$에서는 $b = \sigma_z$으로 두면

$$p(z) = \frac{2z}{\sigma_z^2} \exp\left(-\frac{z^2}{\sigma_z^2}\right) \tag{3.26}$$

는 그림 3.4에 있는 레일리 분포가 된다. 형상 파라미터를 더 증가[7]시키면 분포의 첨도가 커진다. 한편, 형상 파라미터를 일정하게 두고 스케일

---

7 역) 그림 3.6에서 $z = 1$ 근처에서 ν가 2에서 5로 증가하면 첨도(尖度, Kurtosis)가 커진다.

파라미터를 크게 하면 분포의 첨도가 작아진다. 이와 같이 와이블 분포는 범용성이 있는 분포함수[8]로써 대수 정규분포와 함께 품질관리와 기상, 경제, 의학 분야를 시작으로 레이더 분야에서도 사용되고 있다.

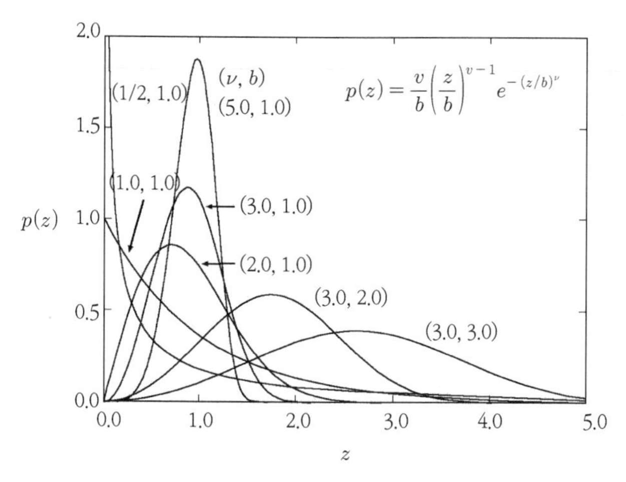

그림 3.6 와이블 분포 확률밀도함수

3.2.5 감마 분포(Gamma Distribution)

감마 분포(Gamma Distribution)[4), 6)]는

$$p(z) = \frac{z^{\nu-1}}{\Gamma(\nu) b^{\nu}} \exp\left(-\frac{z}{b}\right) \tag{3.27}$$

8 와이블(W.Weibull)이 처음으로 기계의 열화(劣化, Deterioration)와 수명을 근사하는 데 와이블 분포를 사용하였다.

로 정의되고, ν와 b는 각각 형상(Shape) 파라미터와 스케일(Scale) 파라미터이다. 평균치와 분산은 각각 $\langle z \rangle = \nu b$, $\sigma_z^2 = \nu b^2$가 된다. 그림 3.7에 있듯이, 감마 분포는 $\nu = 1$에서 지수 분포로 되고, 형상 파라미터의 증가와 함께 분포 첨도(Kurtosis)가 커진다. $b = 2$, $\nu = n/2$로 두면 식 (3.27)은, 자유도 n의 카이제곱분포(χ^2-분포, Chi-square Distribution)이다. χ^2-분포는 흔들리고 있는 타깃(Swerling Target)의 분포로서 알려져 있다. 또, 클러터의 신호 강도를 크기 N의 윈도우 내에서 가산 평균함으로써 클러터를 억제하는 방법에서는, 레일리 클러터의 표준편차 값을 $1/\sqrt{N}$배만큼만 감소시킬 수 있다. 여기서 가산 평균된 클러터 강도의 확률밀도함수는 감마 분포를 따르고, $b = \langle I \rangle / N$, $\nu = N$, $z = I$라 하면

$$p_N(I) = \frac{I^{N-1}}{\Gamma(N)\left(\frac{\langle I \rangle}{N}\right)^N} \exp\left(-\frac{I}{\frac{\langle I \rangle}{N}}\right) \tag{3.28}$$

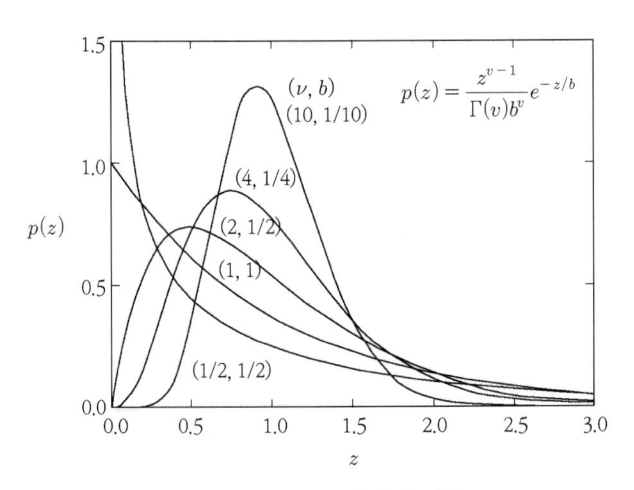

그림 3.7 감마 분포 확률밀도함수

로 된다. 이 노이즈 처리법에서는 신호를 크기 N의 윈도우에서 가산 평균하기 때문에 노이즈를 줄이는 대가로 해상도가 $1/N$로 떨어진다.

3.2.6 K-분포

K-분포[6),8)]는 경험적으로 도출된 다른 분포함수와 달리, 걸음걸이(스텝 수, Number of Steps)가 변화하는 랜덤 워크(Random Walk) 문제[9]의 극한으로서 수학적으로 도출된 분포함수이다. K-분포 확률밀도함수는

$$p(z) = \frac{2b}{\Gamma(\nu)}\left(\frac{bz}{2}\right)^{\nu} K_{\nu-1}(bz) \tag{3.29}$$

으로 주어진다. 와이블 분포와 감마 분포와 마찬가지로, ν는 형상 파라미터, b는 스케일 파라미터이다. $K_{\nu-1}$은 $\nu-1$차의 변형 베셀 함수(Modified Bessel Function)이고, K-분포 이름은 이 함수에서 유래한다. 그림 3.8은 $b=1$일 때 K-분포 확률밀도함수를 나타낸다. $b=2(\nu/\langle I\rangle)^{1/2}$, $z=A$로 두면, 식 (3.29)는 진폭 $A(A=\sqrt{1})$인 레이더 클러터를 기술하는 K-분포 확률밀도함수

$$p(A) = \frac{4}{\Gamma(\nu)}\left(\frac{\nu}{\langle I\rangle}\right)^{\frac{(\nu+1)}{2}} A^{\nu} K_{\nu-1}\left(2A\left(\frac{\nu}{\langle I\rangle}\right)^{\frac{1}{2}}\right) \tag{3.30}$$

로 된다. 이 밀도함수는 당초 액정으로부터의 레이저 광산란(Light Scattering)

9 만취한 사람의 걸음걸이처럼 다음 단계가 불규칙해지는 현상.

문제에 적용되었지만, 그 후 해수면 클러터를 비롯해 많은 레이더 클러터에 적용되고 있다. 지수함수만의 와이블 분포와 비교해서, K-분포 확률밀도함수는 감마함수와 변형 베셀 함수를 포함하고 있어 연산이 복잡해졌지만, 그 범용성 때문에 레이더뿐 아니라 광학·대기 분야에서의 산란·방사 문제나 의료 분야에서의 음향 데이터 해석 등 다양한 분야에서 이용되고 있다. 또 열 잡음을 포함한 비레일리 클러터의 변형 K-분포 모델도 제안되고 있다.

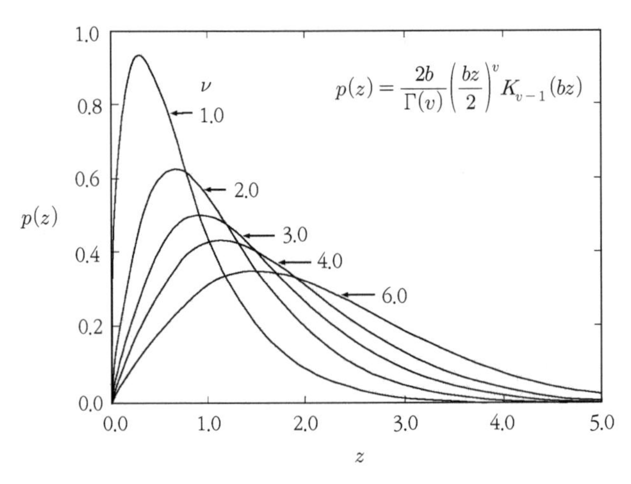

그림 3.8 K-분포 확률밀도함수($b = 1$)

3.2.7 확률밀도함수와 대상물

표 3.1에 주요 확률밀도함수별 클러터와 대상물을 요약한다. 레일리 분포는 균질한 거친면, 풍랑 계급 2~3 정도의 잔물결이 있는 해수면, 열대림 등의 고밀도의 삼림 등의 통계적으로 일정한 클러터에 적용한다. 대수 정규분포나 와이블 분포, K-분포 등의 비레일리 분포함수는, 비·눈

클러터를 비롯한 요철이 큰 표면과 저밀도로 드문드문 분포하고 있는 삼림, 백파 등이 섞인 풍랑 계급치가 비교적 큰(≥3) 해수면, 해빙 등 불균질하고 이종 혼합의 산란체로 이루어진 지면 클러터와 해수면 클러터 등에 적합하다. 한편, 변형베타 분포(Modified Beta Distribution)는 상기의 분포함수와 함께 해빙 클러터(Sea Ice Clutter)를 나타내는 것으로 알려져 있다. 도시 지역이나 고저 차가 심한 산악 지역의 클러터는 극단으로 불균질한 클러터(Extremely Heterogeneous Clutter)이며, K-분포 등에는 적합하지 않고, Fisher-분포와 $\mathcal{G}^0$-분포가 잘 일치하는 것으로 보고되고 있다. $\mathcal{G}$-클래스의 분포함수는 특별한 사례로 $\mathcal{G}^0$-분포와 K-분포로 수렴하기 때문에 불균질인 비레일리 클러터의 분포함수로서 주목받고 있다. 또, 확률 변수를 $z' = 1/z$으로 둔 역 와이블 분포(Inverse-Wuibull Distribution)나, 감마 분포와 역 감마 분포(Inverse-Gamma Distribution)에 수렴하는 역 가우스 분포(Inverse-Gaussian Distribution) 등도 제안되고 있다.

표 3.1 주요 확률밀도함수와 클러터/대상 예

분포함수	클러터/대상
정규, 레일리 분포	열 잡음, 거친면, 해수면, 고밀도의 삼림, 설면 등의 균질한 물질
대수 정규분포	매우 거친 표면, 해수면, 해빙, 삼림, 비나 눈, Angle Echo 등
와이블 분포	균질한 거친 표면, 해수면, 해빙, 삼림, 비나 눈 등
감마 분포	레일리 및 가산 평균 클러터, Swerling 타깃 등
K-분포	와이블 분포와 같은 거친 표면, 해수면, 해빙, 삼림, 비나 눈 등
카이제곱(χ^2)－분포	Swerling 타깃, 레일리 클러터
Fisher－분포, $\mathcal{G}^0$－분포	산악·도시 지역 등으로부터의 매우 불균질의 클러터

3.3 확률밀도함수의 선정: AIC

레이더 클러터에 적합한 확률밀도함수의 후보에는 많은 종류가 있다는 것은 말했는데, 어느 모델이 관측된 데이터에 최적인가 하는 선정 기준[10]이 필요하다. 가장 잘 알려져 활용되고 있는 기준은 쿨백-라이블러 정보량(Kullback-Leibler Information)[9)]을 기본으로 한 아카이케 정보량 기준(AIC: Akaike Information Criterion) 혹은 간단히 AIC라 불리는 지표이다.[5), 6), 11), 12)] 모델 선택의 대략적인 흐름은, 우선 복수의 후보가 되는 모델 함수를 선택하고 데이터에 최적인 각 모델의 파라미터를 산출한다. AIC에서는 최대가능도방법(最大可能度方法, Maximum Likelihood Estimation, MLE)이라 불리는 파라미터 추정법을 이용한다. 산출 파라미터를 통해 산출된 각각의 모델과 데이터의 확률밀도함수를 비교하여 데이터와 모델의 '거리'가 가장 가까운(정보량 손실이 가장 적은) 확률밀도함수를 선정한다. 이하에 AIC를 요약한다.

3.3.1 최대가능도방법(Maximum Likelihood Estimation)

우선 서로 독립적인 N개의 관측치를 $(z_1,\ z_2,\ z_3,\ \cdots,\ z_N)$로 하고, 이 데이터가 적합할 것으로 가정한 후보 모델의 j번째 값이 발생할 확률을 $p(z_j|\Theta)$로 한다. 여기서 $\Theta=(\theta_1,\ \theta_2,\ \theta_3,\ \cdots,\ \theta_M)$은[11] 모델의 파라미터이고, 식 (3.26)의 레일리 분포에서는 $\sigma_z^2(M=1)$, 식 (3.23)에서의 와이블 분포에서는 ν와 $b(M=2)$이다. 동시(결합, Joint)확률밀도함수는

---

10 역) 종래부터 이용되어온 선정법에는 카이제곱(카이) 검정이나 콜모고르프 스머노프(K-S: Kolmogorov-smirnov) 검정법 등이 있다.

11 MLE에서 전통적으로 모델 파라미터로 사용하고 있고, 레이더의 입사각도는 다르다.

$$\prod_{j=1}^{N} p(z_j|\Theta) = p(z_1|\theta)p(z_2|\theta)p(z_3|\theta)\ldots, p(z_N|\theta) \tag{3.31}$$

로 된다. 식 (3.31)은 우도함수(尤度関数, Likelihood Function)라고 한다. 이 우도함수 값이 최대가 되는 Θ의 값을 구하는 방법이 최대가능도방법(MLE)이다. 동시(결합)확률밀도함수와 우도함수는 같지만, 전자는 Θ를 정수로 z_j을 변수로 해서 그 값을 얻을 수 있는 확률을 의미하며, 후자는 z_j을 정수로 Θ를 변수로 해서 데이터에 적용하여 맞춘 분포함수가 얼마나 그럴싸한가를 의미한다. 최대 우도(尤度)의 파라미터를 갖는 분포함수가 가장 유사하다, 즉 데이터에 최적인 분포함수가 된다.

최대가능도방법(MLE)에서는 연산을 간단하게 하기 위해서 우도함수를 (자연) 대수 변환하고, 확률밀도함수의 합으로서

$$\ell(\Theta) = \ln \prod_{j=1}^{N} p(z_j|\Theta) = \sum_{j=1}^{N} \ln\{p(z_j|\Theta)\} \tag{3.32}$$

를 최대로 하는 $\hat{\Theta}$를 구한다. 레일리 분포처럼 파라미터가 1개인 경우에는 식 (3.32)의 대수 우도함수를 θ_1로 미분해서, $d\ell(\theta_1)/d\theta_1 = 0$을 풀면 최대가능도 추정량(最尤推定量, Maximum Likelihood Estimator)이 최대가 되는 $\hat{\theta}_1$이 구해진다. 파라미터가 M개 있는 경우는, 대수 우도함수를 각각의 θ_j로 편미분해서 0으로 둔 연립 편미분 방정식을 푸는 것으로 M개의 최대가능도 추정량이 산출된다. 최대 추정량의 산출에는 상기와 같은 해석적인 방법 외에 최적화에 의한 계산 방법도 있다.

3.3.2 K-L정보량(Kullback-Leibler Information)[9), 10)]

데이터와 모델의 이산 확률 분포를 각각 q =(q_1, q_2, q_3, ⋯, q_N), p = (p_1, p_2, p_3, ⋯, p_N)로 하면, K-L정보량은

$$\mathrm{KL} = \sum_{j=1}^{N} q_j \left(\ln \frac{q_j}{p_j} \right) = \sum_{j=1}^{N} q_j \ln (q_j) - \sum_{j=1}^{N} q_j \ln (p_j) \tag{3.33}$$

로 정의된다. 여기서, q_j와 p_j는 j번째의 사건(事象)이 발생하는 각각의 확률이다. 식 (3.33)의 우변 제1항은, q_j의 확률 분포를 갖는 확률 변수 $\ln(q_j)$의 평균(기대)값으로, 정부(正負)의 부호를 바꾼 (-1을 곱한) 값은 데이터의 퍼짐정도를 나타내는 샤논(Shannon) 정보량 또는 엔트로피라고 한다.[12] 둘째 항은 q_j의 확률 분포를 가지는 모델의 확률 변수 $\ln(p_j)$의 평균값이다. 만약 모델이 $p = q$로 데이터의 확률 분포와 일치한다면, KL$=0$로 된다. 즉, KL 정보량이 적을수록 모델은 진정한 데이터 분포에 가깝다고 할 수 있다. 제1항은 모델에 의존하지 않고 임의의 모델을 사용해도 같은 값이 되기 때문에 제2항의 값이 클수록 실제 분포에 가까운 것이다. 데이터의 정확한 분포는 모르기 때문에 식 (3.33) 제2항의 대소(大小)만으로 데이터 분포에 대한 모델의 장점을 평가할 수 있다. 아카이케 정보 기준(AIC: Akaike Information Criterion)은 두 번째 항을 이용한 모델 선택 방법이다.

12 엔트로피는 제8장의 레이더 편파 해석에 이용된다.

3.3.3 아카이케 정보 기준(AIC: Akaike Information Criterion)[5), 6), 11), 12)]

이와 같이 식 (3.33)의 K-L정보량의 제2항만으로부터 모델이 좋은지를 평가할 수 있으나, 진정한 분포 q가 불명하다. AIC는 이 양을 최대가능도방법(最大可能度方法, MLE: Maximum Likelihood Estimation)으로 근사적으로 구하고

$$\mathrm{AIC} = -2\mathcal{L}(\hat{\Theta}) + 2M \tag{3.34}$$

로 정의된다. 여기서 M은 모델의 파라미터 수이고, $\mathcal{L}(\hat{\Theta})$는 최대대수우도(最大対数尤度)

$$\mathcal{L}(\hat{\Theta}) = \sum_{j=1}^{N} n_j \ln\left\{p(z_j \mid \hat{\Theta})\right\} \tag{3.35}$$

이고, n_j은 z_j가 관측된 빈도수, 식 (3.35)의 $p(z_j \mid \hat{\Theta})$은

$$\sum_{j=1}^{N} p(z_j \mid \hat{\Theta}) = 1 \tag{3.36}$$

이다. 회귀분석에서 사용되는 최소자승법을 사용한 AIC도 자주 사용되고 있고, 오차가 정규분포하고 있다는 가정하에서, AIC는

$$\mathrm{AIC} = N \ln\left(\frac{RSS}{N}\right) + 2M \tag{3.37}$$

로 정의된다. 여기서, RSS는 데이터와 모델의 잔차자승합(Residual Sum of Squares)이다.

식 (3.34)의 우변 제1항은 모델의 데이터에 대한 적합성을 의미하는 최대대수우도(最大対数尤度)이고, 제2항은 제1항의 최대대수우도(最大対数尤度)와 평균대수우도의 차로, 바이어스 항이다. 바이어스 항은 데이터의 표본 수가 커지면서 점근적으로 모델의 파라미터 수 M에 근접하는 것에서 유래한다. 즉, 기대 평균대수우도를 최대대수우도로 추정하면 파라미터 수에 비슷하게 편향이 있다는 것을 의미한다. 이 편향을 수정하는 항이 제2항으로 모델의 복잡성을 나타낸다. 일반적으로 자유 파라미터가 많아질수록 모델의 데이터 적합성은 좋아지지만, 모델이 복잡하게 되어버리는 상반성이 있다.[13] 둘째 항은 모델이 복잡하게 되는 것에 대해 작용을 하여 제1항과 균형을 잡는 효과를 가지고 있다. 또한 식 (3.34)의 우변에 있는 2의 배수는, 우도비검정(尤度比検定)을 논할 때 사용되었다는 역사적인 이유에 기인한다.

이처럼 AIC 기준에서는 모델의 우도와 파라미터 수의 밸런스를 취하고, AIC의 값이 적은 모델일수록 데이터에 적합한 모델이라고 한다. 또, AIC의 값 자체는 중요하지 않고, 각 모델의 AIC 값의 차이가 의미를 가지고 있다. 여기에서 주의하고자 하는 것은 AIC는 복수의 후보 중에서 데이터에 가장 적합한 모델을 선택하는 것이지 모델을 최적화하는 것은 아니라는 점이다. 후보로 하는 모든 모델이 부적절한 경우, AIC는 부적절한 모델 중에서 가장 데이터에 잘 적합하는 모델을 선택해버린다. 따라서

13 역) 모델이 복잡해지면 보통 과잉적합(overfitting)이 되어버린다. 여기서 말하는 과잉적합이란, 많은 자유 파라미터를 가진 모델을 대상으로 하고 있는 샘플의 데이터에는 매우 적합하지만, 다른 미지의 데이터에 대한 적합성이 악화되어 범용성이 없어지는 것을 의미한다.

AIC를 적용하기 전에 많은 후보가 될 모델을 선정하거나 경험적으로 후보가 되는 소수의 모델을 선정할 필요가 있다. 레이더 클러터에 적합한 모델은 대부분의 경우, 앞서 서술한 확률밀도함수가 좋은 후보가 되고 있다.

3.3.4 AIC의 예시

다음으로, 레일리 분포와 로그 정규분포 중에서 어느 것이 표 3.2에 있는 데이터에 잘 맞는지를 AIC를 통해 알아보자. 레일리 분포의 파라미터 σ_z^2의 최대가능도방법(Maximum Likelihood Estimation)의 추정값은 식 (3.26)을 식 (3.32)에 대입하고 $d\ell(\sigma_z)/d\sigma_z = 0$의 미분 방정식을 푸는 것으로 구하고

$$\hat{\sigma}_z^2 = \frac{1}{N}\sum_{j=1}^{N} Z_j^2 = 2.892 \tag{3.38}$$

표 3.2 클러터 데이터 예시

z	빈도	z	빈도	z	빈도	z	빈도	z	빈도	z	빈도
0.0	0	1.1	261	2.2	88	3.3	14	4.4	6	5.5	4
0.1	4	1.2	241	2.3	56	3.4	30	4.5	5	5.6	2
0.2	5	1.3	204	2.4	60	3.5	27	4.6	6	5.7	2
0.3	59	1.4	167	2.5	45	3.6	13	4.7	5	5.8	1
0.4	120	1.5	199	2.6	30	3.7	18	4.8	4	5.9	0
0.5	211	1.6	156	2.7	45	3.8	12	4.9	4	6.0	2
0.6	198	1.7	146	2.8	39	3.9	8	5.0	4	6.1	1
0.7	250	1.8	124	2.9	17	4.0	14	5.1	2		
0.8	263	1.9	91	3.0	28	4.1	9	5.2	3		
0.9	239	2.0	110	3.1	36	4.2	12	5.3	3		
1.0	272	2.1	76	3.2	27	4.3	8	5.4	0		

로 된다. 여기서, $Z_j = n_j z_j$(n_j는 z_j가 관측된 빈도수)는 관측치이다. 마찬가지로, 대수 정규분포의 최대가능도방법(Maximum Likelihood Estimation) 추정값은

$$\hat{\mu}_m = \frac{1}{N}\sum_{j=1}^{N} \ln Z_j = 0.129 \tag{3.39}$$

$$\hat{\sigma}_z^2 = \frac{1}{N}\sum_{j=1} (\ln Z_j - \hat{\mu}_m)^2 = 0.359 \tag{3.40}$$

로 된다. 이상의 최대가능도방법의 추정값을 식 (3.26)과 식 (3.22)에 대입하면, 레일리 분포와 대수 정규분포의 $p(z_j | \hat{\Theta})$가 산출되고, 표 3.2의 데이터와 식 (3.34) 및 식 (3.35)로부터 레일리 분포와 대수 정규분포 각각의 AIC1과 AIC2는

$$\text{AIC1} = -2\times(-14255.12) + 2\times1 = 28512.24 \tag{3.41}$$

$$\text{AIC2} = -2\times(-13931.28) + 2\times2 = 27866.56 \tag{3.42}$$

로 된다. 식 (3.41)과 식 (3.42)로부터, 대수 정규분포의 AIC가 레일리 분포의 AIC보다 작기 때문에, 대수 정규분포가 데이터에 적합한 것으로 판단된다. 실제 그림 3.9에 있는 것처럼 시각적으로도 대수 정규분포가 더 적합하다는 것을 알 수 있다.

AIC는 가장 널리 이용되고 있는 지표이지만, 데이터의 샘플 수 N이 매우 많다는 가정하에 근사되고 있다. 표본 수를 고려한 유한 수정 AIC 또는 AICc로 불리는 지표에서는, 식 (3.34)의 우변 둘째 항은 $2M + 2M$

$(M+1)/(N-M-1)$로 된다. AICc는 $N/M \leq 40$의 경우에 특히 권장되고 있으며, N이 커지면서 AIC에 다가간다. 그 밖에도 베이지언 정보량 기준(BIC: Bayesian IC)이나 일반화 정보량 기준(Generalized IC) 등도 알려져 있다. BIC에서는 $M\ln(N)$와 보다 큰 가중치가 되고 있는 것으로, 어느 방법에서도 식 (3.34)의 첫째 항을 기준으로 둘째 항의 바이어스를 조정하는 것이다.

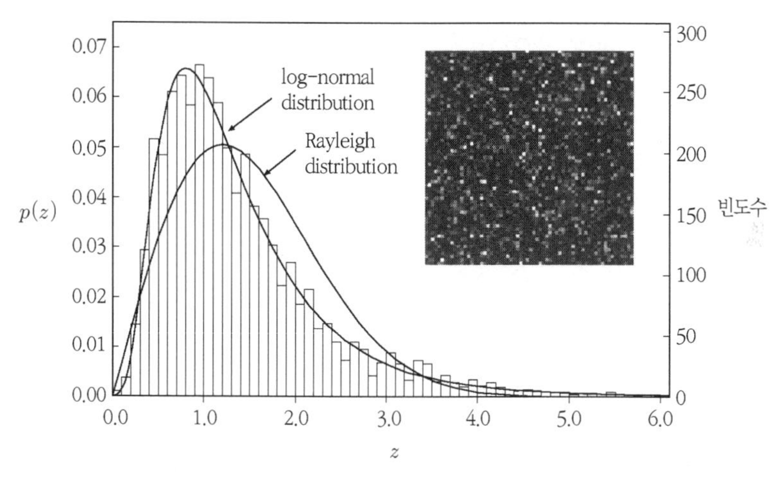

그림 3.9 클러터의 분포함수와 AIC에 의한 모델 평가

3.4 타깃 검출과 일정 오경보율

3.4.1 오경보율(False Alarm Rate)과 검출 확률

타깃을 클러터로부터 식별해 검출하는 간단한 방법으로서 수신 신호에 적당한 값을 설정하는 방법이 있다. 2장의 그림 2.10과 같이, 임계값(문턱 값, Threshold Level)이 낮으면 클러터까지 타깃으로서 잘못 검출되

어버린다. 클러터는 랜덤으로 분포하고 있으므로 임계값의 설정에도 통계적 수법이 이용된다. 그림 3.10에 타깃을 포함하지 않는 클러터의 분포함수 p_N과 타깃을 포함하는 분포함수 p_{SN}을 나타낸다. 임의 임계값 z_T를 설정했다고 하면, 임계값보다 큰 값의 클러터를 타깃으로서 검출해버릴 확률은 오경보 확률(p_{fa}: False Alarm Probability)이라고 한다. 그림 3.10에서는 p_N의 사선 부분 면적에 해당한다. 마찬가지로, 타깃이 임계값을 넘을 확률은 검출 확률(p_d: Detection Probability)이다. 이 확률은 그림 3.10의 임계값 z_T의 우측에 있는 확률밀도함수 p_{SN}의 면적과 같다. p_{fa}와 p_d는 식 (3.8)의 다른 적분 범위의 누적확률밀도함수로서, 각각

$$p_{fa} = \int_{z_T}^{\infty} p_N(z)dz \tag{3.43}$$

$$p_d = \int_{z_T}^{\infty} p_{SN}(z)dz \tag{3.44}$$

로 정의된다. 예를 들어 그림 3.10의 p_N는 $\sigma_z = 1$의 레일리 분포를 하고 있고, p_{SN}는 $\langle \ln(z) \rangle = 1.0$, $\sigma_z = 0.2$의 대수 정규분포이다. 식 (3.26)과 식 (3.43)으로부터 레일리 클러터의 오경보 확률은

$$p_{fa} = \int_{z_T}^{\infty} \frac{2z}{\sigma_z} \exp\left(-\frac{z^2}{\sigma_z^2}\right) dz = \exp\left(-\frac{z_T^2}{\sigma_z^2}\right) \tag{3.45}$$

에서 산출되고, 식 (3.22)와 식 (3.44)로부터 검출 확률은

$$
\begin{aligned}
p_d &= \int_{z_T}^{\infty} \frac{1}{\sqrt{2\pi}\,\sigma_z z} \exp\left(-\frac{(\ln(z) - \langle \ln(z) \rangle)^2}{2\sigma_z^2}\right) dz \\
&= \frac{1}{2} \mathrm{erfc}\left(\frac{\ln(z_T) - \langle \ln(z) \rangle}{\sqrt{2}\,\sigma_z}\right)
\end{aligned}
\tag{3.46}
$$

이다. 여기서 $\mathrm{erfc}(z) = 1 - \mathrm{erf}(z)$는 식 (3.9)의 에러함수 $\mathrm{erf}(z)$에서 정의되는 상보 에러(오류)함수(Complementary Error Function)이다. 타깃 검출 확률을 $p_d = 0.58$이 되게 임계값을 설정했다고 하면, 식 (3.46)에서 임계값은 $z_T = 2.6$이다. 이때의 오경보 확률은 식 (3.45)에서 $p_{fa} = 1.2 \times 10^{-3}$이다. 만약, $p_d = 0.90$로 검출 확률을 좋게 하려고 하면, 임계값은 $z_T = 2.1$이 되고, 오경보 확률은 $p_{fa} = 1.2 \times 10^{-2}$로 약 10배로 증가한다. 이와 같이 임계값을 크게 하면 오경보 확률은 감소하지만, 검출 확률도 줄어든다. 반대로 임계값을 작게 하면 검출 확률은 상승하지만 오경보 확률도 커진다. 이와 같이 검출 확률과 오경보 확률은 상반되는 성질을 가지고 있다.

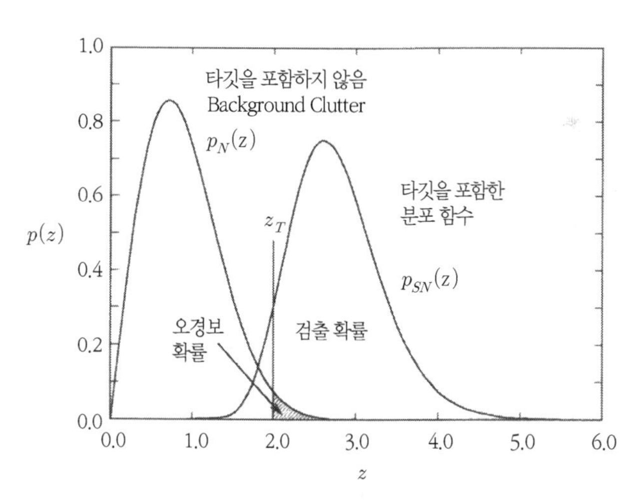

그림 3.10 검출 확률과 오경보 확률

3.4.2 일정 오경보율: CFAR

그림 3.11은 레이더 수신 신호(클러터 진폭) z에 대해서 서로 다른 제곱 평균 σ_z^2를 가진 레일리 분포 확률밀도함수이다. 여기서, 임계값을 $z_T = 2.0$으로 설정했다고 하면, 식 (3.45)에서 $\sigma_z^2 = 1.5$, 4.0의 레일리 클러터의 오경보 확률은 각각 $p_{fa} = 6.9\times10^{-2}$, 3.7×10^{-1}로 다른 값이 된다. 이와 같이 일정한 임계값은 설정했지만, 클러터의 σ_z^2값에 의해서 오경보율이 달라지게 되면, 균질한 정밀도로 타깃 검출을 할 수 없게 되어버린다. 일정 오경보 확률 혹은 CFAR(Constant False Alarm Rate)[5),13),14),15)]라 불리는 처리법은 확률밀도함수의 파라미터 값에 관계없이 고정된 임계값으로 오경보 확률을 일정하게 하는 처리법이다. CFAR는 모수적인(Parametric) CFAR와 비모수적인(Non-Parametric) CFAR로 크게 구별된다. 전자의 처리법에서는 클러터가 레일리 분포나 대수 정규분포 등 기존의 확률밀도

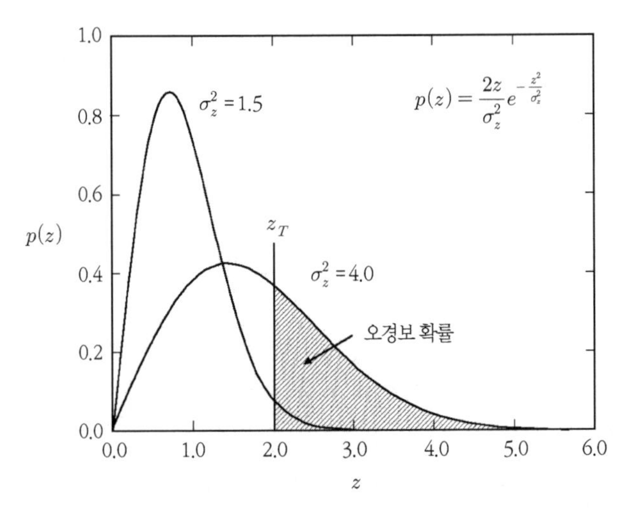

그림 3.11 분포함수의 파라미터 값에 따라서 변화하는 오경보 확률

함수 모델을 따른다고 가정해 클러터에 최적인 분포함수를 이용하는 방법이고, 후자는 모델 함수를 사용하지 않고 클러터 데이터로부터 일정 오경보율을 얻는 방법이다.

3.4.3 Log-CFAR

레일리 분포를 따르는 클러터를 억제하여 모수적인(Parametric) CFAR 처리를 하는, 이전부터 널리 알려져 있는 방법으로, Cell-Averaging(CA) Log-CFAR 혹은 간단히 Log-CFAR가 있다. 이 방법에서는 레일리 클러터의 진폭값 z가 아닌, 진폭값의 자연 대수 $\ln(z)$를 사용해 CFAR 처리를 실시한다. 그러면 자연대수 $\ln(z)$의 평균치는

$$\langle \ln(z) \rangle = \int_0^\infty \ln(z) p(z) dz = \ln(\sigma_z) - \frac{\gamma_E}{2} \tag{3.47}$$

로 된다. 여기서, $\gamma_E = 0.5772\cdots$는 오일러의 상수로, $p(z)$는

$$p(z) = \frac{2z}{\sigma_z^2} \exp\left(-\frac{z^2}{\sigma_z^2}\right) \tag{3.48}$$

의 레일리 확률밀도함수이다. 마찬가지로 제곱 평균은

$$\begin{aligned} \langle \ln^2(z) \rangle &= \int_0^\infty \ln^2(z) p(z) dz = \ln^2(\sigma_z) \\ &\quad - \ln(\sigma_z)\gamma_E + \frac{\gamma_E^2}{4} + \frac{\pi^2}{24} \end{aligned} \tag{3.49}$$

로 되고, 분산은

$$\langle \ln^2(z) \rangle - \langle \ln(z) \rangle^2 = \frac{\pi^2}{24} \tag{3.50}$$

이다. 이와 같이 대수 변환한 클러터의 진폭 값은 식 (3.48)의 σ_z^2에 의존하지 않고, 분산은 평균치를 중심으로 일정한 값이 된다. 거기서, $\ln(z)$에서 평균치를 차감해 일정한 분산을 가진 대수 신호로 한 후에 역 대수 변환을 하면, 일정한 분산을 가진 대수 변환 전의 입력신호를 얻을 수 있다. 결과적으로, 클러터 진폭의 분산값에 구애받지 않고, 고정된 임계값으로 일정 오경보 확률을 가진 임계값 처리를 할 수 있다.

정량적으로 설명하면, 식 (3.47)에서 대수 변환한 클러터의 진폭 값으로부터 평균치를 당기면, $\ln(z) - \ln(\sigma_z) + \gamma_E / 2$가 되고, 역 대수를 취하면,

$$z' = \exp\left(\ln(z) - \ln(\sigma_z) + \frac{\gamma_E}{2}\right) = \frac{z}{\sigma_z} e^{\frac{\gamma_E}{2}} \tag{3.51}$$

이다. 따라서 식 (3.48)과 식 (3.51) 그리고 확률밀도함수 $p(z)dz = p(z')dz'$의 관계에서, 역 대수 변환한 클러터 진폭의 확률밀도함수는

$$p(z') = \frac{2z'}{e^{\gamma E}} \exp\left(-\frac{z'^2}{e^{\gamma_E}}\right) \tag{3.52}$$

로 되고, 식 (3.48)의 분산 σ_z^2에 의존하지 않는 CFAR화된 클러터를 얻을

수 있다. 따라서 식 (3.45)와 같이

$$p_{fa} = \int_{z_T}^{\infty} p(z')dz' = \exp\left(-\frac{z_T^2}{e^{\gamma E}}\right) \tag{3.53}$$

로부터 σ_z^2에 의존하지 않는 오경보율이 산출된다.

다음으로, 클러터에 진폭 z_S의 미소한 '점' 타깃이 있다고 하자. 식 (3.51)의 z를 $z + z_S$로 치환하면, 확률밀도함수는

$$p(z') = \frac{2}{e^{\gamma_E/2}} f(z', z_S) \exp(-f^2(z', z_S)) \tag{3.54}$$

$$f(z', z_S) = \left(\frac{z'}{e^{\gamma_E/2}} - \frac{z_S}{\sigma_z}\right) \tag{3.55}$$

로 된다. 여기서 (z_S/σ_z)는 신호 대 클러터 비(SCR: Signal-to-Clutter Ratio)이다. 따라서 임계값을 z_T라고 했을 때의 검출 확률은

$$p_d = \int_{z_T}^{\infty} p(z')dz' = \exp(-f^2(z_T, z_S)) \tag{3.56}$$

이다. 이와 같이 검출 확률은 임계값뿐만 아니라 SCR에 의존한다. 이것이 Log-CFAR의 원리이다. 여기에서는 간단히 레일리 클러터 진폭값의 자연대수 $\ln(z)$를 사용해 설명했다. 실제로는 대수 증폭기의 특성을 고려하여 정수 a와 b를 포함한 $a\ln(bz)$라고 하고, 또 역 대수 증폭기의

특성도 고려하는 것이 보다 일반적이지만, 결과는 도출식의 정수가 바뀔 뿐 기본적으로는 상기의 이론과 같다.

그림 3.12에 Log-CFAR 처리의 흐름을 나타낸다. 우선, 입력신호 z는 대수 증폭기로 대수 변환되어 지연회로를 통과한다. 이 회로에서는 테스트 신호 셀 전후의 복수의 셀 값의 평균을 취해 테스트 신호로부터 이 평균을 공제한다.

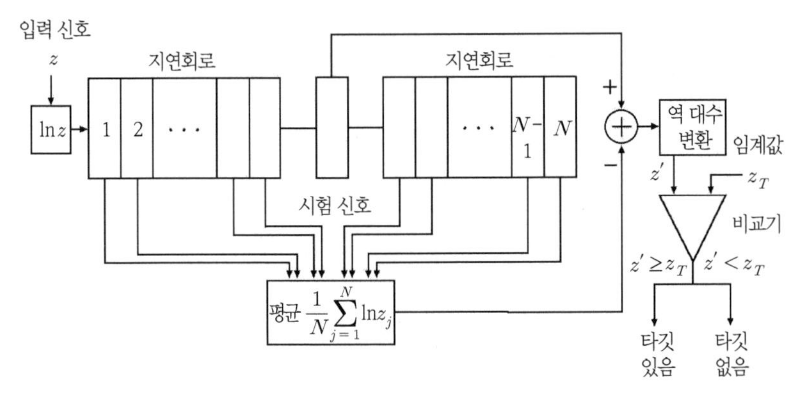

그림 3.12 Cell-Averaging Log-CFAR 처리 흐름

다음에 차분 로그 신호는 역 대수 변환되어 변환값 z'는 미리 설정한 임계값 z_T와 비교한다. 만약 $z' \geq z_T$면 테스트 신호는 타깃으로 판단하여 신호값을 그대로 출력하고, 그렇지 않은 경우에는 타깃이 아니라고 판단하고 출력값을 0으로 한다. 여기서 평균치 산출 시에 테스트 셀의 영향을 받지 않도록 하기 위해 테스트 셀의 양끝에는 가드 셀(Guard cell)이라고 불리는 셀을 설정하고, 가드 셀의 값은 사용하지 않는다. 참조 셀의 수는 많으면 많을수록 통계량의 추정이 좋아지지만, 참조 셀 영역에서는 통계적으로 동일한 클러터여야 하기 때문에, 참조 셀 수는 한정되

어 있다. 예를 들면, 항공기 감시 레이더에서는 탐사 거리에 따르기도 하지만, 20에서 30개의 참조 셀들이 이용되고 있다. 통상 셀의 사이즈는 레인지 방향의 해상도 폭(펄스 압축을 적용하지 않는 경우는 펄스 폭)으로 설정되어 있다. 따라서 상정하는 타깃의 사이즈가 해상도 폭 정도라면 반사 신호의 사이드 로브를 고려해서 가드 셀은 테스트 셀 양쪽 각 1개로 문제는 없지만, 타깃 사이즈가 크게 되면(특히, 높은 해상도 레이더에서는) 타깃 신호가 복수의 셀에 걸쳐 있는 참조 셀에 포함되어버리는 경우가 있다. 그런 경우에는 가드 셀 수를 늘려야 한다.

3.4.4 Linear-CFAR

Log-CFAR는 클러터 신호를 대수 증폭시켜 처리하는 비선형인 CFAR이기 때문에 수신 신호의 다이나믹 레인지가 크지 않은 레이더에 효과적인 방법이다. 한편, 비교적 큰 다이나믹 레인지들을 가진 레이더에서는, 이하에 설명하는 클러터 신호 그 자체를 처리하는 Linear-CFAR를 적용할 수 있다.

레일리 클러터 진폭의 평균치는, 식 (3.48)에서

$$\langle z \rangle = \int_0^\infty z p(z) dz = \frac{\sqrt{\pi}}{2}\sigma_z \tag{3.57}$$

가 되고, 진폭 값 z를 식 (3.57)로 나누면

$$z' = \frac{z}{\langle z \rangle} = \frac{2z}{\sqrt{\pi}\,\sigma_z} \tag{3.58}$$

가 되고, 클러터 진폭 확률밀도함수는

$$p(z') = \frac{\pi z'}{2} \exp\left(-\frac{\pi}{4} z'^2\right) \tag{3.59}$$

과 σ_z^2에 의존하지 않는 클러터의 CFAR 처리가 가능하다. 오경보 확률은

$$p_{fa} = \int_{z_T}^{\infty} p(z') dz' = \exp\left(-\frac{\pi}{4} z_T^2\right) \tag{3.60}$$

와 상수를 제외한 식 (3.53)과 같아진다. Log-CFAR와 Linear-CFAR의 차이는, 전자에서는 대수 변환한 신호로부터의 평균치의 차분부터 CFAR화를 행하지만, Linear-CFAR에서는 대수 변환 전의 신호를 평균치로 계산해 CFAR화를 하는 것에 있다.

클러터에 진폭 z_S의 미소한 타깃이 있다고 하면, Log-CFAR의 경우와 마찬가지로 식 (3.58)에서 z를 $z + z_S$로 치환해서, 확률밀도함수는

$$p(z') = \sqrt{\pi} g(z', z_S) \exp\left(-g^2(z', z_S)\right) \tag{3.61}$$

$$g(z', z_S) = \left(\frac{\sqrt{\pi}}{2} z' - \frac{z_S}{\sigma_z}\right) \tag{3.62}$$

가 되고, z_T의 임계값으로의 검출 확률은

$$p_d = \exp\left(-g^2(z_T, z_S)\right) \tag{3.63}$$

이 된다. 그림 3.12와 같이, 대수 변환과 역 대수 변환을 하지 않고 지연 회로의 평균값의 차분 대신 나눗셈을 하면 Linear-CFAR회로가 된다.

여기까지 설명한 CA-CFAR는 클러터 진폭이 레일리 분포하고 있다는 것을 전제로 하고 있기 때문에 레일리 클러터의 억제에는 매우 유효한 처리법이기는 하지만, 다른 분포함수를 따르는 클러터에는 충분히 대응할 수 없다. 전술한 바와 같이 고해상도 레이더에서 관측된 클러터는 비레일리 클러터 분포(Non-Rayleigh Distribution Clutter)에 적합한 경우가 많아, 그러한 비레일리 클러터에 적용 가능한 CA-CFAR로서 대수 정규-CFAR나 와이블-CFAR 등의 다른 분포함수를 이용한 CFAR 처리법이 있다.

3.4.5 대수 정규-CFAR

여기에서는 대수 정규분포를 따르는 클러터의 Log-CFAR의 예를 설명한다. 입력신호를 대수 변환하여 평균 $\langle \ln(z) \rangle$와 제곱 평균 $\langle \ln^2(z) \rangle$를 산출하면, 식 (3.22)로부터 각각

$$\langle \ln(z) \rangle = \int_0^\infty \ln(z) p(z) dz = \mu_m \tag{3.64}$$

$$\langle \ln^2(z) \rangle = \int_0^\infty \ln^2(z) p(z) dz = \sigma_z^2 + \mu_m^2 \tag{3.65}$$

가 된다. 대수 변환한 신호에서 평균치를 빼고 역 대수 변환하면

$$z' = \exp(\ln(z) - \mu_m) = z \exp(-\mu_m) \tag{3.66}$$

라는 신호를 얻을 수 있다. 확률밀도함수는, 식 (3.22)와 식 (3.66)으로부터

$$p(z') = \frac{1}{\sqrt{2\pi}\,\sigma_z z'} \exp\left(-\frac{\ln^2(z')}{2\sigma_z^2}\right) dz' \tag{3.67}$$

가 되고, 오경보 확률은

$$p_{fa} = \int_{z_T}^{\infty} p(z')dz' = \frac{1}{2} - \frac{1}{2}\mathrm{erf}\left(\frac{\ln(z_T)}{\sqrt{2}\,\sigma_z}\right) \tag{3.68}$$

이다. 식 (3.68)은 σ_z에 의존하므로 오경보 확률은 일정하게 되지 않는다. 하지만 식 (3.64)와 식 (3.65)의 분산 관계 $\sigma_z^2 = \langle \ln^2(z) \rangle - \langle \ln(z) \rangle^2$로부터, σ_z를 식 (3.68)에 대입함으로써 CFAR화할 수 있다. K-분포 클러터에 대한 CFAR나, 와이블-CFAR를 포함한 대수정규-CFAR의 보다 상세한 내용과 실제 운용에 대해서는 전문서[3), 5), 7), 8), 16)]를 참조하기 바란다.

3.4.6 CFAR 손실

지금까지 설명한 오경보 확률과 검출 확률은, 각각 식 (3.43)과 식 (3.44)의 정의에 따라 데이터가 무한대에 있다고 가정하고 CA-CFAR의 이론적인 p_{fa}와 p_d를 도출했다. 그러나 실제의 CFAR 처리에서는 그림 3.12에 있듯이 한정된 개수의 셀을 사용하고 처리를 한다. 그렇게 하면 이론적인 임계값을 설정해도, 실제의 오경보 확률은 이론값보다 높아져 검출 확률은 낮아진다. 이 실제의 검출 확률과 이론적인 검출 확률의 차

이가 CFAR 손실이 된다. 따라서 이론적인 검출 확률을 달성하기 위해서는 임계값을 이론값보다 높게 설정해, 신호 대 클러터 비(SCR)를 크게 해야 한다. CFAR 손실은 유한개의 참조 셀로 얻을 수 있는 SCR1과 무한대의 SCR2의 차로, (CFAR loss) = (SCR1) − (SCR2)로 정의된다. CAR 손실은 Log-CFAR나 다음 항에서 설명하는 SO/GO-CFAR 등의 CFAR의 종류와 참조 셀 수, 타깃과 클러터의 통계 분포에 의존하지만, 같은 조건하에서는 Linear-CFAR가 Log-CFAR보다도 손실이 적다.

그림 3.13에 CA-CFAR의 예를 보여주고 있다. CFAR 적용 전 (a)에서는 타깃(선박)이 해수면 클러터(Sea Clutter)에 묻혀 있어 판별할 수 없지만, CFAR 처리 후 (b)에서는 클러터가 억압되어 선박이 검출되고 있음을 알 수 있다.

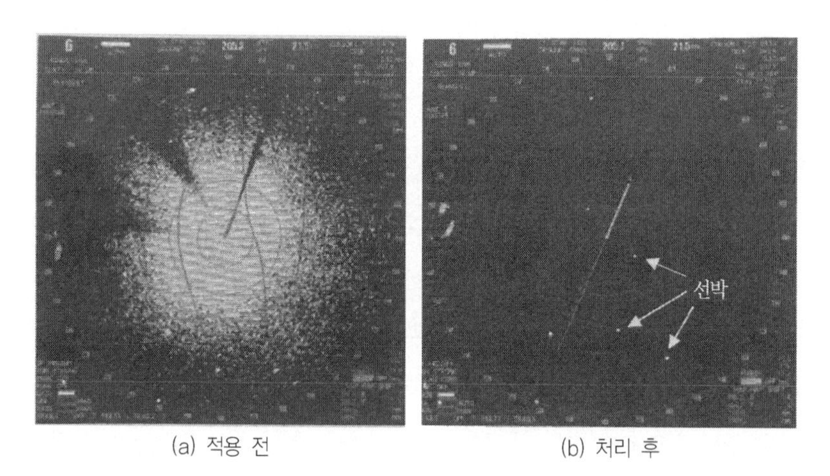

(a) 적용 전 (b) 처리 후

그림 3.13 CA-CFAR의 예[1)]

3.4.7 기타 CA-CFAR

인접하는 복수의 타깃이 있는 경우나 테스트 셀의 근처에 급격히 통계량이 변화하는 클러터 에지(Edge) 등의 불균질의 신호가 있으면, 통계적으로 동일하지 않은 클러터의 평균을 참조값으로 사용해서, 상기의 CA-CFAR 처리에서는 한쪽의 타깃을 검출할 수 없는 등 안정된 오경보 확률을 얻을 수 없는 경우가 있다. 그 결점을 보완하는 방법으로서 몇 가지 CFAR 처리법이 제안되고 있다.[13), 16)] Greatest of(GO)-CFAR라 불리는 처리법에서는 테스트 셀의 양쪽 평균치를 비교하여 큰 쪽의 평균치를 참조값으로서 사용하는 처리법으로, 진폭이 큰 신호가 있는 경우에는 유효하지만 클러터 에지에 영향을 받기 쉽다. 한편, Smallest of (SO)-CFAR라 불리는 방법은 작은 쪽의 평균치를 사용하는 CFAR 처리법으로, 클러터 에지[14]에는 유효하지만 테스트 셀과 참조 셀 모두에 타깃이 있으면 대응할 수 없다. 어느 경우도 참조 셀의 수가 적어지므로 CFAR 손실은 커진다. 또, 평균치와 분산에서 참조 셀에 불균질한 신호의 유무를 판단해, GO-CFAR 혹은 CO-CFAR, 전체 참조 셀을 사용한 CA-CFAR를 사용하는 하이브리드의 Variable Index-CFAR가 제안되고 있다. Excision-CFAR에서는, 참조 셀에서 강도가 큰 셀을 제외하고 나머지의 셀을 참조 셀로 함으로써 복수의 타깃이 테스트 셀과 참조 셀에 있는 경우에 대응하고 있다. 순서통계(Order Statistic)-CFAR에서는 참조 셀의 값을 작은 순으로 나열하고, 그중 Q번째의 셀 값에 오경보율을 조정하는 스케일 파라미터를 곱한 값을 임계값으로 한다. Q의 값은 데이터에 따라서 다르지만 $Q=0.75 \sim 0.8$이 최적인 값으로 사용된다.

---

14 대표적인 예로서는 열 잡음에 둘러싸인 강우영역으로부터의 클러터 에지(Edge)가 있다.

3.4.8 비모수적인(Non-Parametric) CFAR

대부분의 레이더 클러터는 대수 정규분포나 와이블 분포 등 기존의 분포에 해당하는 경우가 많지만, 미지의 분포함수를 가진 클러터에는 모수적인(Parametric) CFAR를 적용할 수 없다. 그러한 클러터에는 비모수적인(Non-Parametric) CFAR[5), 15)]가 적용된다. 랭크(Rank-)-CFAR와 랭크합(Rank Sum)-CFAR에서는, 테스트 셀 값으로부터 참조 셀 값을 차분한 값이 양 또는 같은 경우는 1, 음의 경우는 0으로 하는 처리를 전 참조 셀에 적용한다. 양의 값일 때의 값 1을 더한 값을 등급(Rank)치로 해서, 이 등급치의 분포로부터 임계값을 결정한다. 이 방법은 랜덤으로 분포하는 클러터와 이산적 이항분포(Binomial Distribution)를 가정하고 있으며, 랜덤성이 상실되거나 셀 간에 상관이 있으면 일정 오경보 확률이 상실되어 CFAR 손실도 크기 때문에, 실제의 레이더 시스템에서는 그다지 이용되지 않는다.

미지의 확률밀도함수의 추정에 이용되는 커널밀도추정(Kernel Density Estimation 혹은 Parzen Window Method)이라고도 불리는 비모수적인(Non-Parametric) CFAR에서는, N개의 독립된 클러터의 관측치 z_j가 있다고 한다면 확률밀도함수를

$$p(z) = \frac{1}{N}\sum_{j=1}^{N}\frac{1}{\Delta_N}KF\left(\frac{z-z_j}{\Delta_N}\right) \tag{3.69}$$

로 근사한다.[16)] 여기서, Δ_N는 밴드 폭, KF는 커널 함수로 일반적으로는 평균 0에서 분산 1의 표준 가우스 함수 $KF(z) = (1/\sqrt{2\pi})\exp(-z^2/2)$이 적용된다. 이 방법은 z축 방향으로 움직여 복수의 커널 함수를 가산

하는 것으로 관측한 확률밀도함수를 추정한다. Δ_N이 작으면, 추정한 함수에 잡음성의 흔들림이 생기고, 너무 크면 매끄러운 분포함수가 되지만 관측치의 정확한 형상이 없어지므로 데이터에 최적인 밴드 폭을 선택하는 것이 중요하다. p_{fa}에 상당하는 임계값은 추정한 확률밀도함수로부터 수치적으로 구한다.

3.4.9 이미지 레이더 데이터의 CFAR 처리[16)]

근래 위성 탑재 및 항공기 탑재 합성개구레이더(8장 참조)에 의한 선박 등의 타깃 검출이 주목받고 있다. 합성개구레이더 데이터를 사용한 CFAR는 2차원에서의 디지털 처리법이지만, 원리적으로는 Log-CFAR나 CA-CFAR와 같다. 그림 3.14 (a)에 있듯이, 테스트 셀 주위는 가드 셀에 둘러싸여 있고 그 바깥쪽에 참조 셀들이 배치되어 있다. 기존 SO-CFAR와 GO-CFAR에서는 테스트 셀 전후의 2세트의 참조 셀을 이용하지만, 2차원 데이터의 경우는 상하 좌우 4세트 참조 셀들을 이용할 수 있다.

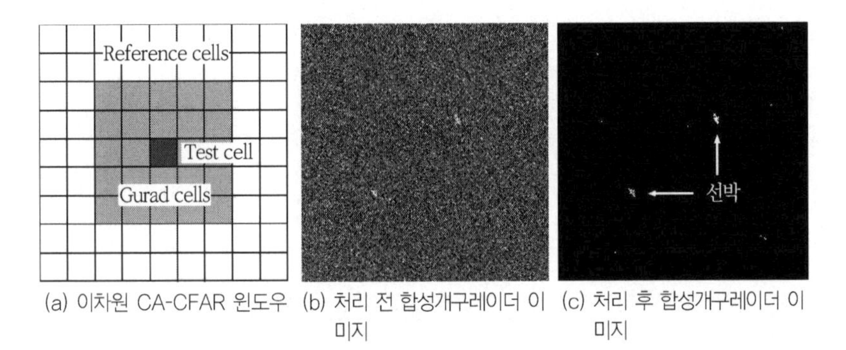

(a) 이차원 CA-CFAR 윈도우 (b) 처리 전 합성개구레이더 이미지 (c) 처리 후 합성개구레이더 이미지

그림 3.14 이미지 레이더 데이터의 CFAR 처리 예

합성개구레이더의 해상도는 서브미터로 고해상도이기 때문에 선박 등의 일반적인 타깃 사이즈는 해상도 폭의 몇 배가 되고 있다. 따라서 그림 3.14처럼 예상한 타깃의 크기를 고려하여 가드 셀 수를 설정하였다. 또, 복수의 테스트 셀을 사용하는 방법에서는 테스트 셀의 평균치를 참조 셀의 값과 비교한다. 합성개구레이더는 고해상도의 특징을 이용해 타깃 검출뿐만 아니라 타깃의 분류나 식별에도 이용되고 있다.

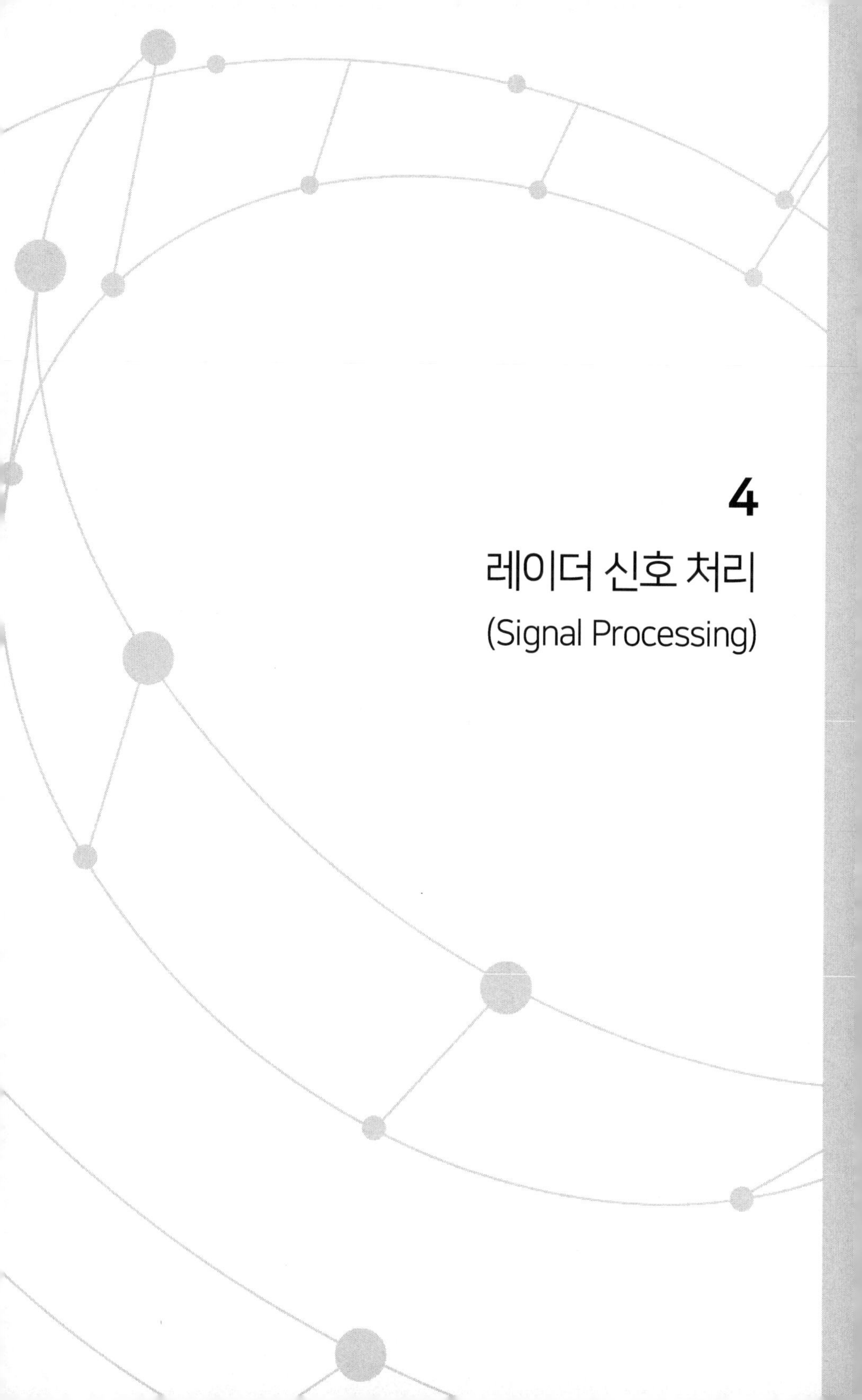

4
레이더 신호 처리
(Signal Processing)

4

레이더 신호 처리 (Signal Processing)

본 장에서는 레이더 신호의 처리를 이해하는 데 필요한 기초이론에 대해 설명한다. 레이더 신호의 송수신은 실수(實數, Real Number)로 표현되지만, 실제 처리에서는 복소수 함수(Complex Function)가 이용된다. 이에 먼저 신호의 변복조(變復調, Modulation & Demodulation)에 대해 설명하고, 시간 영역과 주파수 영역의 변환과 스펙트럼 처리에 사용되는 푸리에 해석(Fourier Analysis) 관련 처리법에 대해 서술할 것이다. 그다음 각종 필터를 통한 처리법과 근년에 각광받고 있는 디지털 신호 처리를 설명할 것이다.

4.1 신호의 변복조(Modulation & Demodulation)

4.1.1 복소수 표현

레이더 수신 신호의 검출 방법에는 진폭정보를 추출하는 포락선 검파(동기 검파)[1]와 위상정보도 추출하는 직교/위상 검파[2]가 있다. 그림 4.1에

1 역) Envelope(抛落線) or Synchronous(同期) Detection.
2 역) Quadrature or Phase Detection.

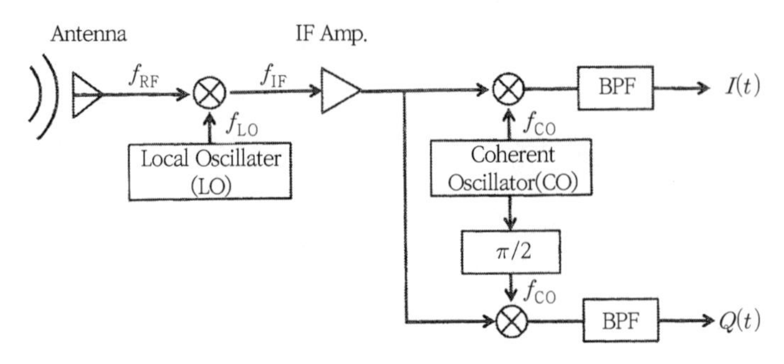

그림 4.1 레이더에서 직교 검파 블록 다이어그램

직교 검파(檢波) 방식의 블록 다이어그램을 나타낸다. 이 방식에서는 높은 주파수 안정도를 가진 국부 발진기(LO: Local Oscillator)와 코히어런트 발진기(CO: Coherent Oscillator)의 두 발전기를 사용한다. 국부 발진기의 주파수를 f_{LO}, 코히어런트 발진기의 주파수를 f_{CO}로 둔다. 수신 신호 $E_r(t)$는 RF(Radio Frequency) 신호라고 하며, 보통 높은 주파수를 가지고 있다. 이 주파수를 f_{RF}라고 하자. 수신 신호는, 국부 발진기로부터의 신호와 혼합기(Mixer)에 의해 그 차성분 $f_{\mathrm{IF}} = f_{\mathrm{RF}} - f_{\mathrm{LO}} \simeq f_{\mathrm{CO}}$ 부근의 중간 주파수(IF, Intermediate Frequency)대로 다운컨버트(Downconvert)되고 증폭기를 거친 후, 같은 대역 근처로 설계되는 BPF(Band Pass Filter)로 보내진다. 이 과정은 주파수 변환을 말하며 헤테로다인 검출(Heterodyne Detection)이라고 한다. 그 후 코히어런트 발진기와 같은 위상 성분과 직교 성분과의 혼합(호모다인 검출, Homodyne Detection)에 의해, 수신 신호 $E_r(t)$의 위상 성분 $I(t)$(I (In-phase) Channel)과 직교 성분 $Q(t)$ (Q(Quadrature Phase) Channel)을 추출한다. 수신 신호 $E_r(t)$를

$$E_r(t) = \mathrm{Re}[E_r(t)] + i\mathrm{Im}[E_r(t)] \tag{4.1}$$

이라고 표현할 경우, $\mathrm{R_e}[E_r(t)]$를 I 채널, $\mathrm{Im}[E_r(t)]$을 Q 채널로 추출할 수 있다. 복소수 신호화된 수신 신호는 진폭과 위상의 정보를 포함하고 있다. 특히 위상정보는 목표물의 속도계측, 주파수 위상 간섭계에 의한 초해상도(Super-resolution) 처리 등에 유용하다.

4.1.2 AM 변복조

목표물까지 시선방향의 거리정보를 얻기 위해서는 송신파형에 시간적인 국재성(局在性, Temporal Locality)을 갖게 하는 것이 필요하다. 이 때문에 레이더에서의 송신파형에는 단일의 정현파(Sine Wave)가 아닌 변조된 신호가 이용된다. 반송파(搬送波, Carrier Wave) 주파수를 일정하게 하고 진폭을 시간적으로 변동시키는 변조방식을 AM(Amplitude Modulation) 변조라고 부르는데, AM 변조된 송신파형은 다음 식과 같다.

$$E_{\mathrm{AM}}(t) = A(t)e^{i2\pi f_c t} \tag{4.2}$$

단, f_c는 반송파 주파수, $A(t)$는 진폭 변조함수이다. 대표적인 함수로서 직사각형함수(Rectangular Function, 矩形関数), 가우스함수(Gaussian Function), 레이즈드-코사인(Raised Cosine) 함수 등이 있다. AM 변조는 변조함수 $A(t)$의 주파수 변조로도 생각할 수 있기 때문에, 이 신호의 주파수 스펙트럼은 변조함수 $A(t)$의 푸리에 스펙트럼(Fourier Spectrum)의 중심 주파수를 f_c로 이동시킨 것이 된다. 복조에는 비동기 검파방식과 동기 검파방식이 있다. 비동기 검파는 진폭변동에만 정보가 있는 경우에 유용하다. 대표적인 검파방식으로서 포락선(Envelope) 검파가 있고 AM 라디오 등에 이용되고 있다. 반면, 펄스 도플러 레이더 방식으로는 펄스 변조된 반송파의 위상 시간 변화가 도플러 속도로 추출되기 때문에 동기 검파방식이 채택된다.

4.1.3 FM 변복조

AM 변조는 직접적으로 시간 국재성(Temporal Locality)을 송신파형에 가지고 있지만, 송신 주파수를 소인(掃引, Sweep)[3]하는 것으로도 등가 대역폭(Equivalence Bandwidth)을 넓혀, 시간적 국재성을 갖게 할 수 있다. FM(Frequency Modulation) 변조는 진폭을 일정하게 하고, 반송파 주파수를 시간 변동시키는 변조방식으로 주파수 변조라고도 부른다. FM 변조는 FM-CW(Frequency Modulation-Continuous Wave) 레이더 등으로서 널리 채용되고 있으며, 또 펄스 압축기술을 도입함으로써 거리 해상도나 내잡음(Noise Tolerance) 성능을 개선시킬 수 있다. FM 펄스 변조된 송신 신호는 다음의 식으로 나타난다.

$$E_{\mathrm{FM}}(t) = \begin{cases} A_0 e^{i(2\pi f_c t + \alpha t^2)} & (0 \le t \le \tau_0) \\ 0 & (\text{otherwise}) \end{cases} \tag{4.3}$$

여기서 A_0는 신호 진폭, f_c는 중심 주파수, α는 처프 상수, α/π는 처프율 또는 변조율이라고 부른다. τ_0은 펄스 폭이다.

처프 신호의 순시 주파수(Instantaneous Frequency) $f(t)$는

3 역) 일정 시간 동안 주파수를 연속적으로 변화시키는 것.

$$f(t) = f_c + \frac{\alpha t}{\pi} \tag{4.4}$$

로 표현된다. 그림 4.2에 FM 펄스 변조 신호의 진폭과 순시 주파수의 시간 응답을 나타낸다. 복조단계에서는 송신 신호와는 시간적으로 반대의 주파수 변동을 갖는 필터를 통과시키는 것으로 복조된다. 이는 상호 상관 함수를 계산하는 것과 같다.

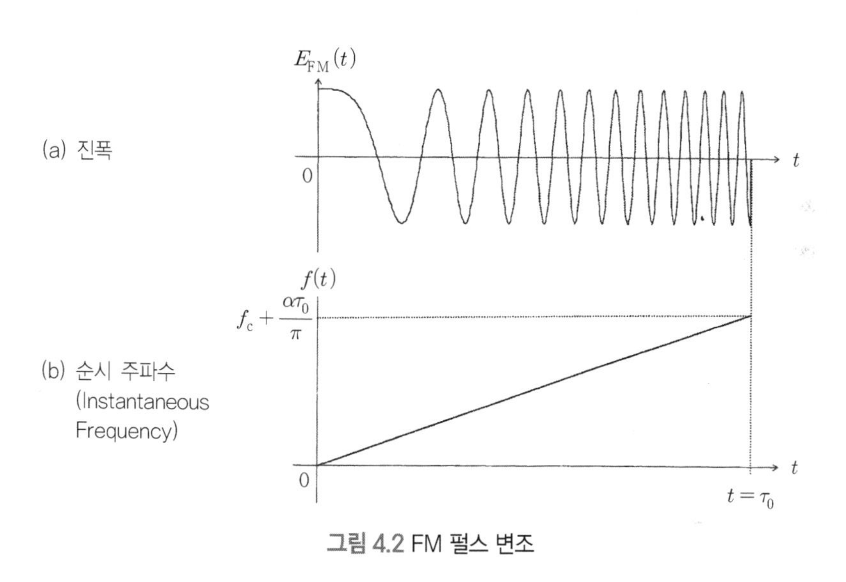

그림 4.2 FM 펄스 변조

4.2 푸리에 해석(Fourier Analysis)

푸리에 해석은 레이더 신호 처리에서도 가장 중요한 해석 기법이다. 신호의 시간 및 주파수 응답을 해석하고 다양한 필터를 구성함으로써, 효과적인 신호 해석과 정보 추출이 가능하게 된다. 푸리에 해석에서 중요한 수학적 개념이 힐버트 공간(Hilbert Space)이다.[1), 2)] 힐버트 공간은 임의의 함수(시계열 신호 등)를 무한 차원의 복소수 벡터로 취급하고, 기하학에서의 내적 개념을 도입함으로써 함수 간의 직교성(내적이 0)을 이끌 수 있다. 대상으로 하는 신호를 직교하는 함수열로 분해하는 것을 스펙트럼 분해 또는 스펙트럼 해석이라고 부르며, 특히 파동의 시간 응답을 나타내는 $e^{-i2\pi ft}$를 직교 함수열로서 이용한 스펙트럼 해석이 푸리에 해석이다.[3)]

4.2.1 푸리에 변환

푸리에 해석은 다음 식의 가역적인(Reversible) 푸리에 변환에 의해 실현된다.

$$S(f) = \int_{-\infty}^{\infty} s(t) e^{-i2\pi ft} dt \equiv \mathcal{F}[s(t)] \tag{4.5}$$

$$s(t) = \int_{-\infty}^{\infty} S(f) e^{i2\pi ft} df \equiv \mathcal{F}^{-1}[S(f)] \tag{4.6}$$

식 (4.5)를 푸리에 변환(Fourier Transform), 식 (4.6)을 역 푸리에 변환(Inverse Fourier Transform)이라고 부른다. 식 (4.5) 우변 함수 $s(t)$와 $e^{-i2\pi ft}$를 t에 대한 무한 차원 벡터로 가정할 때의 내적(內積)으로 간주할 수 있다. $e^{i2\pi ft}$는 정규 직교 기저(正規直交基底, Orthonormal Basis)이므로,

$$\int_{-\infty}^{\infty} e^{i2\pi f' t} e^{-i2\pi ft} dt = \begin{cases} 1 & (f' = f) \\ 0 & (f' \neq f) \end{cases} \tag{4.7}$$

이 성립된다. 그러므로 식 (4.5)는 임의의 신호 $s(t)$ 중에서 주파수 f에 관한 진폭과 위상성분만을 추출하는 것을 의미한다. 정의에서 밝혀진 것처럼, $s(-t)=s^*(t)$ 및 $S(-f)=S^*(f)$이 성립한다. 단, *는 켤레복소수(Complex Conjugate)를 나타낸다. 푸리에 변환은 유니터리 변환(Unitary transformation)[4]이며, 다음 식이 성립된다.

$$\int_{-\infty}^{\infty}|S(f)|^2df=\int_{-\infty}^{\infty}|s(t)|^2dt \tag{4.8}$$

즉, 각 영역상에서 정의되는 l_2놈(Norm)[5]은 푸리에 변환으로 보존된다. 식 (4.8)을 파시발의 정리(Parseval's Theorem)라고 부른다. 푸리에 변환에는 그 밖에 몇 가지 중요한 성질이 있다.

1. 선형성: $S_1(f)=\mathcal{F}[s_1(t)]$, $S_2(f)=\mathcal{F}[s_2(t)]$로 하고, a_1, a_2를 상수로 할 때 다음 식이 성립된다.

$$\mathcal{F}[a_1s_1(t)+a_2s_2(t)]=a_1S_1(f)+a_2S_2(f) \tag{4.9}$$

2. 시간 편이(Shift): 임의의 시간 τ에 대하여 다음 식이 성립된다.

$$\mathcal{F}[s(t-\tau)]=S(f)e^{-i2\pi f\tau} \tag{4.10}$$

---

4 역) 등거리 복소수 선형 변환으로, 2개의 벡터 내적의 값이 변환 전후 바뀌지 않은 변환.

5 역) 평면 혹은 공간에 있어서 기하학적인 벡터의 '길이'의 개념을 일반화한 것.

3. 주파수 편이(Shift): 임의의 주파수 f'에 대하여 다음 식이 성립된다.

$$\mathcal{F}^{-1}[S(f-f')] = s(t)e^{i2\pi f't} \tag{4.11}$$

4. 곱과 합성곱(콘볼루션, Convolution): 신호 $s(t)$와 $h(t)$의 합성곱 적분 $r(t)$는 다음 식으로 정의된다.

$$r(t) = \int_{-\infty}^{\infty} s(t-\tau)h(\tau)d\tau = \int_{-\infty}^{\infty} h(t-\tau)s(\tau)d\tau \tag{4.12}$$

식 (4.12)는 콘볼루션을 나타내는 연산자 *을 이용하여

$$r(t) = s(t)*h(t) = h(t)*s(t) \tag{4.13}$$

로 간략하게 표현한다. 식 (4.12)의 양변을 푸리에 변환하는 것으로 다음 식이 성립되는 것을 확인할 수 있다.

$$\mathcal{F}[s(t)*h(t)] = S(f)H(f) \tag{4.14}$$

마찬가지로 아래와 같이 바꿔도 성립한다.

$$\mathcal{F}[s(t)h(t)] = S(f)*H(f) \tag{4.15}$$

맥스웰 방정식(Maxwell's Equations)은 전기장, 자기장에 관한 선형 방정식으로서, 일정시간 내에서는 소자(素子)나 목표물 등의 시간 변동을 무시할 수 있기 때문에 레이더에서의 수신 신호는 선형·시불변 시스템(LTI System, Linear Time Invariable System)의 응답이라고 생각하는 경우가 많다. $h(t)$를 관측 모델이나 목표물 분포에 의해 결정되는 시스템의 인펄스 응답, 즉 $H(f)$를 시스템의 전달함수로 한다. 이때 선형·시불변성에서 송신 신호 $s(t)$을 입력하고 수신 신호 $r(t)$를 시스템의 출력으로 하면, $r(t)$는 $s(t)$와 $h(t)$의 합성곱 적분으로서 표현된다. 이 때문에 벡터 네트워크 애널라이저(VNA: Vector Network Analyzer)를 이용해 전달함수 $H(f)$를 관측함으로써 원하는 레이더 데이터를 취득할 수도 있다.

4.2.2 파워 스펙트럼 해석

(1) 정상성과 에르고드(Erogodicity)

레이더에서의 수신 신호에는 타깃으로부터의 신호 이외에 클러터라고 불리는 불필요한 신호가 뒤섞여 있다. 클러터의 주파수 스펙트럼을 해석하려면, 그것이 시간적으로 변동하는 불규칙 신호인 것에 주의해야 한다. 이 신호의 취급에는 확률 과정(Stochastic Process) 개념을 기초로 삼아야 한다.[4), 5)] 통상 관측되는 시계열 신호는 유한 시간에서 잘라낸 신호이기 때문에, 그 신호가 무한히 계속될 때 계열 신호에서 선정된 표본 신호로 있다고 간주된다. 이때 표본 신호의 1차와 2차 모멘트, 즉 평균과 자기 상관(Auto-correlation) 함수가 어느 시간 계열을 꺼내서도 모두 동일한 경우를 약정상(Weak Stationary)이라고 부른다. 또, 3차 이상의 고차 통계량도 모두 동일한 경우를 강정상(Strong Stationary)이라고 부른다. 레이더에서 해석 대상이 되는 신호는 약정상 과정인 경우가 많다. 일반 평균 및 자기 상관 함수는 집합 평균에 대해 정의되지만 약정상일 경우, 하나의 유한 구간의 시간 평균 및 자기 상관 함수를 구하는 것만으로 충분하다 이 성질을 에르고드성(Erogodicity)이라 부른다.

(2) 자기 상관 함수와 파워 스펙트럼

신호 $s(t)$에 대한 자기 상관 함수는 다음 식으로 정의된다.

$$\rho_{ss}(t, \tau) \equiv \langle s(t)s(t+\tau) \rangle = \lim_{N \to \infty} \frac{1}{N} \sum_{j=1}^{N} s_j(t) s_j(t+\tau) \qquad (4.16)$$

여기서 <*>는 표본 평균(앙상블 평균)이다. $s(t)$가 에르고드성을 만족시키는 경우, 자기 상관 함수의 표본 평균을 임의 시간 T에 대해서 시간 평균으로 치환할 수 있다.

$$\rho_{ss}(\tau) \equiv \lim_{T \to \infty} \frac{1}{T} \int_0^T s(t)s(t+\tau)dt \qquad (4.17)$$

에르고드성에 의해,

$$\rho_{ss}(t, \tau) = \rho_{ss}(\tau) \qquad (4.18)$$

가 성립한다. 클러터 등의 불규칙신호를 취급하는 경우에 있어서도 자기 상관 함수를 구하려면, 표본 평균이 아닌 시간 평균을 생각하는 것만으로 충분하다. 특히 $\tau = 0$에서는,

$$\rho_{ss}(0) = \lim_{T \to \infty} \frac{1}{T} \int_0^T |s(t)|^2 dt \tag{4.19}$$

이므로, 신호 $s(t)$의 평균전력을 나타낸다. 또한 정의에서 $\rho_{ss}(\tau) = \rho_{ss}(-\tau)$를 충족하므로 $\rho_{ss}(\tau)$은 우함수이다. 특히 $s(t)$가 클러터, 백색잡음 등의 불규칙 신호일 경우 $\lim_{\tau \to \infty} \rho_{ss}(\tau) = 0$이 성립한다. 즉, 불규칙 신호에서는 시간이 충분히 멀어지면 무상관이 된다. 여기서 $\rho_{ss}(\tau)$가

$$\int_{-\infty}^{\infty} \rho_{ss}(\tau) d\tau < \infty \tag{4.20}$$

을 충족시킬 때, $\rho_{ss}(\tau)$의 푸리에 변환

$$P(f) = \int_{-\infty}^{\infty} \rho_{ss}(\tau) e^{-i2\pi f \tau} d\tau \quad (-\infty < f < \infty) \tag{4.21}$$

로 표현되는 $P(f)$를 파워 스펙트럼(Power Spectrum) 또는 스펙트럼 밀도(Spectrum Density)라고 부른다. 식 (4.17)에서 $P(f)$는 전력의 차원을 가지고 있다. 식 (4.21)의 양변을 역 푸리에 변환하는 것으로 다음 식을 얻을 수 있다.

$$\rho_{ss}(\tau) = \int_{-\infty}^{\infty} P(f) e^{i2\pi f \tau} df \tag{4.22}$$

이 관계식은 위너 힌친의 정리(Wiener-Khinchin Theorem)로 알려져 있다. $\tau=0$을 대입하면

$$\rho_{ss}(0)=\int_{-\infty}^{\infty}P(f)df \tag{4.23}$$

가 성립한다. 식 (4.19)와 식 (4.23)에서 파워 스펙트럼의 총합은 신호 $s(t)$의 평균전력과 동일한 것을 알 수 있다. 따라서 $P(f)$는 단위 주파수당의 전력을 나타내고 있다. 또,

$$S_T(f)\equiv\int_{-T/2}^{T/2}s(t)e^{-i2\pi ft}dt \tag{4.24}$$

을 도입한다.

식 (4.17)의 양변을 푸리에 변환하면 식 (4.21)에서

$$P(f)=\lim_{T\to\infty}\frac{|S_T(f)|^2}{T} \tag{4.25}$$

가 성립하는 것을 알 수 있다. 일반적으로 $s(t)$는 유한한 길이의 이산 신호(離散信號)인 경우가 대부분이기 때문에, T를 무시하고 단지,

$$P(f)=|S(f)|^2 \tag{4.26}$$

로 표현하는 일이 많다.

4.2.3 해석 신호(Analytic Signal)

4.1.1항에서 기술한 대로 레이더에서는 직교 검파에 의해 수신 신호를 복소수 신호로서 추출할 수 있다. 특히 신호의 위상은 다양한 정보를 포함하고 있어 해석 대상으로서 유용하다. 한편, 시간 영역에서 취득하는 파형은 실수 신호인 경우도 많다. 실수 신호의 경우에도 푸리에 해석을 이용함으로써 복소수 신호로 변환할 수 있다. 얻어지는 실수 신호로부터 복소수 신호를 생성하는 데는 무수히 많은 표현이 있지만, 전자기파 전달의 시간 전개를 나타내는 함수는 $e^{i2\pi ft}$이기 때문에 실수 정현파 $\cos(2\pi ft)$에 대한 복소수 신호는

$$e^{i2\pi ft} = \cos(2\pi ft) + i\sin(2\pi ft) \tag{4.27}$$

로 두는 것이 자연스럽다. 실수 신호는 다양한 주파수를 가지는 실수 정현파 $\cos(2\pi ft) = (e^{i2\pi ft} + e^{-i2\pi ft})/2$의 중첩으로 주어진다. 그러므로 실수 부분에 있는 복소수 신호를 얻기 위해서는 실수 신호를 푸리에 변환하고, 음의 주파수 성분을 제로(0)로 하고 양의 주파수 성분을 2배로 하면 된다. 이는 다음 식에서 표현된다.

$$z(t) = 2\int_0^{\infty} S(f)e^{i2\pi ft}df \tag{4.28}$$

$$= 2\int_0^{\infty}\int_{-\infty}^{\infty} s(t')e^{i2\pi f(t-t')}dt'df \tag{4.29}$$

$z(t)$를 해석 신호(Analytic Signal)라고 부른다. 또한

$$\int_0^{\infty} e^{i2\pi ft} df = \frac{\delta(t)}{2} + i\frac{1}{2\pi t} \tag{4.30}$$

을 도입하면,

$$z(t) = s(t) + \frac{i}{\pi}\int_{-\infty}^{\infty} \frac{s(t')}{t-t'}dt' \tag{4.31}$$

로 표현된다. 위 식의 둘째 항은 $s(t)$의 Hilbert 변환으로 알려져 있다. 따라서 실수 신호를 복소수 신호(해석 신호)로 변환하는 것은 $s(t)$의 Hilbert 변환을 허수 부분으로 해서 추가하는 것과 같다. $\frac{d}{dt}\angle z(t)$은 임의의 시각에서의 순간적인 주파수를 나타내고, 순간 주파수(Instantaneous Frequency)라 한다. 또한 $|z(t)|$은 $s(t)$의 포락선(Envelope)을 나타낸다. 협대역의 레이더 신호에서 거리 정보를 추출할 때에는 동일한 포락선의 극대응답을 이용하는 것이 유용한 경우가 종종 있다. 그림 4.3에는 레이즈드-코사인(Raised Cosine) 함수로 AM 변조된 실제 신호 $s(t)$와 $|z(t)|$, 즉 포락선을 나타낸다.

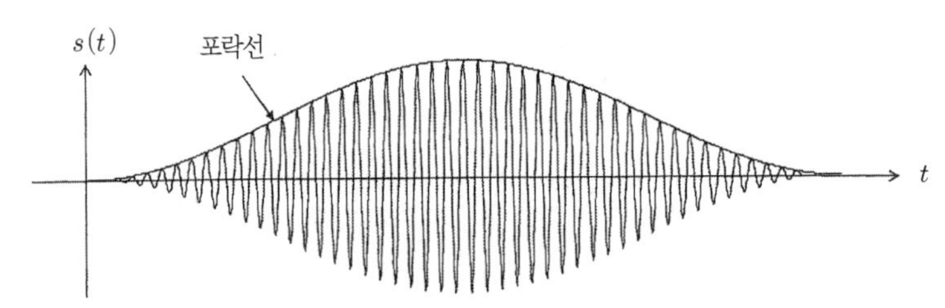

그림 4.3 실수 신호와 순간 포락선(Instantaneous Envelop)

레이더 신호 처리에서는 시간 혹은 주파수 영역 어느 하나에서 해석하는 경우가 대부분이지만, 시간성을 가지는 (혹은 비정상) 신호에 대해서는 시간 주파수 해석법이 유용하다. 해석 신호에 의한 순간 주파수 해석은 그 중 하나이다. 대표적인 해석 법으로는 STFT(Short Time Fourier Transform)이나 Wavelet 변환 등이 있고, 시간적으로 주파수 응답이 변화하는 신호에 대한 해석이 가능하다. 자세한 것은 전문서[6), 7)]를 참조하기 바란다.

4.2.4 초함수(Generalized Function)의 푸리에 변환

4.4.1에서 서술하는 신호의 이산화에서 표본을 나타내는 함수는 디랙 델타함수(Dirac Delta Function)열로 표현된다. 또, 시스템의 임펄스 응답을 결정하기 위해서는 입력을 델타함수로 할 필요가 있으며, 푸리에 해석이 필수가 된다. 디랙 델타함수 $\delta(t)$는 다음 식으로 정의된다.

$$\delta(t) = \begin{cases} 1 & (t = 0) \\ 0 & (t \neq 0) \end{cases} \tag{4.32}$$

푸리에 변환은 대상이 되는 함수 $s(t)$가 구분적으로 매끄럽고(Piecewise Smooth), 다음 식이 성립할 경우에 적용 가능해진다.

$$\int_{-\infty}^{\infty} |s(t)| dt < \infty \tag{4.33}$$

식 (4.33)은 절대 적분 가능(Absolutely Integrable)으로 불리는 조건이다. 한편, 델타함수는,

$$\int_{-\infty}^{\infty} \delta(t)dt = 1 \tag{4.34}$$

을 충족시키기 위해 구분적으로 매끄럽지는 않지만 절대 적분 가능 조건을 충족한다. 따라서 델타함수와 같은 극한적인 함수(초함수라고 한다)에서도, 푸리에 변환이 성립된다. 식 (4.34)로부터, 함수 $s(t)$에 대하여 다음 식이 성립된다.

$$\int_{-\infty}^{\infty} s(t)\delta(t-\tau)dt = s(\tau) \tag{4.35}$$

따라서 $s(t) = e^{-i2\pi ft}$로 치환함으로써 델타함수 $\delta(t-\tau)$의 푸리에 변환이 이뤄진다.

$$\mathcal{F}[\delta(t-\tau)] = \int_{-\infty}^{\infty} \delta(t-\tau)e^{-i2\pi ft}dt = e^{-i2\pi f\tau} \tag{4.36}$$

특히, $\tau = 0$일 때,

$$\mathcal{F}[\delta(t)] = 1 \tag{4.37}$$

이다. 델타함수의 푸리에 스펙트럼은 무한의 주파수 영역에서 일정한 진폭을 가진 신호로 표현된다. 백색성 잡음도 무한한 주파수 영역에 걸쳐서 일정 진폭을 가지고 있지만, 위상이 랜덤으로 변동한다. 델타함수의 주파수 영역에서의 위상 정보는 식 (4.36)과 같이 주파수에 대해서 선형으로 변화한다.

식 (4.35)의 좌변은 $s(t)$와 $\delta(t)$의 콘볼류션 적분(Convolution Integral)이므로

$$s(t) = s(t) * \delta(t) \tag{4.38}$$

가 성립한다. 또

$$s(t-\tau) = s(t) * \delta(t-\tau) \tag{4.39}$$

가 성립하는 것도 쉽게 확인할 수 있다. 즉, 시각이 τ 늦어진 델타함수 $\delta(t-\tau)$와 함수 $s(t)$와의 콘볼류션 적분은, $s(t)$를 시간 방향으로 τ 이동시킨 것이 된다. 또 식 (4.39)는

$$s(t-\tau) = \mathcal{F}^{-1}[S(f)e^{-i2\pi f\tau}] \tag{4.40}$$

로 표현된다. 즉, 함수 $s(t)$를 τ만큼 시간 이동 시키는 것은 주파수 영역에서 같은 함수의 푸리에 스펙트럼 $S(f)$에 $e^{-i2\pi f\tau}$를 곱하는 것에 상응한다. 식 (4.40)은 디지털 신호로 이산화된 시계열 신호를 표본 간격보다 짧은 시간으로 지연시킬 때 유용하다.

레이더 데이터를 디지털 신호로서 추출할 때에는 대상 신호를 일정한 시간 간격 T_s로 표본할 필요가 있다. 이하에서는 이 처리를 푸리에 변환을 이용해 기술한다. 이것은 나중에 설명하는 샘플링 정리 등을 이

해하는 데 도움이 된다. 무한한 시간영역에서 등간격으로 세운 임펄스열 $p(t)$를 다음 식으로 정의한다.

$$p(t) = \sum_{n=-\infty}^{\infty} \delta(t - nT_s) \tag{4.41}$$

$p(t)$는 주기 T_s의 주기함수이기 때문에 그 복소수 푸리에 계수는 다음 식으로 구할 수 있다.

$$\begin{aligned} C_n &= \frac{1}{T_s} \int_{-\frac{T_s}{2}}^{\frac{T_s}{2}} p(t) e^{-\frac{i2\pi nt}{T_s}} dt \\ &= \frac{1}{T_s} \int_{-\frac{T_s}{2}}^{\frac{T_s}{2}} \delta(t) e^{-\frac{i2\pi nt}{T_s}} dt = \frac{1}{T_s} \end{aligned} \tag{4.42}$$

따라서 $p(t)$의 푸리에 급수 전개는

$$p(t) = \frac{1}{T_s} \sum_{n=-\infty}^{\infty} e^{\frac{i2\pi nt}{T_s}} \tag{4.43}$$

이 된다. 따라서 $p(t)$의 푸리에 스펙트럼 $P(f)$는,

$$\begin{aligned} P(f) &= \mathcal{F}\left[\sum_{n=-\infty}^{\infty} \delta(t - nT_s) \right] = \sum_{n=-\infty}^{\infty} F[\delta(t - nT_s)] \\ &= \int_{-\infty}^{\infty} \frac{1}{T_s} \sum_{n=-\infty}^{\infty} e^{\frac{i2\pi fnt}{T_s}} e^{-i2\pi ft} dt \end{aligned} \tag{4.44}$$

$$= \frac{1}{T_s} \sum_{n=-\infty}^{\infty} \int_{-\infty}^{\infty} e^{-i2\pi\left(f - \frac{n}{T_s}\right)t} dt$$

$$= \frac{1}{T_s} \sum_{n=-\infty}^{\infty} \delta\left(f - \frac{n}{T_s}\right)$$

로 표현된다. 식 (4.44)의 마지막 전개에는 공식 $\mathcal{F}[e^{j2\pi f' t}] = \delta(f - f')$를 사용하고 있다. 이것으로부터 일정 간격 T_s의 무한의 임펄스 열의 푸리에 변환은 일정 간격 $f_s = 1/T_s$에서 무한히 계속되는 임펄스 열이 된다.

4.3 필터 처리

4.3.1 백색성 잡음(White Noise)

레이더 신호에는 다양한 잡음이 포함된다. 수신기의 전기 저항 성분에서 기인하는 수신기 잡음은 백색성 가우스 잡음으로 해서 모델화된다. 그 외 외래 잡음에는 목표물 이외의 불필요한 응답, 즉 클러터 등이 있으며, 3장에서 설명한 바와 같이 그 종류에 따라서 확률밀도 분포(및 파워 스펙트럼)를 갖는다.

잡음이 백색성 열 잡음의 경우 잡음 스펙트럼은 무한한 주파수 대역으로 일정한 전력을 가지고 있기 때문에, 신호를 통과시키는 필터의 대역폭이 넓으면 혼입되는 잡음 전력은 증대하고, 반대의 경우는 감소한다. 한편, 수신 신호도 일정한 주파수 대역폭을 가지고 있기 때문에 필터의 대역폭을 신호의 대역폭보다 작게 만들면 신호 성분도 손실되게 된다. 이 때문에 신호 대 잡음비(S/N)를 개선시키기 위해서는 신호의 대역폭에 상당하는 LPF(Low Pass Filter) 혹은 BPF(Band Pass Filter) 등이 유용하다. 일반적으로 신호의 파워 스펙트럼은 주파수에 대해 일정하지 않기 때문에 직사각형의 BPF가 아니라, 수신 신호의 주파수 스펙트럼에 따른 필터링이 최적이라 생각된다. 이러한 생각에 기인해 설계된 필터가 정합 필터이며, S/N을 최대로 하는 필터로서 알려져 있다.

4.3.2 정합 필터(Matched Filter)

임의의 신호 $s(t)$에 포함되는 에너지 E는 파시발의 정리(Parseval's Theorem)를 이용해서 다음 식으로 나타낸다.

$$E = \int_{-\infty}^{\infty} |s(t)|^2 dt = \int_{-\infty}^{\infty} |S(f)|^2 df \tag{4.45}$$

단, $S(f) = \mathcal{F}[s(t)]$ 이다. 필터의 전달함수를 $H(f)$라고 할 때, $s(t)$에 대한 필터응답출력 $y(t)$는 다음 식으로 나타난다.

$$y(t) = \int_{-\infty}^{\infty} S(f) H(f) e^{i2\pi ft} df \tag{4.46}$$

이때 백색성 열 잡음의 파워 스펙트럼을 N_0로 가정하면, 필터 $H(f)$ 통과 후의 잡음 파워 스펙트럼 밀도는

$$P_N(f) = N_0 |H(f)|^2 \tag{4.47}$$

이다. 따라서 필터 출력 후의 잡음 전력 N은,

$$N = \int_{-\infty}^{\infty} P_N(f)df = N_0 \int_{-\infty}^{\infty} |H(f)|^2 df \tag{4.48}$$

로 표시된다. 신호전력을 신호출력 $y(t)$의 최대응답전력이라고 정의한다. 응답이 최대인 시간을 $t_{\max}$ 라고 하면, S/N은 다음 식으로 주어진다.

$$\frac{S}{N} = \frac{|y(t_{\max})|^2}{N} = \frac{\left| \int_{-\infty}^{\infty} S(f)H(f)e^{i2\pi f t_{\max}} df \right|^2}{N_0 \int_{-\infty}^{\infty} |H(f)|^2 df} \tag{4.49}$$

여기서 코시-슈바르츠의 부등식(Cauchy-Schwarz Inequality)

$$\left| \int_{-\infty}^{\infty} S(f)H(f)dx \right|^2 \le \int_{-\infty}^{\infty} |S(f)|^2 df \int_{-\infty}^{\infty} |H(f)|^2 df \tag{4.50}$$

을 적용하면,

$$\frac{S}{N} \le \frac{\int_{-\infty}^{\infty} |S(f)|^2 df}{N_0} \tag{4.51}$$

의 식을 얻는다. 따라서 등호 성립 조건

$$H(f) = KS^*(f)e^{i2\pi f t_{\max}} \tag{4.52}$$

의 경우 S/N이 최대가 되는 것을 알 수 있다. 단, K는 비례상수다. $H(f)$의 시간 영역 표현은,

$$\begin{aligned} h(t) &= K\int_{-\infty}^{\infty} S^*(f)e^{i2\pi f(t_{\max}-t)}df \\ &= Ks^*(t_{\max}-t) \end{aligned} \tag{4.53}$$

이다. 즉, 정합 필터의 시간응답은 입력신호를 $t_{\max}$ 지연시켜서 시간 반전시킨 응답이 된다. 이 때문에 $h(t)$에는 $t=0$(송신 개시 시각)에서 응답이 시작되는 수신 신호를 참조 신호로 준비해야 하는데, 수신 신호의 응답 개시 시간을 측정할 수는 없다. 반면, 레이더의 경우 수신파형과 송신파형은 서로 닮았다는 근사가 잘 성립하므로, 시각 $t=0$에서 시작하는 송신 파형을 푸리에 변환하고, 그 켤레복소수를 취함으로써 정합 필터의 전달 함수 $H(f)$을 생성한다.

여기서 정합 필터와 상관 함수의 관련성을 기술한다. 두 개의 함수 $s(t)$와 $r(t)$의 상호상관 함수 $\rho_{rs}(t)$는 다음 식으로 정의된다.

$$\rho_{rs}(t) = \int_{-\infty}^{\infty} r(\tau)s^*(\tau-t)d\tau \tag{4.54}$$

정합 필터 출력 $y_{\mathrm{match}}(t)$은 입력 $r(t)$와 정합 필터의 임펄스 응답 $h(t)$의 콘볼류션 적분(Convolution Integral)으로 나타낼 수 있으므로,

$$
\begin{aligned}
y_{\text{match}}(t) &= \int_{-\infty}^{\infty} r(\tau)h(t-\tau)d\tau \\
&= K\int_{-\infty}^{\infty} r(\tau)s^*(t_{\max}-t+\tau)d\tau \\
&= K\int_{-\infty}^{\infty} r(\tau)s^*(\tau-(t-t_{\max}))d\tau \\
&= K\rho_{rs}(t-t_{\max})
\end{aligned}
\tag{4.55}
$$

로서 표현된다. 이것으로부터 정합 필터 출력은 $s(t)$와 $r(t)$의 상호상관 함수 $\rho_{rs}(t)$를 $t_{\max}$만큼 시간을 이동한 함수로 간주할 수 있다. 일반적으로 목표물로부터의 지연시간은 모르기 때문에, 정합 필터의 전달함수를 $KS^*(f)$, 즉 임펄스 응답을 $Ks^*(-t)$로 둔다. 이제 N개의 고립 목표물로부터의 수신 신호가 다음 식으로 표현되는 것으로 한다.

$$
r(t) = \sum_{j=1}^{N} a_j s(t-\tau_j) \tag{4.56}
$$

단, a_j 및 τ_j는 j번째 목표물의 반사계수 및 시간지연을 나타낸다. 이 경우의 정합 필터 출력은 다음 식으로 나타난다.

$$
\begin{aligned}
y_{\text{match}}(t) &= K\int_{-\infty}^{\infty}\left(\sum_{j=1}^{N} a_j s(\tau-\tau_j)\right)s^*(\tau-t)d\tau \\
&= K\sum_{j=1}^{N} a_j\left(\int_{-\infty}^{\infty} s(\tau-\tau_j)s^*(\tau-t)d\tau\right)
\end{aligned}
\tag{4.57}
$$

여기서 각 j 성분에 대하여, $\tau_j' = \tau - \tau_j$라고 변수 변환하면,

$$\begin{aligned} y_{\text{match}}(t) &= K\sum_{j=1}^{N} a_j \left(\int_{-\infty}^{\infty} s(\tau_j') s^*(\tau_j' - (t-\tau_j)) d\tau_j' \right) \\ &= K\sum_{j=1}^{N} a_j \rho_{ss}(t-\tau_j) \end{aligned} \tag{4.58}$$

로 표현된다. 단, $\rho_{ss}(t)$는 $s(t)$의 자기 상관 함수(Autocorrelation Function)다. 따라서 N개의 고립 목표물로부터의 정합 필터 출력의 응답은, N개의 시간 이동 및 진폭을 갖는 송신 신호의 자기 상관 함수 합성의 정수배가 된다. 펄스 레이더로 대상물과의 거리를 계측할 때는 수신 신호의 시작을 검출하는 것 외에, 정합 필터 출력의 최대 혹은 극대 응답을 추출하는 것으로 잡음 환경하에서도 고정밀(High Precision)의 측정이 가능해진다. 한편, 송신 신호의 자기 상관 함수의 메인 로브(Main Lobe) 내(거리 해상도 내에 상당)에 두 목표물이 존재하는 경우 그 분리는 어려워진다.

4.3.3 역 필터(Inverse Filter)

정합 필터는 S/N을 최대로 하는 필터이나 사이드 로브(Side Lobe)가 크고, 또 해상도는 높지 않다. 이것에 비해 역 필터는 사이드 로브 억제 특성 및 거리 해상도를 높이는 필터이다. 역 필터는 다음 식으로 정의된다.

$$H(f) = \frac{1}{S(f)} \tag{4.59}$$

수신 신호가 식 (4.56)으로 주어지는 것으로 하자. 여기서 식 (4.56)의 양변을 푸리에 변환하면 다음 식을 얻을 수 있다.

$$R(f) = S(f)\sum_{j=1}^{N} a_j e^{i2\pi\tau_j} \tag{4.60}$$

따라서 역 필터의 시간영역에서의 출력 $y_{\text{inverse}}(t)$은,

$$\begin{aligned} y_{\text{inverse}}(t) &= \mathcal{F}^{-1}[H(f)R(f)] = \mathcal{F}^{-1}\left[\sum_{j=1}^{N} a_j e^{i2\pi\tau_j}\right] \\ &= \sum_{j=1}^{N} a_j \delta(t-\tau_j) \end{aligned} \tag{4.61}$$

이 된다. 식 (4.58)의 정합 필터 출력 $y_{\text{match}}(t)$과 비교하면 자기 상관 함수(Autocorrelation Function)가 델타함수로 전환되어 있는 것을 확인할 수 있다. 즉, 역 필터의 시간응답은 각 목표물에 대한 지연시간 τ_j만큼 이동된 델타함수의 중첩이며, 사이드 로브는 존재하지 않고, 거리 해상도는 무한소(無限小, Infinitesimal)로서 얻을 수 있다. 그러나 백색성 잡음이 존재할 경우에는 신호 진폭이 작은 주파수 영역에서 역 필터는 잡음을 증폭시키는 특성을 가지므로, 작은 S/N의 경우는 현저하게 떨어진다.

4.3.4 위너 필터(Wiener Filter)

위너 필터는 확률 과정의 개념을 도입한 필터로, 1940년대에 N. Wiener에 의해서 제안되었다. 위너 필터는 원신호(앞의 예에서는 델타함수열)

와 필터 출력 신호의 평균 제곱 오차를 최소화한다는 원리에 근거하여 결정되는 필터이다. 송신 신호의 푸리에 스펙트럼을 $S(f)$로 할 때, 위너 필터의 전달 함수는 다음 식으로 주어진다.

$$H(f)=\frac{S^*(f)}{(1-\eta)S_0^2+\eta|S(f)|^2}S_0 \tag{4.62}$$

S_0은 차원을 조정하는 정수이다. η는 S/N에 따라서 변동하는 파라미터이며, $0 \le \eta \le 1$을 만족시킨다. η의 설정함수로서 $\eta=1/\{1+q(S/N)^{-1}\}$ 등이 이용된다. 단, q는 정수이다. 높은 S/N의 경우에는 $\eta \simeq 1$이기 때문에 역 필터, 반대로 낮은 S/N의 경우에는 $\eta \simeq 0$이 되고 정합 필터가 적합하다. 단, 복수의 신호가 존재하는 경우는 각기 S/N이 다르기 때문에, 최적의 η을 결정하기는 어렵다.

그림 4.4 및 그림 4.5에 정합 필터, 역 필터 및 위너 필터의 출력 예를 잡음 없는 경우와 $S/N=25$dB의 경우에 대해 보여주고 있다. 잡음이 없는 경우에서는 역 필터의 응답은 임펄스에 가까운 응답을 출력하기 때문에, 근접하는 목표물을 분리 가능하다. 한편, 잡음이 있는 경우에는 $S(f)$의 진폭이 작은 주파수에서, 나누기에 의해 잡음 성분을 강조하기 때문에 응답이 진동적으로 되고, 그 특성이 떨어지는 것을 알 수 있다. 또한 정합 필터는 잡음이 있고 없음에 관계없이 응답이 안정되어 있지만, 근접 목표물의 분리는 곤란한 것을 알 수 있다. 위너 필터는 잡음 없는 경우 역 필터에 가깝고, 잡음이 있는 경우는 정합 필터와 비슷하게 되고, 역 필터와 정합 필터의 중간적인 응답을 취하는 것을 확인할 수 있다.

잡음 환경에서도 사용 가능한 방법들로 Capon법(Capon Method),[8] MUSIC

(Multiple Signal Classification) 알고리즘[9] 등이 유용하다. 또한, 원 신호의 스파시티(Sparsity, 목표물의 분포가 지극히 성기게 분포하는 것)를 이용한 압축 센싱(Compressive Sensing 혹은 Sparse Sampling)에 의한 초고해상도를 얻는 방법도 있다.[10] 그럼에도 이 모든 방법들은 분리해야 할 신호가 매우 강한 연관성을 가지고 있는 경우에는 그 성능이 떨어지므로, 그러한 상관성을 저감할 방법을 찾아야만 한다.

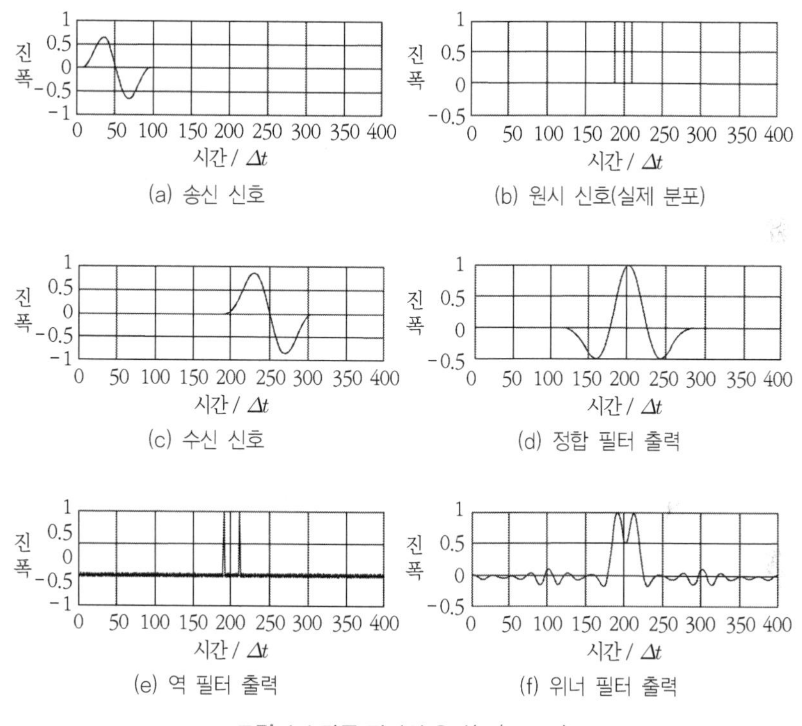

그림 4.4 각종 필터의 응답($S/N = \infty$)

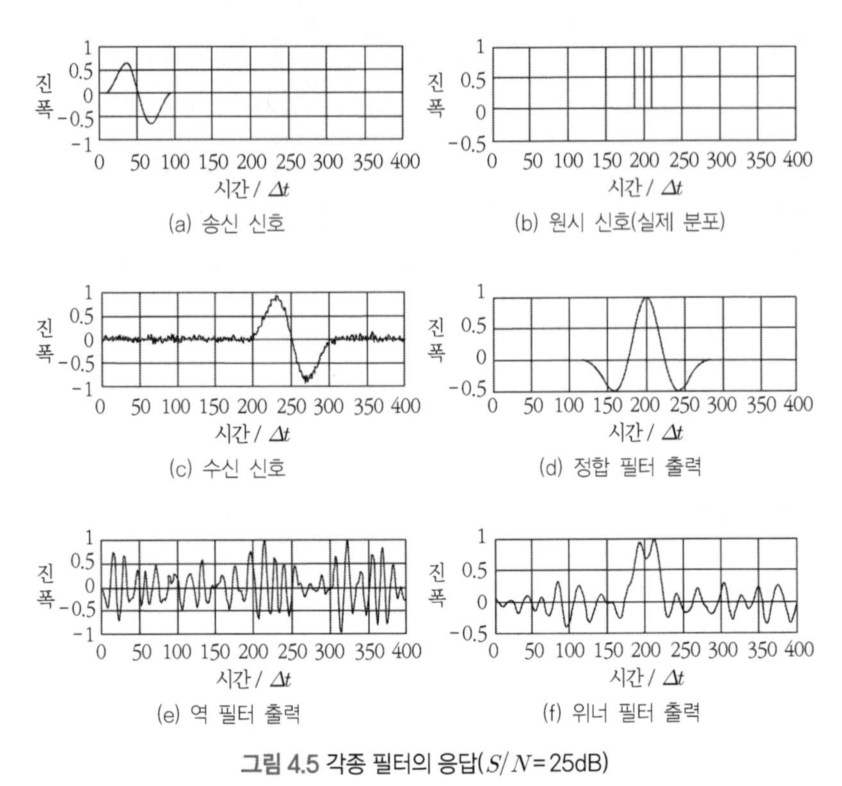

그림 4.5 각종 필터의 응답(S/N= 25dB)

4.4 디지털 신호 처리

4.4.1 신호의 이산화(Discretization)

레이더에서 수신 신호도 샘플링 홀드(Sampling with Sample & Hold) 회로와 A/D변환기(Analog-to-digital Converter)로부터, 이산 신호(디지털 신호)로 계측하는 것이 일반적이다. 이산 신호는 다양한 디지털 신호 처리를 적용하여 고도의 신호 해석이 가능하다.[11] 한편, 아날로그적 정보를 이산화하기 때문에 잃는 정보도 있다. 시간 영역에서의 이산 신호는 시간 및 진폭 방향으로 이산화할 필요가 있다. 진폭 방향의 이산화를 양자화(Quantization)라고 부르며, 시간 방향의 이산화를 표본화 또는 샘플링(Sampling)이라고 한다.

(1) 양자화 오차(Quantization Error)

A/D변환에서는 연속적인 신호 진폭(일반적으로는 전압 값)을 이산적인 진폭 값으로 유지한다. 이 이산화에 의해서 생기는 반올림 오차를 양자화 오차 또는 양자화 잡음으로 부른다. 한 비트(1bit)당의 정보량을 최대로 한다는 관점에서, 이진수(Binary)를 사용한 이산화가 이용된다. n [bit]의 양자화란, 최소 진폭에서 최대 진폭까지 2^n으로 분할하여 이산 표현하는 것을 말한다. 이 n비트를 양자화의 해상도라고 부른다. 일정한 주파수를 가지는 정현파 신호를 n비트로 양자화하는 경우, 신호 전력과 양자화 잡음 전력의 비를 나타내는 신호 대 잡음비(S/N)는 다음 식에서 부여된다.

$$S/N = 6n + 1.8[\mathrm{dB}] \tag{4.63}$$

따라서 양자화 비트수 n을 1bit 증대시키면, S/N은 6dB(4배) 개선된다.

(2) 시간 방향의 이산화(표본화)

시간적으로 연속인 아날로그 신호에 대해서 같은 신호 정보를 모두 추출하려면 무한히 작은 샘플링 간격으로 대상을 표본화해야 한다. 이는 계측기의 표본 성능이나 데이터 용량이 유한하므로 불가능하다. 한편, 대상으로 하는 신호가 어느 정도의 주파수 성분을 함유하고 있는지를 미리 알고 있는 경우에는 그 주파수 성분의 두 배 이상의 샘플링 주파수에서 표본화하는 것으로, 신호의 정보는 완전히 유지된다. 표본화된 연속 신호의 정보량을 유지하기 위한 조건으로서 다음의 샘플링 정리가 있다.

(3) 샘플링(표본화) 정리

계측 대상이 되는 신호에 포함되는 주파수의 상한을 f_{max}로 할 때, 같은 신호의 정보를 완전하게 유지하는 데 필요한 표본화 주파수 f_{s}의 조건은 다음 식으로 주어진다.

$$f_{\mathrm{s}} \geq 2f_{\mathrm{max}} \tag{4.64}$$

식 (4.64)는 나이퀴스트(Nyquist) 조건이라고 한다. 나이퀴스트 조건을 충족시키지 않는 경우($f_{\mathrm{s}} < 2f_{\mathrm{max}}$) 에일리어싱(Aliasing)이라는 현상이 일어난다. 이 경우 원래의 신호 f_{max} 부근의 스펙트럼은 접히는 현상(Folding)[6]에 의해 $f_{\mathrm{s}} - f_{\mathrm{max}}$ 부근에 생긴다. 특히 표본화 주파수의 절반 $f_{\mathrm{s}}/2$를 나이퀴스트 주파수, 그 역수를 나이퀴스트 간격이라고 한다. 나이퀴스트 조건을 충족시킬 경우 신호 정보는 표본화에서 유지되고, 후술하는 sinc함수로 내삽 보간하여 완전히 복원된다.

이하에서는 상기의 현상을 수식으로 표현하여 이론적으로 뒷받침한다. 대상의 신호 $s(t)$를 시간 방향으로 표본화하는 것은, 4.2.4항의 식 (4.32)에서 정의된 디랙 델타함수열을 $s(t)$에 곱하는 것과 같다. 4.2.4항

6　역) 에일리어싱이 발생하면, 이미지 데이터의 경우 주름과 같은 느낌의 일그러짐 현상이 나타난다.

의 식 (4.41)에서 정의된 간격 T_s의 델타함수열 $p(t)$를 다시 보자.

$$p(t) = \sum_{n=-\infty}^{\infty} \delta(t - nT_s) \tag{4.65}$$

표본화된 신호를 $s_s(t)$로 하면

$$s_s(t) = s(t)p(t) \tag{4.66}$$

으로 표현된다. 또 $s_s(f)$의 푸리에 스펙트럼 $S_s(f)$는 다음 식으로 된다.

$$S_s(f) = S(f) * P(f) \tag{4.67}$$

여기서, $S(f) = \mathcal{F}[s(t)]$이고, $P(f) = \mathcal{F}[p(t)]$이다. 식 (4.44)를 $P(f)$에 대입하면

$$S_s(f) = \frac{1}{T_s} S(f) \sum_{n=-\infty}^{\infty} \delta(f - nf_s) \tag{4.68}$$

을 얻는다. 이것은 신호 $s(t)$의 푸리에 스펙트럼 $S(f)$를 주파수 영역에서 일정 간격 f_s로 옮겨서 복사하고, 겹쳐 맞추는 것을 말한다. 이러한 복사된 푸리에 스펙트럼이 겹쳐지지 않는 조건들은, 전술한 나이퀴스트 조건이다. 나이퀴스트 조건을 만족시킬 때, $S_s(f)$는 $S(f)$가 주파수 간격 f_s로 무한히 반복하는 주기함수로서 표현된다. 그림 4.6에 표본화에

서의 시간과 주파수 영역의 관계를 보여준다. 계측 신호가 가진 최고 주파수를 $f_{\max}$라 가정했을 때, $f_s > 2f_{\max}$의 경우에는, $S(f)$는 서로 간섭 하지 않고 원래의 스펙트럼을 적당한 주파수 필터로 추출할 수 있다. 한편 $f_s < 2f_{\max}$의 경우 $S(f)$는 서로 간섭하여, 본래의 스펙트럼만을 추출하는 것이 어려워진다.

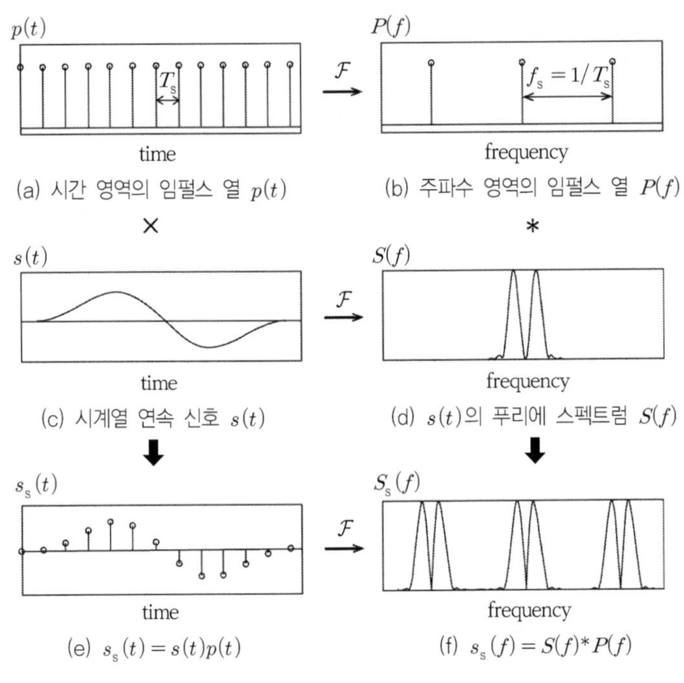

그림 4.6 표본화에서의 시간과 주파수 영역 표현

4.4.2 신호의 복원

나이퀴스트 조건을 만족하도록 표본화된 신호는 완전히 복원될 수 있다. 이를 이하에서 나타낸다. 나이퀴스트 조건을 충족시킨다는 것은

원래 신호인 푸리에 스펙트럼이

$$S(f) = \begin{cases} T_s S_s(f) & (|f| \leq f_s/2) \\ 0 & (|f| > f_s/2) \end{cases} \tag{4.69}$$

를 만족시키는 것이다. 이것은 다음 식으로 정의되는 직사각형 창

$$W(f) = \begin{cases} 1 & (|f| \leq f_s/2) \\ 0 & (|f| > f_s/2) \end{cases} \tag{4.70}$$

을 도입하면,

$$S(f) = T_s W(f) S_s(f) \tag{4.71}$$

라고 표현된다. 따라서 복원신호의 연속 신호응답 $s(t)$는,

$$\begin{aligned} s(t) &= \mathcal{F}^{-1}[S(f)] = T_s \mathcal{F}^{-1}[W(f) s_s(f)] \\ &= T_s w(t) * s_s(t) \end{aligned} \tag{4.72}$$

라고 표현된다. $w(t)$는 $W(f)$의 역 푸리에 변환으로,

$$w(t) = \frac{1}{T_s} \mathrm{sinc}\left(\frac{t}{T_s}\right) = \frac{1}{T_s} \frac{\sin\left(\pi \frac{t}{T_s}\right)}{\pi \frac{t}{T_s}} \tag{4.73}$$

이다. 따라서 표본이 된 계열 $s_s(t)$과 $\text{sinc}(t/T_s)$의 콘볼류션 적분을 함으로써, 무한히 세세한 표본간격으로 신호를 복원하는 것이 가능하다. 그림 4.7에 sinc함수에 의한 보간의 원리를 나타낸다. 콘볼류션 적분은 연산량이 많기 때문에 간단한 내삽보간(Upsampling)법으로서, 푸리에 스펙트럼의 고주파 영역의 제로 패딩(Zero Padding)이 사용된다.

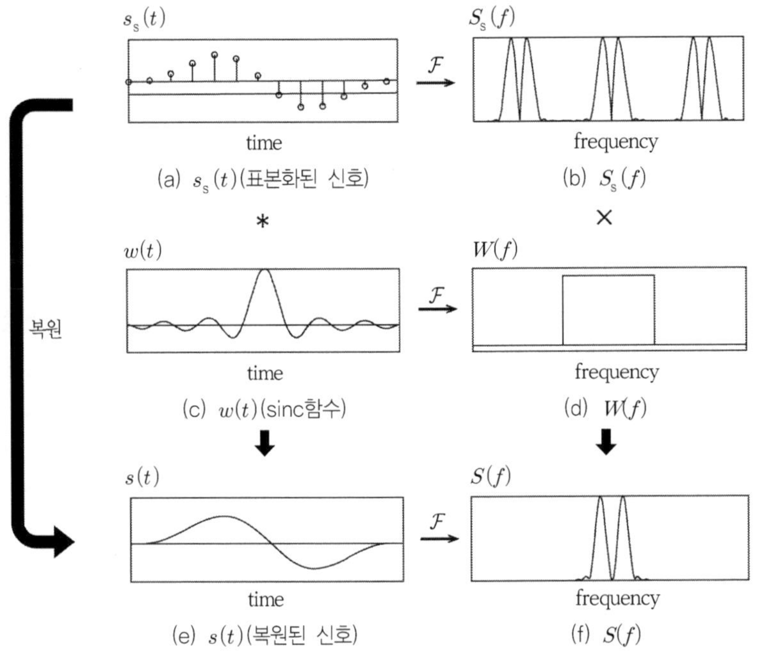

그림 4.7 sinc함수와의 콘볼류션 적분에 의한 신호 복원

이하 제로 패딩에 의한 N배의 업 샘플링법에 대해서 설명한다. 식 (4.44)에서 $T_s \to T_s/N$로 하고, 다음 식으로 바뀌게 된다.

$$S_{\mathrm{s}}^{(N)}(f) = \frac{N}{T_{\mathrm{s}}} S(f) \sum_{n=-\infty}^{\infty} \delta\left(f - \frac{nN}{T_{\mathrm{s}}}\right) \tag{4.74}$$

여기서,

$$S_{\mathrm{s}}^{(N)}(f) = S_{\mathrm{s}}(f), \quad \left(|f| \le \frac{f_{\mathrm{s}}}{2}\right) \tag{4.75}$$

이고, 나이퀴스트 조건을 충족시키기 위해서 식 (4.69)는

$$S(f) = \begin{cases} \dfrac{T_{\mathrm{s}}}{N} S_{\mathrm{s}}^{(N)}(f) & \left(|f| \le \dfrac{f_{\mathrm{s}}}{2}\right) \\ 0 & \left(|f| > \dfrac{f_{\mathrm{s}}}{2}\right) \end{cases} \tag{4.76}$$

로 치환된다. 식 (4.74)의 $S_{\mathrm{s}}^{(N)}(f)$는 시간 영역에서 f_{s}의 N배 샘플링 주파수로 표본화한 신호의 푸리에 스펙트럼이다. 따라서 이것을 역 푸리에 변환한 신호 $S_{\mathrm{s}}^{(N)}(t)$는,

$$S_{\mathrm{s}}^{(N)}(t) = s(t) \sum_{n=-\infty}^{\infty} \delta\left(t - \frac{nT_{\mathrm{s}}}{N}\right) \tag{4.77}$$

이고, 원 신호를 $1/N$배의 샘플링 주기로 표본화한 신호가 된다.

상기 처리의 실제 순서를 이하에 정리한다. 데이터 길이 M개의 이산 데이터가 주어지고, N배의 업 샘플링(Upsampling)을 하는 것으로 하자.

이 데이터에 후술하는 DFT 또는 FFT를 적용해서 양 및 음의 주파수 영역에서, 높은 주파수 측에 각각 $(N-1)M/2$개의 제로(0)를 넣는다. 확장된 데이터 길이는 NM이 된다. 이를 IDFT 또는 IFFT하게 되면, N배로 업 샘플링된 신호를 얻는다. 이 과정에 의해서 시간 영역에서 sinc함수와의 콘볼류션 적분을 계산하는 것보다 빠른 업 샘플링이 가능해진다.

4.4.3 이산 푸리에 변환(DFT)

푸리에 변환은 4.2절에서 설명한 바와 같이 연속적인 시계열 신호에 대해서 정의된다. 이산화된 신호에 대해서는 당연히 이산화된 형태로 표현할 필요가 있다. 이를 이산 푸리에 변환(DFT: Discrete Fourier Transform)이라고 부른다. DFT의 특징은 다음과 같다.

(1) 주기성

이산 푸리에 변환에서는 유한한 데이터 길이와 유한한 표본간격으로 표본화된 이산 신호를 취급한다. 신호 $s(t)$를 간격 T_s로 표본하면, 4.4.2항에서 논의한 대로, 그 푸리에 스펙트럼은 주파수 간격 $1/T_s$의 주기함수로서 표현된다. 또, 역의 푸리에 스펙트럼을 $1/T_s$의 주파수 간격으로 표본화하면 시간 영역에서는 역 푸리에 변환된 함수가 T_s 간격으로 나타나는 주기 함수가 된다. 각 주기는 T_s 또는 $1/T_s$만 생각해도 되고, 여기에서 시간과 주파수의 관계를 정의하는 것이 이산 푸리에 변환이다.

(2) 이산 푸리에 계수

DFT에서 계산되는 계수를 이산 푸리에 급수(DFS: Discrete Fourier Series)

라 부른다. 전 항에서 설명한 바와 같이 $s(t)$를 주기 T_s로 표본화한 이산 신호 $s_s(t)$는 다음 식으로 표현된다.

$$s_s(t) = \sum_{m=-\infty}^{\infty} s(mT_s)\delta(t-mT_s) \tag{4.78}$$

식 (4.78)의 양변을 (연속) 푸리에 변환하면,

$$\begin{aligned} S_s(f) &= \int_{-\infty}^{\infty} \left\{ \sum_{m=-\infty}^{\infty} s(mT_s)\delta(t-mT_s) \right\} e^{-i2\pi ft} dt \\ &= \sum_{m=-\infty}^{\infty} s(mT_s) \left\{ \int_{-\infty}^{\infty} \delta(t-mT_s) e^{-i2\pi ft} dt \right\} \\ &= \sum_{m=-\infty}^{\infty} s(mT_s) e^{-i2\pi fmT_s} \end{aligned} \tag{4.79}$$

이다. 따라서 T_s로 표본화된 이산 신호의 푸리에 스펙트럼은 $e^{-i2\pi fmT_s}$로 급수전개되고, 그 이산 푸리에 계수는 $s(mT_s)$로 주어진다.

이후 표현의 간략화를 위해 시간 영역은 샘플 간격 T_s로 정규화되어 있다고 하고, T_s를 제외하고 고려한다. 주기 M을 가진 이산 시간 신호 $s_s(t)$를 $\tilde{s}(m)$으로 한다. 단 $m=0,\ 1,\ 2,\ \cdots,\ M-1$이다. 이에 해당하는 푸리에 스펙트럼 $\tilde{S}(k)(k=0,\ 1,\ 2,\ \cdots,\ M-1)$는 주기성을 고려하여 식 (4.78)에서 무한에서 유한의 영역으로 하고, f를 k, mT_s를 m/M으로 두면 다음 식을 얻을 수 있다.

$$\widetilde{S}(k) = \sum_{m=0}^{M-1} \widetilde{s}(m) e^{-i2\pi k \frac{m}{M}} \tag{4.80}$$

여기서, $e^{-i2\pi km/M}$는 푸리에 급수 전개의 기본이 되는 함수로,

$$e_k(m) = e^{-i2\pi k \frac{m}{M}} \qquad (k = 0, 1, 2, \ldots, M-1) \tag{4.81}$$

로서 나타낸다. 또

$$W_M = e^{-\frac{i2\pi}{M}} \tag{4.82}$$

로 두면, 주기 신호 $\widetilde{s}(m)$는 다음 식에서 급수 전개된다.

$$\widetilde{s}(m) = \frac{1}{M} \sum_{k=0}^{M-1} \widetilde{S}(k) W_M^{-km} \quad (m = 0, 1, 2, \ldots, M-1) \tag{4.83}$$

여기서, 푸리에 급수 $\widetilde{S}(k)$는

$$\widetilde{S}(k) = \sum_{m=0}^{M-1} \widetilde{s}(m) W_M^{km} \qquad (k = 0, 1, 2, \ldots, M-1) \tag{4.84}$$

로 주어진다. $\widetilde{S}(k)$도 주기 M의 주기계열이다. 양자의 식이 가역 변환이라는 것은

$$\frac{1}{M}\sum_{k=0}^{M-1} W_M^{mk} = \begin{cases} 1 & (m = KM,\ K \in Z) \\ 0 & (\text{otherwise}) \end{cases} \tag{4.85}$$

를 사용하여 확인할 수 있다.

상기의 사항은 기본 주기만 빼낸 고립 이산 시간(Discrete-time) 계열의 경우도 동일하게 성립한다. 유한한 길이 M을 갖는 비주기 이산시간계열 $s(m)$을

$$P_M(m) = \begin{cases} 1 & (0 \le m \le M-1) \\ 0 & (\text{otherwise}) \end{cases} \tag{4.86}$$

를 이용해,

$$s(m) = P_M(m)\tilde{s}(m) \tag{4.87}$$

이라고 가정한다. 마찬가지로 $s(m)$에 대한 이산 푸리에 스펙트럼 $S(k)$도

$$S(k) = P_M(m)\tilde{S}(k) \tag{4.88}$$

로 표현된다. 그러므로 이산 고립계의 신호에 대해서도 식 (4.83) 및 식 (4.84)와 같이 다음 식이 성립한다.

$$s(m) = \frac{1}{M}\sum_{k=0}^{M-1} S(k)\, W_M^{-km} \quad (m = 0, 1, 2, \ldots, M-1) \tag{4.89}$$

$$S(k) = \sum_{m=0}^{M-1} s(m) W_M^{km} \quad (k = 0, 1, 2, \ldots, M-1) \tag{4.90}$$

식 (4.89)를 이산 푸리에 변환(DFT), 식 (4.90)을 역 이산 푸리에 변환(IDFT)이라고 부른다. 이산 푸리에 변환에는 다음과 같은 특징이 있다.

(1) 대상 정리

신호 $s(m)(0 \leq m \leq M-1)$이 실수인 경우,

$$\mathrm{Re}[X(k)] = \mathrm{Re}[X(M-k)] \tag{4.91}$$

$$\mathrm{Im}[X(k)] = -\mathrm{Im}[X(M-k)] \tag{4.92}$$

$$|X(k)| = |X(M-k)| \tag{4.93}$$

$$\arg[X(k)] = -\arg[X(M-k)] \tag{4.94}$$

이것은 연속과 이산 푸리에 스펙트럼에서 $f \to k$라면, $-f \to N-k$가 성립한다는 것에 따른다.

(2) 순환 추이(循環推移) 정리(Circular Transition Theorem)

길이 M의 신호 $s(m)$과 그것을 기본 주기로 하는 주기 신호를 $\tilde{s}(m)$으로 할 때, 이것을 n만큼 이동하고, 기본 주기 M으로 잘라낸 신호를 순환 추이 신호라고 하며,

$$s(m+n)_M \equiv \tilde{s}(m+n) P_M(m) \tag{4.95}$$

으로 정의한다. 이때 $s(m+n)_M$의 푸리에 스펙트럼은,

$$\mathcal{F}_M[s(m+n)_M] = W_M^{-kn} X(k) \tag{4.96}$$

가 된다. 단, $\mathcal{F}_M$은 주기 M에서의 이산 푸리에 변환을 나타낸다. DFT는 주기 신호의 기본 구간에 대해서 정의되기 때문에, 시간 또는 주파수 이동은 그것을 기본 주기로 하는 주기 신호의 시간 또는 주파수 이동으로 표현되는 것에 주의해야 한다.

순환 추이의 방식을 이용하여 연속 푸리에 변환처럼, 두 개의 신호 $s(m)$과 $r(m)$의 곱과 콘볼류션 적분의 관계도 성립한다.

$$\mathcal{F}_M[s(m)r(m)] = S(k)^* R(k) \tag{4.97}$$

$$\mathcal{F}_M^{-1}[S(k)R(k)] = s(m)^* r(m) \tag{4.98}$$

4.4.4 고속 푸리에 변환(FFT)

M점의 DFT를 실행하기 위해서는 M^2회(回)의 복소수 곱셈 및 $M(M-1)$회의 복소수 가산이 필요하다. 계산 복잡성을 나타내는 란다우의 기호(Landau Symbol) $O(*)$를 사용하면, DFT의 계산량은 $O(M^2)$이고, M^2에 비례하여 증가한다. 이 때문에 DFT의 고속화 알고리즘이 여러 가지 검토되었다. 그중에서도 이산 푸리에 계수 W_M^{nk}의 주기성에 착안한 계산 방법, 쿨리 튜키(Cooley-Tukey) 알고리즘을 사용함으로써 계산량을 $O(M \log M)$까지 줄일 수 있게 되었다. 이 알고리즘을 FFT(Fast Fourier Transform)라고 부른다.[12)] 예를 들면 $M=2^{10}=1024$의 경우, 보통의 DFT에서 계산량은 $M^2 \simeq 10^6$이 되지만, FFT에서는 $M \log M \simeq 10^4$로 계산량의 단축이 가능하다.

대표적인 FFT 알고리즘으로서 신호 데이터 길이 $M=2^K$, $K\in Z$일 때 적용 가능한 시간(DIT: Decimation in Time) FFT 알고리즘을 소개한다. 식 (4.89) DFT의 정의식을 $s(m)$의 첨자 m의 홀짝에 따라 둘로 나눌 수 있다.

$$
\begin{aligned}
S(k) &= \sum_{m=0}^{M-1} s(m)\, W_M^{km} \\
&= \sum_{r=0}^{\frac{M}{2}-1} s(2r)\, W_M^{2rk} + \sum_{r=0}^{\frac{M}{2}-1} s(2r+1)\, W_M^{(2r+1)k} \\
&= \sum_{r=0}^{\frac{M}{2}-1} s(2r)(W_M^2)^{rk} + W_M^k \sum_{r=0}^{\frac{M}{2}-1} s(2r+1)(W_M^2)^{rk}
\end{aligned}
\tag{4.99}
$$

여기서 $W_{M=}e^{-i2\pi/M}$이기 때문에,

$$
W_M^2 = e^{\frac{-\frac{i2\pi}{M}}{2}} = W_{M/2} \tag{4.100}
$$

가 성립된다. 따라서 식 (4.99)는,

$$
S(k) = \sum_{r=0}^{\frac{M}{2}-1} s(2r)(W_{M/2})^{rk} + W_M^k \sum_{r=0}^{\frac{M}{2}-1} s(2r+1)(W_{M/2})^{rk} \tag{4.101}
$$

이 된다. 여기서 특히, 첫 항은 길이 $M/2$의 계열, $s(0)$, $s(2)$, ⋯, $s(M-2)$의 DFT 계수이고, 둘째 항도 W_M^k을 무시하면, 길이 $M/2$의 계열, $s(1)$, $s(3)$, ⋯, $s(M-1)$의 DFT 계수이다. 이것으로부터 길이 $M=2^K$의 DFT 계산이 2개의 길이 $M=2^{K-1}$의 DFT에 대한 가산으로 바꿀 수 있다는 것을 알 수 있다. 이것을 반복함으로써 $M=2^K$인 1회 DFT는, 최소의 계열 길이 $M=2$에서의 DFT를 $K-1$개 계산해서 가산하면 된다. 이 때문에 계산 횟수는 2^K에서 $\log 2^K \simeq K-1$로 축퇴(縮退, Degeneracy)시킬 수 있다. 따라서 계산량은 $O(M^2)$에서 $O(M \ \log \ M)$로 줄일 수 있다.

FFT 처리의 블록 다이어그램은 나비와 같은 형태가 되므로 버터플라이 연산(Butterfly Computation)이라고도 한다. 역고속 푸리에 변환, 즉 IFFT는 FFT 계산과 동일하게 가능하다. 식 (4.99)에서 나타낸 IDFT 식의 양변에 $1/M$을 곱하고, 켤레복소수를 취하면,

$$\frac{1}{M}S(k)^* = \frac{1}{M}\sum_{m=0}^{M-1} s(m)\, W_M^{-km} \quad (k=0, 1, 2, \ ..., M-1) \tag{4.102}$$

이 된다. 이는 $\frac{1}{M}S(k)^*$를 DFT 계산하는 것과 같다. 따라서 IFFT는 위 변환을 사용함으로써 FFT 계산으로 대체된다.

FFT 알고리즘에는 주파수(DIF: Decimation in Frequency) FFT[13)]나 $M \neq 2^K$의 경우에 대한 알고리즘 등 다양한 알고리즘이 있다.

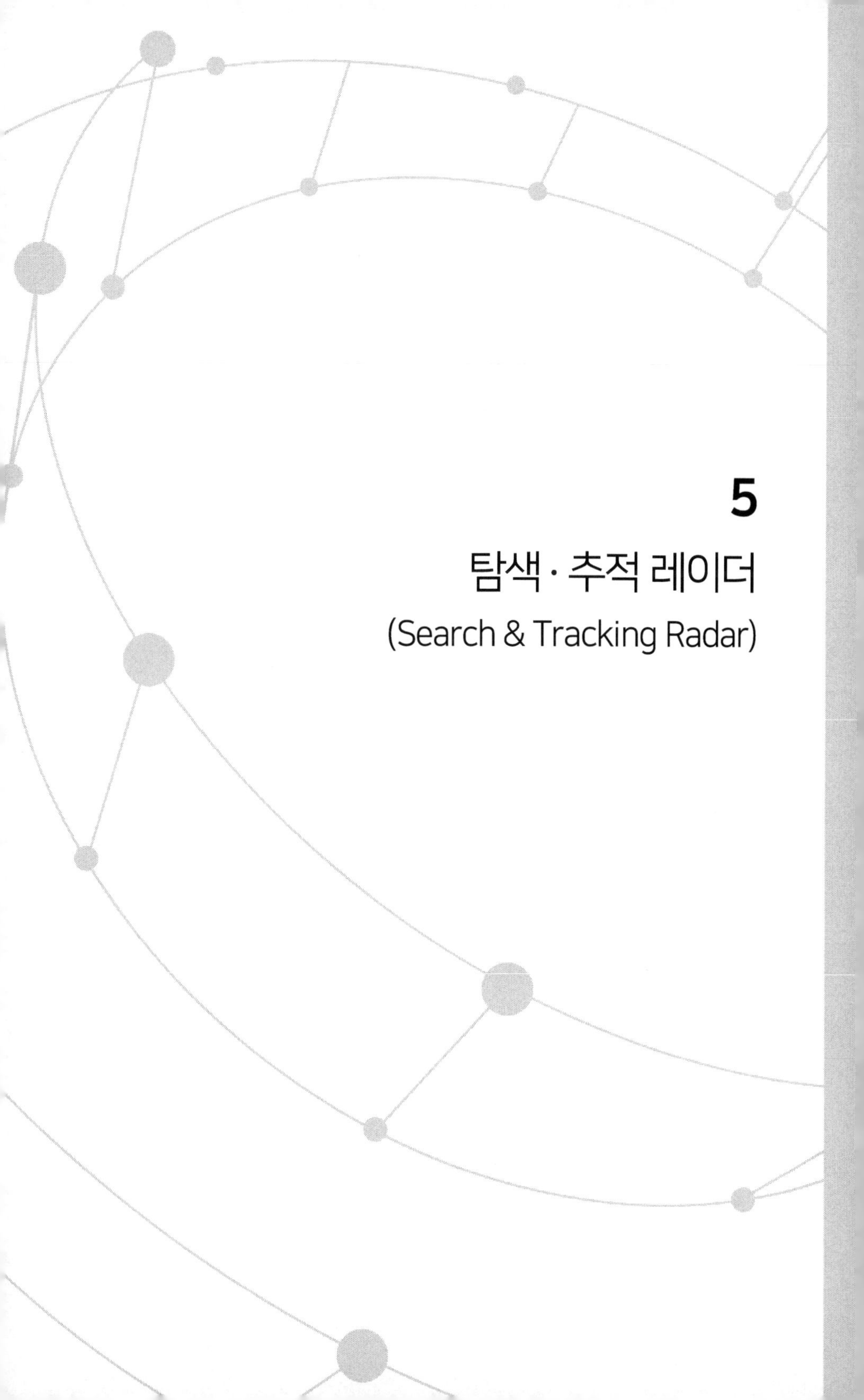

5
탐색 · 추적 레이더
(Search & Tracking Radar)

5

탐색 · 추적 레이더
(Search & Tracking Radar)

레이더는 20세기 초 라인강에서 선박의 충돌 방지 장치의 실증 실험 이후 비약적으로 발전해왔다. 이번 장에서는 레이더의 원형(原型)이라고 할 수 있는 탐색 레이더와 추적 레이더를 설명한다. 먼저 레이더에 사용되는 마이크로파의 발진(發振) 등 레이더의 기본 구성을 설명하고, 탐지 영역과 검출 처리에 대해서 소개한다. 다음으로 목표물을 탐지한 후 목표물에 빔을 계속해서 조사해서 포착(捕捉)하는 추적 레이더의 처리법을 요약하고, 단일 혹은 복수의 목표물 추적에 이용되는 대표적인 추적 필터를 설명한다.

5.1 탐색 레이더(Search/Surveillance Radar)

5.1.1 탐색 레이더의 개요

탐색 레이더(Search Radar, Surveillance Radar)는 마이크로파대의 전파를 사용하는 대표적인 레이더 중 하나이다. 마이크로파대의 전파는 음파에 비해 대기 중의 전파 속도가 빠르고 직진성이 뛰어나며, 빛이나 적외선에 비해 산란이나 감쇠가 적다는 점에서 탐색 레이더는 밤낮없이 날씨에 좌우되지 않고 먼 곳의 목표물을 실시간으로 탐지하기 위해 널리 이용되고 있다.

일반적인 탐색 레이더는 감시하는 공간을 향해 안테나 빔을 주사하면서 전파를 송수신하여 목표 물체를 검출하고, 타깃이 검출되었을 경우에는 타깃 위치에 대한 정보를 얻는다. 이때 사전에 타깃의 존재나 그 위치에 대해서 모르기 때문에, 안테나·빔은 감시해야 할 공간에 대해서 일정한 시간 간격으로 구석구석까지 전체적으로 주사한다. 따라서 탐색 레이더의 능력은 일반적으로 탐색 공간의 넓이(레이더 탐지권), 탐색 공간을 주사하는 데 필요한 시간(탐색 데이터 레이트, Search Data Rate), 얼마나 작은 목표물을 얼마나 먼 곳에서 탐지할 수 있는지(최대 탐지 거리) 및 탐지 목표물의 위치 정확도 등으로 평가된다.

예를 들어, 일반적으로 주파수가 높을수록 관측 정확도나 해상도가 좋은 반면, 강우 감쇠 등의 전파 전달 손실이나 클러터 반사율은 커진다. 그래서 비교적 높은 주파수대의 레이더는 주로 근거리의 고해상도 관측용으로, 비교적 낮은 주파수대의 레이더는 원거리 탐지용으로 사용된다.[1]

또한 탐색하는 영역이 3차원 공간의 경우라면 입체 탐색 레이더(Volume Search Radar), 탐색 영역이 2차원 평면의 경우면 표면 탐색 레이더(Surface Search Radar)라고 부르기도 한다. 예를 들면, 전자는 공항 주변이나 항공로의 항공기 감시·관제를 위한 항공관제 레이더나 군용 방공 레이더 등이고, 후자는 해상 선박의 감시 레이더 등으로 이용된다. 게다가 레이더

1 역) 대형 선박의 레이더는 일반적으로 근거리용(X-밴드)과 거리용(S-밴드)을 함께 사용하는 경우가 많다.

가 설치되는 장소에 따라 지상 레이더(Ground-based Radar), 선박 탑재 레이더(Shipborne Radar), 항공기 탑재 레이더(Airborne Radar), 위성 탑재 레이더(Space-based Radar) 등으로 분류하기도 한다.

5.1.2 탐색 레이더의 구성

탐색 레이더의 일반적인 구성은 송신 신호의 발생방법에 따라 크게 '직접 발진 방식'과 '증폭 방식'으로 나눌 수 있다. 그리고 증폭 방식은 근래 능동 위상배열(Active Phased Array)이나 디지털 빔포밍(DBF: Digital Beam Forming) 등의 새로운 방식으로 다시 나눠진다. 이하에서는 이러한 기본 구성에 대해 간단히 기술하겠다.

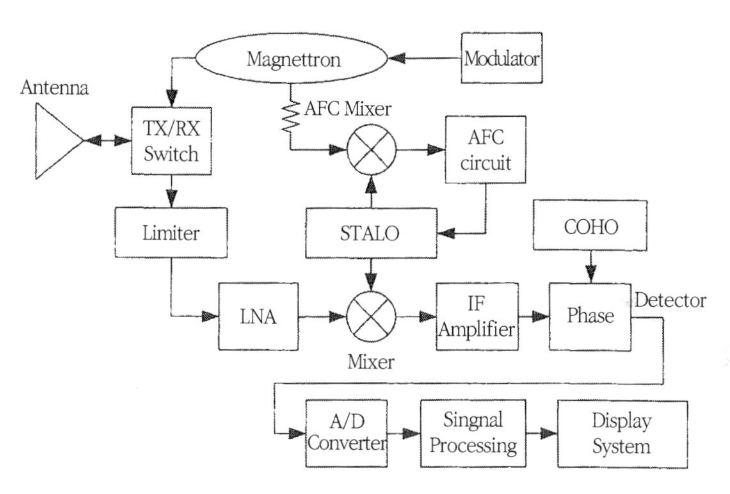

AFC: Automatic Frequency Control(자동 주파수 제어)
STALO: Stable Local Oscillator(안정 국부 발진기)
COHO: Coherent Oscillator(코히어런트 발진기)
IF: Intermediate Frequency(중간 주파수)
A/D: Analog to Digital(아날로그 - 디지털)
LNA: Low Noise Amplifier(저잡음증폭기)

그림 5.1 직접 발진 방식의 일반적인 계통도

(1) 직접 발진 방식

직접 발진 방식[1)]이란 그림 5.1의 계통도와 같이 고출력의 마이크로파 발진관(Oscillating Tube)을 송신기로 이용하는 방식이다. 대표적인 발진관에는 마그네트론(Magnetron)이 있다. 이는 변조기(Modulator)로부터의 변조 펄스를 트리거(Trigger)로 대전력의 송신 펄스를 직접 발생시킬 수 있기 때문에 비교적 간단하게 레이더 송신기를 만들 수 있다.

한편, 목표물로부터 오는 반사 신호는 수신 회로 보호를 위해 제한기(Limiter)를 통과한 후, 일반적으로 슈퍼헤테로다인(Superheterodyne) 방식으로 수신하여 주파수 선택도(Frequency Selectivity, 周波數選擇度)나 수신 감도를 높게 유지한다. 즉 마이크로파 수신 신호를 직접 잡아내는(검파, 檢波) 것이 아니라 먼저 저잡음 증폭기(LNA)로 증폭시킨 후, STALO(Stable Local Oscillator)라 불리는 국부발진기 신호와 혼합하여 중간 주파수(IF: Intermediate Frequency)로 주파수 변환하고 나서 검파한다.

또한 검파방식은 이동 목표물 검출 등의 신호 처리를 위하여 COHO (Coherent Oscillator)라고 불리는 코히어런트 발진기를 참조 신호로 하여 위상 검파가 이루어지는 경우가 많다. 검출된 신호는 디지털 신호로 변환된 다음, 4장에서 언급한 불필요한 신호 제거나 목표물 검출을 위한 신호 처리를 한 후, 5.2절에서 말하는 목표물 추적 등의 처리를 거쳐 표시된다.

또한 마그네트론 주파수 안정도는 그다지 좋지 않기 때문에, 통상적으로는 자동 주파수 제어(AFC: Automatic Frequency Control) 회로를 마련하여, 항상 중간 주파수가 일정할 수 있도록 마그네트론의 발진주파수에 맞추어 STALO 주파수를 제어한다.

직접 발진 방식은 비교적 저렴하고 소형 경량의 레이더를 실현할 수 있기 때문에, 이전부터 매우 넓은 분야에서 이용되고 있다.

(2) 증폭(Amplification) 방식

증폭 방식[1)]은 그림 5.2의 계통도와 같이 코히어런트 발진기(COHO)를 바탕으로 중간 주파수의 여기 신호(Excitation Signal)를 만들고, 이를 국부 발진기(STALO)를 이용해서 마이크로파대로 주파수를 변환한 후, 대전력(High Power)의 마이크로파 증폭기(Amplifier)에서 증폭해 송신 신호를 얻는 방식을 말한다.

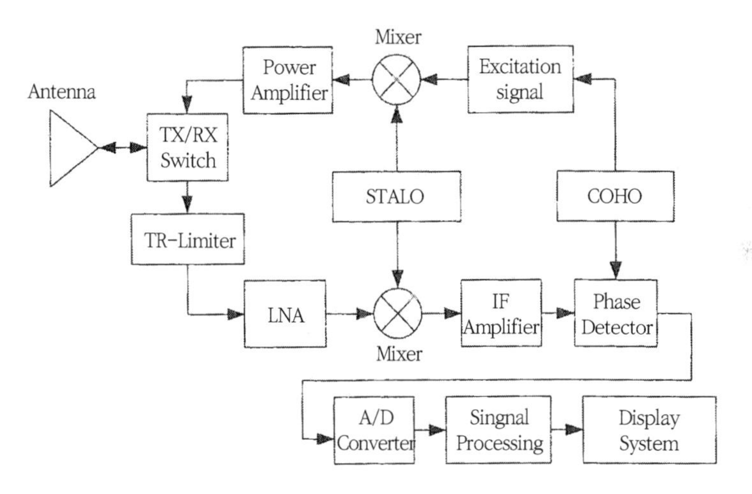

STALO: Stable Local Oscillator(안정 국부 발진기)
COHO: Coherent Oscillator(코히어런트 발진기)
IF: Intermediate Frequency(중간 주파수)
A/D: Analog to Digital(아날로그/디지털)

그림 5.2 증폭 방식의 일반적인 계통도

이 방식은 송수신 신호의 주파수 및 위상 안정도가 높고 클러터 제거 등의 성능이 뛰어나며, 필요에 따라서 여진 신호를 변조하면 펄스 압축(1.2.4항과 8.1절 참조)에도 쉽게 대응할 수 있어서 많은 고성능 레이더에서 이용되고 있다.

송신기의 대전력 마이크로파 증폭기에는 진행파관(Traveling-wave Tube), 클라이스트론(Klystron) 등의 송신관이 있다. 최근에는 종종 실리콘(Si), 갈륨·비소(GaAs), 질화갈륨(Gallium Nitride, GaN) 등의 마이크로파 소자(Device)를 이용한 반도체 전력 증폭기도 사용된다.

(3) 능동 위상배열안테나(Active Phased Array Antenna) 방식

앞서 서술한 직접 발진 방식이나 증폭 방식의 레이더로 이용되는 안테나에서 가장 흔히 볼 수 있는 것은 파라볼라 안테나일 것이다. 예를 들면, 항공 관제 레이더에서는 앙각 방향으로 넓고 방위 방향으로 좁은 편평(偏平)한 형상의 빔(일반적으로 팬빔(Fan Beam)이라고 한다)의 (기계식)안테나를 수평 방향으로 연속적으로 회전시켜 전체 공간을 탐색하게 된다.

이에 비해 최근 고성능 레이더에서는 2.3.1항에서 기술한 위상배열안테나가 이용되었다. 특히 각 안테나 소자에 송수신 기능을 갖는 송수신 모듈을 설치하는 것은 능동 위상배열안테나(APAA: Active Phased Array Antenna) 또는 능동 전자주사배열(AESA: Active Electronically Scanned Array)이라고 한다.

이러한 전자 주사형 안테나는 기계식 안테나에 비해 빔을 고속으로 주사하거나 공간 탐색 사이사이에 특수한 추적 전용 빔을 삽입하는 등 상황에 따라 다기능 동작을 할 수 있다. 또한 송수신 회로가 안테나 개구면(Aperture)의 바로 옆에 설치되기 때문에 급전(給電) 손실이 적고, 기존에 비해 탐지 성능이 비약적으로 향상되었다.

(4) 디지털 빔포밍

디지털 빔포밍(DBF: Digital Beam Forming)은[1] 위상배열(Phased Array) 방식에서의 마이크로파 회로에 의한 수신 빔 형성 처리를 디지털 신호 처리로 실시하는 방식이다. 이 때문에 각 소자(Element) 안테나에는 수신 신호를 디지털 신호로 변환하기 위한 아날로그 디지털(A/D: Analog to Digital) 변환기가 설치되어 있으며, 그림 2.18에서 제시한 위상배열안테나(Phased Array Antenna)에서 위상 편이(Phase Shift), 진폭 스케일링(Amplitude Scaling) 및 수신 신호 합성은 각각 수신 디지털 신호에 대한 복소수 가중치(Complex Weight) $a_j e^{-i\phi_j}$의 곱셈과 그 결과의 가산으로 치환된다.

DBF 방식의 이점은 다음과 같다.

① 고속 디지털 연산을 이용하여 초고속의 빔 주사가 가능하다.

② 가중치(Weight)를 미세하게 제어할 수 있어, 예를 들어 초저(超低) 사이드 로브(Ultra-low Sidelobe)화 등 상세한 안테나 패턴의 생성이 가능하다.

③ 디지털 연산에 의한 복수 빔 형성 연산을 병렬로 실행함으로써 지향 방향이 다른 복수의 수신 빔을 동시에 형성하는 것이 용이. 덧붙여 연산식은 안테나 소자의 위치 좌표로부터 빔 형성 각도로의 푸리에 변환(Fourier Transform)의 형태를 하고 있으므로, 예를 들어 4.4.4항에서 서술한 고속 프리에 변환을 이용하는 것으로 해서 매우 효율적으로 연산할 수 있다.

이와 같은 이점을 살려서 최근에 선진적인 레이더에서는 DBF 방식을 채용한 것이 등장하고 있으며, 탐색 데이터 비율의 개선이나 탐지·추적 성능의 향상을 도모하고 있다.

5.1.3 레이더 탐지권

레이더 탐지권(Radar Coverage)은 레이더가 목표물을 탐지할 수 있는 범위를 말하며, 일반적인 탐색 레이더에서 탐지할 수 있는 최대 방위·앙각 폭을 나타내는 각도 탐지권과 각도 탐지권 내의 최대 탐지 거리를 나타내는 거리 탐지권으로 표현된다.

다음은 각도 탐지권 내 최대 탐지 거리가 일정할 경우, 탐색 레이더의 최대 탐지 거리 방정식과 탐지권 설명에 이용되는 탐지권도(圖)에 대해 간략히 기술한다.

(1) 탐색 레이더의 레이더 방정식

레이더의 최대 탐지 거리는 2장에서 언급한 레이더 레인지(Radar Range) 방정식으로 계산할 수 있다. 그러나 이 식은 미리 송신 첨두 전력이나 안테나 이득 등의 제원을 모두 알고 있는 경우에 최대 탐지 거리를 정확하게 계산할 수 있으나, 소요 최대 탐지 거리를 얻기 위해서는 반복 과정이 필요하기 때문에 적절하지 않다.

그러나 다행히도 입체 탐색 레이더일 경우에는 이 레이더 레인지 방정식을 보다 실용적인 형태로 변형할 수 있다. 우선, 식 (2.25)의 레이더 레인지 방정식은 다음과 같이 쓸 수 있다. 여기에서는 모노스태틱 펄스 레이더(Monostatic Pulse Radar)를 가정하여, 펄스 압축(Pulse Compression)에 의한 이득을 명시하고 있다.

$$R_{max} = \left[\frac{P_t G_t G_r \lambda^2 \sigma DH}{(4\pi)^3 kTBF_n \cdot \left(\frac{S}{N}\right)_{min} \cdot L} \right]^{\frac{1}{4}} \tag{5.1}$$

여기서, R_{max}는 최대 탐지 거리, P_t는 송신 첨두 전력, G_t는 송신 안테나 이득, G_r는 수신 안테나 이득, λ는 송수신하는 마이크로파의 파장, σ는 목표물의 레이더 단면적, D는 펄스 압축 이득, H는 히트(Hits) 적분 이득(코히어런트 적분(Coherent Integration)의 경우는 펄스 히트 횟수[2]와 같다), k는 볼츠만 상수(1.38×10^{-23}J/K, T는 수신기의 온도, B는 수신 주파수 대역폭, F_n은 수신기 잡음 지수, S/N_{min}는 최소 탐지 신호 대 잡음비 (S/N: Signal to Noise Ratio), L은 각종 손실의 합계이다. 또한 여기서는 식 (2.25)의 최소 수신 파워 P_{min}을 잡음전력($kTBF_n$), 최소 탐지 $S/N(S/N_{min})$, 손실(L)의 곱으로 나타내고 있다.

여기에서 탐색하는 각도 범위(FOV: Field of View)를 Ω로 표기한다(직관적으로는 방위폭×앙각폭이지만, 정확히는 입체각으로 표현한다). 각도 범위 Ω를 송신 빔 폭 ϕ(입체각. 근사적으로는 방위 빔 폭×앙각 빔 폭)의 빔으로 순차로 주사해서, 데이터 레이트(Data Rate, Ω을 주사하는데 필요한 시간) T_s로 1회의 탐색이 완료되는 레이더가 있다고 하자. 이때 빔 주사에 필요한 빔 수는 Ω/ϕ이기 때문에 빔 1개당 송수신 시간, 즉 목표물 조사 시간(Dwell Time) T_d는 $T_d = T_s\phi/\Omega$라고 할 수 있다.

한편, 목표물 조사(照射) 시간 T_d는, 펄스 반복 시간 t_{prt}의 H회 펄스 송수신(H 히트(Hits)의 펄스열(Pulse String)이라고 한다)으로 구성되어 있

2 역) Pulse Hit Numbers. 안테나가 1회전하는 동안에 목표물에 부딪치는 펄스의 횟수.

다고 하면, 근사적으로 $T_d = H \cdot t_{prt}$라고 쓸 수 있다. 그러므로 양자를 같다고 하면, $\phi = \Omega H t_{prt} / T_s$라는 관계를 얻을 수 있다. 게다가 송신 안테나 이득 G_t는 근사적으로 $G_t = 4\pi/\phi$로 쓰므로, 이에 대입하면 다음을 얻을 수 있다.

$$G_t = \frac{4\pi T_s}{\Omega H t_{prt}} \tag{5.2}$$

펄스 압축 이득 D는, 대부분 펄스 압축의 전후의 펄스 폭의 비율로 주어지기 때문에 압축 후의 펄스 폭을 τ로 하면, 송신 펄스 폭(즉, 압축 전의 펄스 폭)은 $D \cdot \tau$이다. 또한 송신 평균 전력은 송신 펄스 폭과 펄스 반복 시간과의 비 $D \cdot \tau / t_{prt}$(이른바, 송신 듀티 사이클(Duty Cycle))를 송신 첨두 전력과 곱한 값이다. 그러므로 송신 첨두 전력 P_t와 송신 평균 전력 P_{ave}의 관계는 $P_t = t_{prt} P_{ave} / D\tau$라고 쓸 수 있다. 게다가 수신 대역폭 B와 압축 후 펄스 폭 τ 사이에는 일반적으로 대략 $B = 1/\tau$의 관계가 있으므로, 다음과 같다.

$$P_t = \frac{t_{prt} P_{ave} B}{D} \tag{5.3}$$

수신 안테나 이득 G_r와 수신 안테나의 유효 개구 면적 A_R과의 사이에는 일반적으로 다음의 관계가 있다(λ는 파장).

$$G_r = \frac{4\pi A_R}{\lambda^2} \tag{5.4}$$

그러므로 식 (5.2)～식 (5.4)를 식 (5.1)에 대입하고 정리하면 다음과 같다.

$$\frac{R_{max}^4 \, \Omega \cdot \left(\frac{S}{N}\right)_{min}}{\sigma T_s} = \frac{P_{ave} A_R}{4\pi k T F_n L} \tag{5.5}$$

이 식은 입체 탐색 레이더 방정식으로 알려져 있다. 이 식의 좌변은 탐색 레이더가 달성해야 할 성능, 즉 얼마나 넓은 각도 범위와 거리 범위를 얼마나 단시간으로, 또 얼마나 작은 목표물을 얼마나 높은 S/N으로 탐지할 수 있는지를 보여준다. 우변은 그것을 위해서 필요한 레이더 제원을 나타내고 있으며, 이 중에서 특히 송신 평균 전력과 수신 안테나 개구의 곱은 'Power-Aperture Product'이라고 한다.

이 식의 재미있는 점은 외관상, 우변에 주파수 항이 포함되어 있지 않으며, 레이더 성능은 'Power-Aperture Product'에 비례한다는 것이다. 실제로는 잡음 지수나 각종 손실에는 주파수 특성이 관련되지만 근사적으로 이것을 생략하고 생각하면, 좌변의 레이더 성능이 주어지면 이를 위해 필요한 'Power-Aperture Product'를 쉽게 계산할 수 있다. 즉, 안테나나 펄스 파형(Pulse Wave Form) 등의 상세한 설계를 하지 않고도 레이더의 대략 규모를 어림잡는 경우에는 매우 유용하다.

(2) 탐지권도(Vertical Coverage Chart)

입체 탐색 레이더에서는 탐지권을 표현하는데 그림 5.3과 같이 특정 방위의 최대 탐지 거리를, 거리와 고도의 2차원으로 도시한 수직 탐지권도(Vertical Coverage Chart 혹은 Range Height Chart)[1)]가 자주 인용된다.

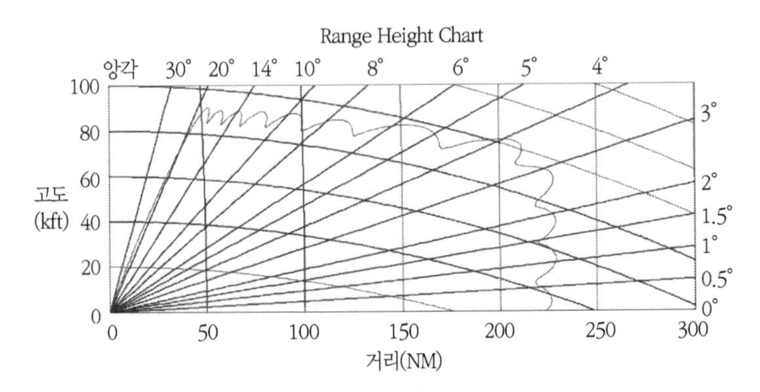

그림 5.3 수직면 탐지권도의 예(NM (해리): 1852m)

이때 횡축의 거리는 레이더 안테나로부터 목표물까지의 전방경로에 따른 거리인 경사거리(Slant Range)[3]가 이용되는 경우가 많다. 그 이유는 2.2.1항에서 서술한 것처럼, 경사거리는 이하의 식과 같이 쉽게 얻을 수 있고 낮은 앙각에서는 지표에 따른 거리인 지상거리(Ground Range)[4]와의 실용상의 차이가 작기 때문이다.

$$R_A = \frac{c\tau_A}{2} \tag{5.6}$$

3　역) 슬랜트 레인지라고도 한다.

4　역) 그라운드 레인지라고도 한다.

여기에서 R_A는 경사거리, c는 전파 속도(대기 중에서는 약 3×10^8m/s), τ_A는 목표물까지의 전달 지연 시간(펄스 왕복 시간)이다.

덧붙여 이러한 탐지권도에서 주의해야 할 점은, 지표 부근의 전파 전달에서는 대기밀도가 고도와 함께 감소하기 때문에 빛과 마찬가지로 굴절이 생기는 것이다. 이 때문에 전파는 직진하지 않고 조금 아래쪽으로 휘어져 전파한다. 실제의 대기밀도의 고도 분포는 계절이나 기상 상황에서 변화하지만, 일반적으로는 굴절률이 고도에 비례해 감소한다는 근사를 이용하는 경우가 많다.

이 근사를 이용하면, 그림 5.4와 같이 등가 지구 반경(Equivalent Earth Radius)을 Ka(K: 상수, a: 실제 지구 반경(약 6,370km))와 같이 실제보다 크게 하면, 앙각 일정한 전파 경로를 직선으로 그릴 수 있어 매우 편리하다. 실제로 자주 이용되는 K의 값은 약 4/3이고(즉, Ka=8,500km), 표준 대기 전파 모델이라고 한다. 그림 5.3은 이렇게 그려진 것이다.

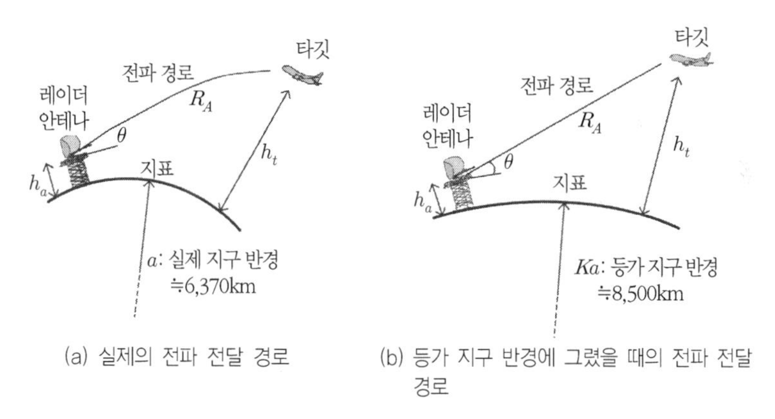

(a) 실제의 전파 전달 경로

(b) 등가 지구 반경에 그렸을 때의 전파 전달 경로

그림 5.4 목표물 경사거리(R_A), 앙각(R_A), 고도(h_t)의 관계

이 경우 레이더에서 본 목표물의 경사거리 R_A, 목표물 앙각 θ와 목표물 고도 h_t의 관계는 기하학적으로 제2코사인 법칙을 이용하여 다음과 같이 간단한 식으로 나타낸다. 여기서 h_a는 레이더 안테나의 고도이다.

$$
\begin{aligned}
h_t &= \left[(Ka+h_a)^2 + R_A^2 + 2(Ka+h_a)R_A\sin\theta\right]^{\frac{1}{2}} - Ka \\
&\approx h_a + R_A\sin\theta + \frac{R_A^2}{2Ka}
\end{aligned}
\tag{5.7}
$$

$(h_a \ll Ka$이고 $\sin\theta \ll 1$의 경우)

5.1.4 목표물 검출 처리

초기의 탐색 레이더에서는, 레이더의 수신 신호로부터 목표물을 검출하기 위해 레이더스코프(Radarscope)에 표시되는 수신 비디오(수신 신호를 검파한 파형)를 눈으로 관측해, 그 휘점(輝点)으로부터 목표물의 유무를 판단하고 있었다. 그러나 근래 레이더에서는 대부분 목표물 자동 검출 기능을 이용하고 있다.

가장 보편적이고 간편한 방법은 그림 5.5에서와 같이 수신 비디오에 대해서 적절한 임계값(Threshold)을 적용하고, 수신 비디오 레벨이 이를 넘었을 경우에는 그 위치에서 목표물이 검출됐다고 자동 판정하는 것이다.

이때 3.4절에서도 설명하였으나 임계값을 어떻게 설정할지가 목표물 검출 성능에 있어서 중요해진다. 특히 목표물의 신호 강도와 잡음의 순간 진폭은 시간 변동하므로, 탐색 레이더의 검출 성능은 다음에 설명하는 검출 확률과 오경보 확률을 정의하고 확률적으로 취급하는 것이 일반적이다.

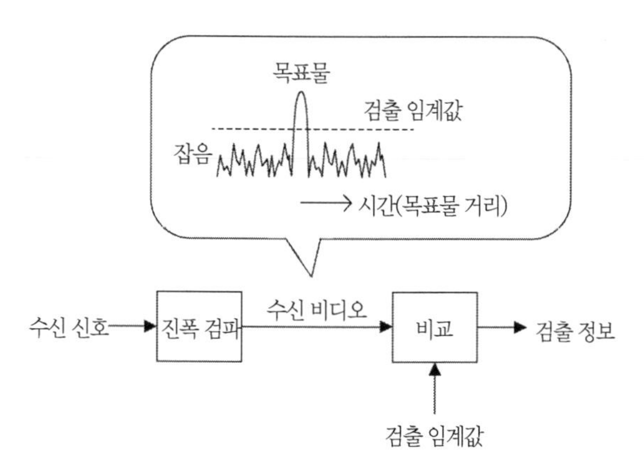

그림 5.5 목표물 검출 기능의 일반적인 계통도

① 검출 확률 p_d(Detection Probability): 목표물이 존재할 때 그 수신 비디오가 임계값을 넘는 확률. 즉, 목표물이 올바르게 검출될 확률. 같은 수신 신호 레벨에서도 임계값을 낮게 설정할수록 p_d는 커진다.

② 오경보 확률 p_{fa}(False Alarm Probability): 목표물이 존재하지 않을 때 잡음이 임계치를 넘는 확률. 즉, 목표물이 존재하지 않는데 잘못해 목표물이 있다고 검출될 확률. 임계값을 낮게 설정할수록 p_{fa}는 커진다.

그리고 여기서 상기의 p_d, p_{fa} 그리고 5.1.3항의 식 (5.1)이나 식 (5.5)의 레이더 방정식에 있는 최소 탐지 신호 대 잡음비 S/N_{min}과의 관계를 정리해보자. 첫째로, 목표물이 존재하지 않는 잡음만이 있는 레인지 셀에 대해 생각해보자. 보통 레이더 수신 신호에 포함되는 잡음은 수신기의 열 잡음이 지배적이며, 이것은 통계적으로는 위상이 랜덤이고 진폭이 정규 분포를 따르는 백색 가우스 잡음(White Gaussian Noise)으로 모델화할 수 있다. 이 잡음을 진폭 검파하면 그 확률 분포는 3.2.2항에서 기술한 레일리 분포(Rayleigh Distribution)가 되는 것으로 알려져 있고, 그 확률밀도함수는 식 (3.20)으로 주어진다. 따라서 오경보 확률 p_{fa}는, 임계값 전압을 Y', 잡음전력을 $\langle A^2 \rangle$로 하면 다음과 같이 쓸 수 있다.

$$p_{fa} = \int_{Y'}^{\infty} p(A)dA = \exp\left(\frac{-Y'^2}{\langle A^2 \rangle}\right) = \exp(-Y^2) \tag{5.8}$$

또는

$$Y = \sqrt{-\ln p_{fa}} \tag{5.9}$$

여기서, Y는 잡음 전력의 제곱근으로 정규화한 임계값 전압이다(즉, $Y = Y'/\sqrt{\langle A^2 \rangle}$).

다음으로 목표물과 잡음이 존재하는 레인지 셀에 대해 생각하자. 목표물에서 반사 신호의 변동(목표물의 레이더 단면적의 변화)의 통계적 성질은 목표물의 형상이나 운동에 따라서 다양하게 다르지만, 일반적인 레이더의 설계에서는 표 5.1과 같은 Swerling에 의해서 Case 1~4로 분류된 모델이 자주 이용된다.

표 5.1 Swerling의 목표물 변화 모델

분포 \ 변동속도	저속(스캔마다)	고속(히트(Hit)마다)
레일리 분포	Case 1 (항공기 등)	Case 2 (주파수 가변능력(Frequency Agility) 등)
카이제곱분포 (자유도 4)	Case 3 (미사일 등)	Case 4 (헬기 등)

이 중 Case 1과 Case 2는 레이더 단면적 변동이 레일리 분포(Rayleigh Distribution)로 나타내는 모델이며, 목표물을 다수의 랜덤 미소 산란체(Micro Scatterer)의 집합으로 보는 것이다. 한편, Case 3과 Case 4는 변동이 자유도 4의 카이제곱분포로 나타내는 모델이며, 목표물을 1개의 큰 산란체와 이보다 작은 다수의 미소 산란체의 집합으로 보는 것이다.

또, 각각의 변동 속도가 저속에서 스캔(각도 탐지권을 1회 주사하는 시간)마다 변동하는 경우가 Case 1과 Case 3, 변동 속도가 고속으로 히트(1회의 송수신)마다 변동하는 경우가 Case 2와 Case 4와 같이 분류한다.

그리고 상기의 레일리 분포 및 카이제곱분포하는 목표물에 대해서 신호 대 잡음 평균 전력비(S/N)을 α로 두면, 신호+잡음의 진폭 검파 후의 확률밀도함수는 다음과 같다.

Case 1, 2:

$$p(x) = \frac{2x}{1+\alpha} \exp\left(-\frac{x^2}{1+\alpha}\right) \tag{5.10}$$

Case 3, 4:

$$p(x) = \frac{2x}{(1+\alpha/2)^2}\left(1+\frac{x^2}{1+\frac{2}{\alpha}}\right) \exp\left(-\frac{x^2}{1+\frac{\alpha}{2}}\right) \tag{5.11}$$

따라서 목표물 검출 확률 p_d는 정규화한 임계값을 Y라 하면 이하와 같이 쓸 수 있다.

Case 1, 2:

$$P_d = \int_Y^{\infty} p(x)dx = \exp\left(-\frac{Y^2}{1+\alpha}\right) \tag{5.12}$$

Case 3, 4:

$$P_d = \left\{1+\frac{2\alpha Y^2}{(2+\alpha)^2}\right\}\exp\left(-\frac{Y^2}{1+\frac{\alpha}{2}}\right) \tag{5.13}$$

그러므로 위의 식에 식 (5.8)을 대입하면 p_d와 p_{fa}를 만족하는 데 필요한 최소의 신호 대 잡음 전력비 α(즉, 레이더 방정식 (5.1), (5.5)의 S/N_{min})가 요구된다. 특히 Case 1과 Case 2의 경우 이들의 관계는 다음과 같은 간단한 공식이 된다.

$$S/N_{min} = \frac{\ln p_{fa}}{\ln p_d} - 1 \quad (\text{Case 1, 2}) \tag{5.14}$$

일례로, $p_{fa} = 10^{-6}$의 경우의 α와 p_d의 관계를 그림 5.6에 나타낸다.

여기에서는 목표물 신호 이외의 불필요 신호를 잡음만으로 했기 때문에 검출 임계값은 고정값으로 생각했다. 그러나 실제의 환경에서는 각종의 클러터가 존재하므로, 클러터에 대해 일정 오경보 확률이 되도록 임계값 값을 가변하는 일도 이뤄진다. 이와 같은 기능이 4.4절에서 기술한 CFAR(Constant False Alarm Rate) 처리인데 종종 상기의 고정 임계값과 병용된다.

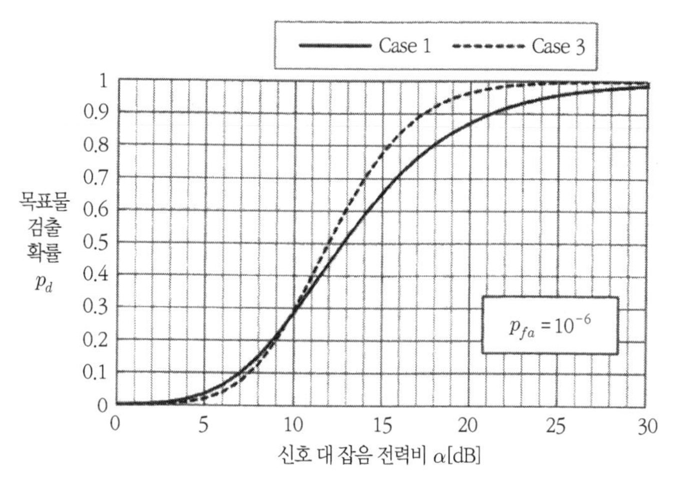

그림 5.6 목표물 검출 확률 계산 예

5.2 추적 처리

5.2.1 추적 처리의 개요

레이더에 의한 목표물 추적(Target Tracking)이란 공간을 이동하는 항공기 등의 목표물에서의 레이더 관측치(통상, 거리와 각도로 이루어지는 목표물 위치 관측치)를 기초로, 디지털 처리에 의해 목표물의 위치·속도 등을 추정하여, 이 추정 결과를 토대로 다음 샘플링 시각의 레이더 관측치를 얻는 것을 말한다. 이 목표물 추적의 디지털 처리는 추적 필터(Tracking Filter)라 한다.[2)~7)]

속도는 위치를 시간으로 미분하면 산출할 수 있지만, 관측 잡음(관측 오차)을 포함한 신호를 단순하게 미분하면, 관측 잡음이 증대해버린다.

추적 필터의 역할은 그림 5.7에서와 같이 관측 잡음을 포함한 레이더 관측치로부터 관측 잡음을 제거하면서 목표물의 위치, 속도 등의 값을 추정하는 것이다. 추적 필터의 출력에서 실제로 사용하는 것은 레이더에서는 직접 관측할 수 없는 속도·가속도 등과 샘플링 간 목표물의 이동을 반영한 다음 샘플링 시각에 대한 목표물 위치 예측값이다.

그런데 최신 샘플링 시각에 대한 추정치를, 추적 필터에서는 평활치(Smoothed Value)라고 부른다. 한편, 일반적인 추정론에서는 필터값(Filtered Value)이라고 부른다. 이 차이는 일반적인 추정론과는 달리 추적 필터가 후술하는 $\alpha-\beta$ 필터를 중심으로 발전하여 이 용어를 모방하고 있기 때문이다.[2), 6)]

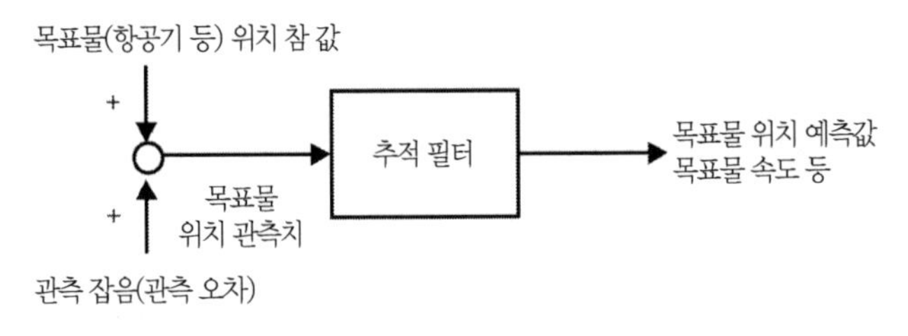

그림 5.7 추적 필터의 역할

5.2.2 추적 레이더(Tracking Radar)

추적 레이더(Tracking Radar)는 단일 목표물의 거리, 앙각, 방위각을 정밀 관측하기 위해 사용된다.[1), 6)] 이 때문에 추적 레이더는 탐색 레이더보다 좁은 빔으로 전파를 목표물로 계속 조사해 빔 중심과 목표물과 각도 차이, 거리 게이트 중심과 목표물과의 거리 오차를 검출하고, 이들의 오차가 0이 되도록 제어를 실시한다. 즉, 그림 5.8과 같은 추적 루프를 구성하고, 빔 및 거리 게이트 안에서 목표물을 계속 파악(탐지)한다. 이 경우 안테나와 목표물을 연결하는 직선이 빔 중심으로 일치하도록 안테나를 기계적으로 제어한다. 이 루프에서 거리계는 거리 추적, 각도계는 각도 추적이라고 부른다. 또, 빔 중심에 각도 오차를 부가한 값을 각도 관측치, 거리 게이트 중심에 거리 오차를 부가한 값을 거리 관측치로 해서 추적 필터로 사용한다.

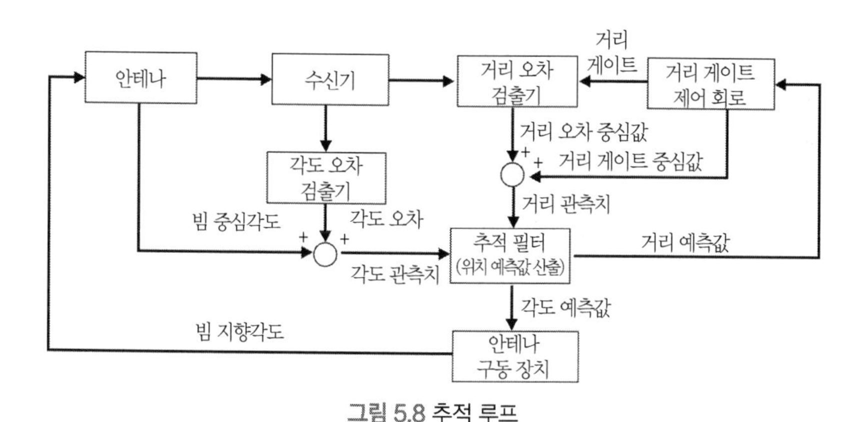

그림 5.8 추적 루프

각도에 있어서는 빔 중심이, 거리에 있어서는 거리 게이트 중심에 해당한다. 또, 안테나 빔에 해당하는 것은 거리 게이트, 빔 폭에 해당하는 것은 거리 게이트 폭이다. 거리 게이트를 좁히면, 추적 목표물 이외의 신호를 잘못 추적하는 것을 방지할 수 있다. 또한 거리 정밀도 및 거리 해상도를 확보하기 위해 추적 레이더에서는 짧은 펄스를 사용하고 목표물 위치를 관측하는 샘플링 간격도 짧다.

거리와 동시에 도플러를 계측 가능한 경우도 있다. 다만, 이 경우는 거리 관측치가 도플러의 영향을 어떻게 받을지 여부를 고려하여 추적 시스템을 설계할 필요가 있다. 게다가 추적 대상 목표물이 회전하는 기기를 탑재할 경우, 목표물 속도 이외로부터 도플러가 발생하는 것에도 주의를 요한다. 예를 들면, 제트기의 엔진 변조 JEM(Jet Engine Modulation) 혹은 헬리콥터의 회전날개로부터의 변조 등이 있다.

목표물 추적의 초깃값을 얻기 위해서는 빔 및 거리 게이트 내에 목표물을 포착(Acquisition)할 필요가 있다. 그러나 추적 레이더의 가는 빔으로 넓은 공간 안에서 목표물을 포착하는 것은 곤란하기 때문에, 굵은 빔의 탐색 레이더에서 목표물을 발견하고, 그 결과를 추적 레이더에 지시해서 포착하는 그림 5.9와 같은 2단계 방식이 효과적이다.

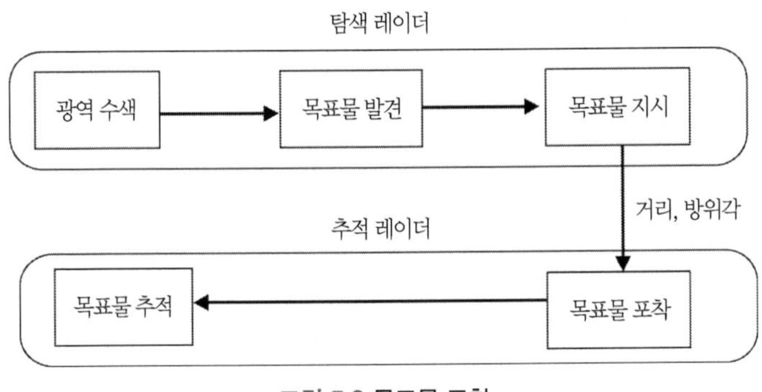

그림 5.9 목표물 포착

그러나 예를 들면 탐색 레이더의 앙각의 빔 폭이 10°이고, 방위각의 빔 폭이 4°, 추적 레이더의 빔 폭이 2°의 경우, 탐색 레이더가 지시한 방향으로 추적 레이더를 돌렸다고 해도, 목표물 포착이 가능하다고 할 수 없다. 그러면 두 레이더의 차이를 고려하여, 추적 레이더는 탐색 레이더에 지시된 각도를 중심으로, 그림 5.10 같은 포착 패턴을 그리며 목표물 포착을 한다. 또한 탐색 레이더가 지시한 각도(예를 들어 180도)와 기계 제어의 추적 레이더가 대기하던 각도(예를 들어 0도)에 큰 차이가 있을 경우, 안테나를 구동하고 지시 방향까지 추적 레이더를 회전시켜야 한다. 따라서 목표물 포착에 여분의 시간이 필요하다. 이 결점을 해소하는 것이 빔을 전자 주사로 제어 가능한 위상배열안테나(Phased-Array Antenna)이며, 이것은 1대로 탐색, 목표물 포착, 다중 목표물 동시 추적이 가능한 다기능 레이더이다.

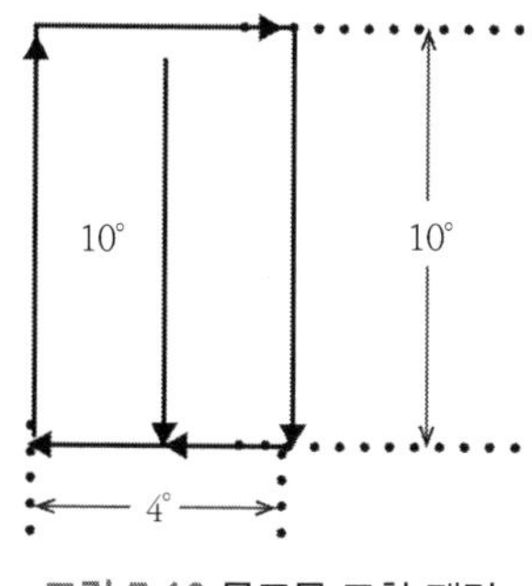

그림 5.10 목표물 포착 패턴

5.2.3 단일 목표물 추적과 다중 목표물 추적

(1) 단일 목표물 추적

추적 레이더에 의한 단일 목표물 추적(Single Target Tracking)은 특정한 가지 목표물만을 추적 대상으로 한다. 그래서 레이더 에너지를 집중시킬 수 있고, 멀티 패스 환경(Multipath Environment, 다중 경로 환경)에 있는 등 특수한 경우를 제외하면, 목표물로부터 신호를 얻을 수 있는 확률인 탐지 확률은 1로 간주할 수 있다. 또한 수신기 잡음 혹은 구름으로부터의 레이더 반사파인 클러터(Clutter) 등 목표물 이외로부터의 신호를 잘못 얻을 확률인 오경보 확률은 0으로 간주한다. 이 결과 멀티 패스 환경이나 시야로부터 목표물이 사라졌을 경우(항공기가 산에 가려 숨었을 경우 등)를 제외하고, 추적 레이더에서는 추적 목표물로부터의 신호만을 반드시 입력하여 추적한다.

(2) 다중 목표물 추적

안테나 회전 혹은 전자주사(Electronic Scanning)에 의해 광범위한 공간을 탐색하는 레이더에서는 다중 목표물 추적(Multiple Target Tracking)을 해야 한다. 이 때문에 목표물당 레이더 에너지는 단일 목표물 추적 레이더에 비해 현저하게 낮다. 게다가 보다 적은 에너지로, 보다 작고 기동성이 높은 목표물을 보다 멀게, 또 목표물이 밀집한 상태로 추적하고 싶다는 요구가 높아지고 있다. 이러한 경우 추적의 전 단계에서 MTI(Moving Target Indicator) 등의 신호 처리를 해도 탐지 확률의 저하, 오경보 확률의 증대를 해소하기는 어렵다. 즉, 다수의 목표물 신호와 함께 여러 가지 불필요한 신호가 신호 처리부에서 추적처리부로 출력된다. 그 결과 탐색 레이더에서는 다수의 목표물로부터의 관측치 및 불필요한 신호가 추적 필터의 입력 데이터가 된다.

이런 경우 그림 5.11과 같은 게이트 처리(Gating) 및 데이터 할당(Data Association)으로 구성된 상관(Correlation) 처리가 필요하다. 여기서 게이트는 그림 5.12처럼 임의 기추적 목표물의 위치 예측값의 주위에 그 추적 목표물이 존재한다고 예측되는 범위를 형성해, 게이트 안의 관측치를 추적 유지(Track Maintenance)하는 데 사용한다. 또한 게이트 내에 복수의 관측치가 존재하거나 다른 추적 목표물의 게이트가 겹쳐 있는 경우, 어느 관측치를 어느 목표물에 할당할지에 대한 데이터 할당이 필요하다. 특히 좁은 공간에 다수의 목표물 혹은 목표물 이외의 불필요 신호가 존재하는 고밀도 환경(Dense Target Environment)에서의 데이터 할당은 매우 어렵다. 그리고 상관 처리의 가장 간단한 것은 목표물마다 게이트 중심으로 가장 가까운 관측치를 채용하는 NN(Nearest Neighbor)법이다. 그러나 NN법에서는 클러터 혹은 다른 목표물로 추적이 옮겨 가는 등 고밀도 환경하에서는 반드시 충분한 성능을 발휘할 수 있는 것은 아니다.

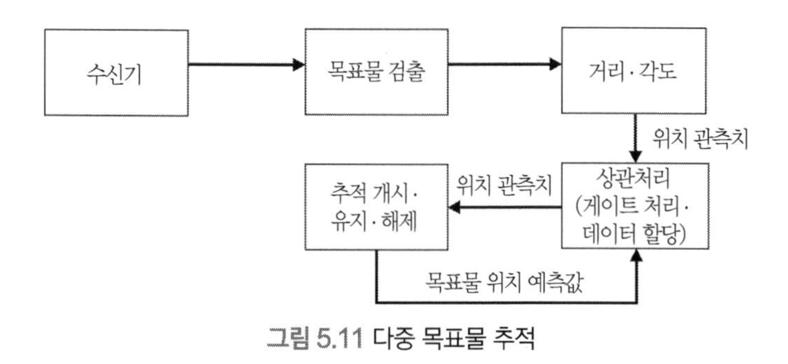

그림 5.11 다중 목표물 추적

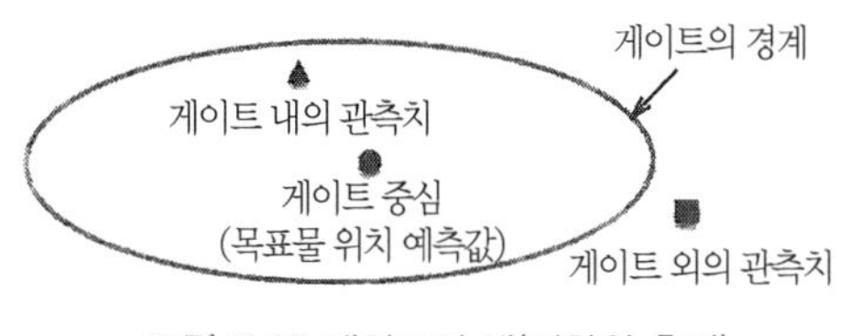

그림 5.12 게이트의 예(이차원 추적)

추적 중에 있는 어느 목표물에도 할당되지 않은 관측치는, 기추적 목표물이 아닌 다른 목표물의 관측치로서 추적 개시(Track Initiation)의 처리가 필요하다. 또, 어느 관측치와도 할당되지 않은 추적 목표물은 레이더 탐지권에 빗나가거나 혹은 클러터 등에서 생긴 잘못된 항적으로 추적

해제(Track Deletion)의 대상이 된다.

덧붙여 TWS(Track While Scan)는 특정의 영역을 일정한 주기로, 일정한 패턴으로 탐색하면서 추적을 실시하는 다중 목표물 추적 방법의 일종이다.[2), 8)] 예를 들면, 앙각 0°로 전방위(全方位, 여기서는 360° 범위)를 등각속도(等角速度, Constant Angular Velocity)로 회전하는 안테나에서 선박을 탐색하는 경우, TWS가 사용 가능하다. 다만, 이 경우 다른 수신 시각에서 연속한 선박으로부터의 신호가 검출된다. 따라서 선박에서의 신호는 퍼져 있는 에코가 된다. 그래서 TWS에서는 에코의 중심을 검출해 추적할 필요가 있다.

5.2.4 좌표계

여기에서는 지상에 설치된 레이더로 항공기를 추적하는 경우를 예로 들어 추적 필터에서 사용하는 대표적인 좌표계와 그 특징에 대해 알아본다.

(1) 북(North)기준 직교 좌표

그림 5.13처럼 레이더를 원점, 동쪽을 x축의 $+$방향으로, 북쪽을 y축의 $+$방향으로, 수평면($x-y$면)에 수직으로 위쪽을 z축의 $+$방향으로 취하는 직교 좌표를 '북기준 직교 좌표'라고 한다. 북기준 직교 좌표는 목표물 이동을 표현하는 데 편리하다. 예를 들어 등속 직선 운동을 하고 있는 목표물의 1샘플링 후의 위치는, 현 시각의 목표물 위치에 대해서 현 시각의 목표물 속도로 1샘플링 외삽(外插)하여 얻어진다. 등가속도 운동(일정한 속도로 가속 또는 감속)도 이렇게 가능하나, 등속 원운동은 언뜻 보기에 쉬워 보여도 쉽지 않다.

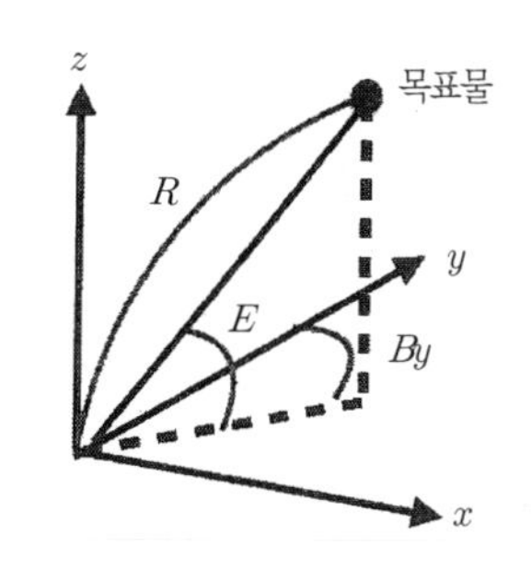

그림 5.13 북(北)기준 직교 좌표와 극좌표

(2) 극좌표

그림 5.13에서처럼 레이더부터 목표물까지의 거리를 R, 수평면부터 목표물까지의 앙각을 E, 수평면 내에서 북(北)방향에서 목표물까지의 방위각을 By로 가정한 좌표를 '극좌표'라고 부른다. 극좌표는 레이더에 의한 목표물 위치 관측 값 및 그 오차를 표현하는 데 편리하다. 또한 도플러를 관측치에도 용이하다. 그러나 등속 직선 운동을 기술하기 위해서는 비선형항(거리의 시간 2회 미분치, 각 가속도 등)을 생각할 필요가 있어서 목표물 운동의 표현에는 어려움이 있다.

(3) 좌표 변환

북기준 직교 좌표와 극좌표의 사이에는 다음의 관계가 있다.

$$\begin{pmatrix} x \\ y \\ z \end{pmatrix} = \begin{pmatrix} R\cos(E)\sin(By) \\ R\cos(E)\cos(By) \\ R\sin(E) \end{pmatrix} \tag{5.15}$$

식 (5.15)는 북기준 직교 좌표의 각 축 x, y, z에서의 관측 잡음이 모든 거리 및 각도의 관측 잡음의 영향을 받고 있음을 나타낸다. 이 결과 북기준 직교 좌표의 각축 x, y, z에서의 관측치는 무상관이 아니라, 서로 간섭하고 있는 것을 알 수 있다.

5.2.5 간섭형 필터와 비간섭형 필터

(1) 비간섭형 필터(Decoupled Filter)

비간섭형 필터는 북기준 직교 좌표의 x, y, z축마다 독립의 삼차원 공간의 추적을 실시하는 추적 필터를 말한다. 이 경우, x, y, z축별 총 세 개의 추적 필터를 사용해서, 삼차원 공간의 추적을 실시한다.

식 (5.15)를 보면 레이더의 거리, 각도의 관측 오차는 x, y, z축에 영향을 미치지만 비간섭형 필터는 이 영향을 무시하고 있다. 그러나 이 영향을 무시해도 그에 대한 영향이 작기 때문에 비간섭형 필터를 실제로 사용하는 사례는 많다.

또한 극좌표를 사용한 추적 필터는 비간섭형 필터이고, 레이더를 엄밀하게 모델화하여 추적하게 된다. 단, 극좌표에 의한 근거리 목표물의 추적은 운동 모델의 비선형 항의 영향으로, 추적 정밀도를 확보하기 어렵다.

(2) 간섭형 필터(Fully Coupled Filter)

간섭형 필터는 북기준 직교 좌표의 x, y, z축 사이에서 관측 잡음에 상관이 있다고 하여 삼차원 공간의 추적을 실시하는 추적 필터를 말한다. 이 경우 한 개의 추적 필터에서 삼차원 공간의 추적을 실시한다. 단, 극좌표의 관측 잡음을 북기준 직교 좌표로 변환하려면 선형근사가 필요하며, 그에 따른 오차가 발생한다. 특히 원거리 목표물 추적은 이 영향이 크다.

5.2.6 대표적인 비간섭형 필터

(1) 선형 최소자승필터

여기에서는 초기 상태에서 과도응답(過渡應答, Transient Response)[5]에 뛰어난 성능을 발휘하는 선형 최소자승필터(Linear Least Squares Filter)에 대해 기술한다.

목표물이 일차원 공간에서 등속 직선 운동을 하고 있다고 하면, 목표물의 속도 v, 시각 0에서의 목표물의 위치를 x_0라고 하면, 시각 t에서의 목표물 위치의 참값은 다음 식 (5.16)이 된다.

$$x(t) = vt + x_0 \tag{5.16}$$

여기서 샘플링 간격은 일정값 T로 하고, 현재 및 과거의 샘플링 시각 $t_j = jT(j=0,\ 1,\ 2\ \cdots,\ k)$에서, $k+1$개의 목표물 위치 관측치를 $x_{oj}(j=0,\ 1,\ 2,\ \cdots,\ k)$로 가정하면, 목표물 위치 관측 값과 직선(식 (5.16))과의 차의 제곱 합은 다음 식 (5.17)이다.

$$S(v, x_0) = \sum_{j=0}^{k} \{x_{oj} - (vjT + x_0)\}^2 \tag{5.17}$$

선형 최소자승필터는 식 (5.17)을 최소화하는 v 및 x_0을 산출함으로써, 목표물 위치 평활(Smoothing)치 $x_{sk} = x(t_k)$, 목표물 위치 예측값 $x_{pk+1} =$

5 역) 입력신호가 임의의 정상 상태에서 알 수 없는 이유에 의해 다른 정상 상태로 변화한 경우, 출력신호가 정상 상태로 가는 데까지의 응답.

$x(t_{k+1})$, 목표물 속도 평활치 $\dot{x}_{sk} = v$ 및 목표물 속도 예측값 $\dot{x}_{pk+1} = v$를 산출한다.

또한 선형 최소자승필터는 위치의 이득(Gain)을 α_k, 속도의 이득을 β_k로 했을 때, 다음 식 (5.18)~식 (5.24)로 표현된다.[6)]

• 평활치 산출

$$x_{sk} = x_{pk} + \alpha_k(x_{ok} - x_{pk}) \tag{5.18}$$

$$\dot{x}_{sk} = \dot{x}_{pk} + (\beta_k/T)(x_{ok} - x_{pk}) \tag{5.19}$$

• 예측값 산출

$$x_{pk} = x_{sk-1} + T \cdot \dot{x}_{sk-1} \tag{5.20}$$

$$\dot{x}_{pk} = \dot{x}_{sk} \tag{5.21}$$

여기서 위치의 이득 α_k와 속도의 이득 β_k는 다음 식에 나타내는 샘플링 횟수의 함수가 된다.

$$\alpha_k = \frac{2(2k+1)}{(k+1)(k+2)} \quad (k \geq 1) \tag{5.22}$$

$$\beta_k = \frac{6}{(k+1)(k+2)} \quad (k \geq 1) \tag{5.23}$$

초깃값은 다음 식과 같다.

$$x_{s0} = x_{o0},\ \dot{x}_{s0} = 0,\ x_{p1} = x_{o0} \tag{5.24}$$

여기서 샘플링 횟수 k와 이득인 α_k와 β_k의 관계를 그림 5.14에 나타낸다. 이 그림이 나타내는 것처럼, α_k와 β_k는 샘플링 횟수 k의 단조 감소 함수(Monotone Decreasing Function)이다. 즉, 목표물 위치 평활치 및 목표물 속도 평활치의 산출에 사용되는 목표물 위치 관측치의 가중치는 시간과 함께 감소한다.

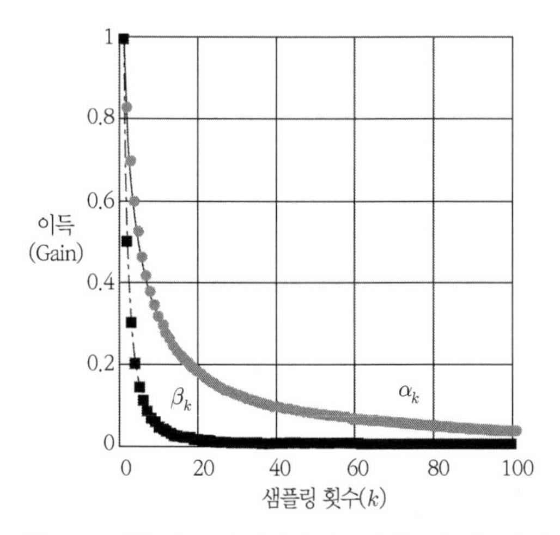

그림 5.14 선형 최소자승법에서 샘플링 횟수와 이득의 관계

이것은 시간의 경과와 함께 추적 필터의 산출 정확도가 향상되므로, 관측 잡음을 포함한 관측치의 가중치를 낮추는 것을 나타낸다. 단, 목표물이 등속직선운동을 하는 것을 전제로 하고 있다. 이 때문에 이득이 너무 작을 경우에는 목표물이 등속 직선 이외의 운동을 하면 계속 추적하는 것이 어려워진다. 임의 샘플링 시각 이후로, 다음 식과 같이 이득을 고정하는 것은 이 불편을 피하기 위한 쉬운 방법이다.[4)]

$$\alpha_k = \frac{2(2k_0+1)}{(k_0+1)(k_0+2)} \quad (k \geq k_0) \tag{5.25}$$

$$\beta_k = \frac{6}{(k_0+1)(k_0+2)} \quad (k \geq k_0) \tag{5.26}$$

(2) $\alpha-\beta$ 필터

대표적인 추적 필터인 $\alpha-\beta$ 필터는 식 (5.18)~식 (5.21)로 정의된다.[2)~7)] α_k와 β_k는 설계자가 결정하는 것이 일반적이다. 선형 최소자승필터는 $\alpha-\beta$ 필터의 일종이지만, 식 (5.22) 및 식 (5.23)으로부터 이득이 자동적으로 정해진다는 특징이 있다.

상수 이득의 $\alpha-\beta$ 필터는 위치의 이득 α 및 속도의 이득 β가 다음 식을 만족시키면 안정적이며, 이 범위 내에서 이득을 정하면 된다.

$$0 < \alpha \text{ and } 0 < \beta < 4 - 2\alpha \tag{5.27}$$

초깃값 산출로부터 충분히 경과한 정상상태의 경우, 안정 조건을 만족시키는 $\alpha-\beta$ 필터는 관측잡음의 분산을 일정값 B라고 했을 때, 등속 직선 운동 목표물의 위치 예측값의 오차인 랜덤오차의 분산 σ_p^2은 다음 식으로 나타낼 수 있다.

$$\sigma_p^2 = \frac{2\alpha^2 + 2\beta + \alpha\beta}{\alpha(4-2\alpha-\beta)} B \tag{5.28}$$

식 (5.28)은 $\alpha-\beta$ 필터의 평활 성능(관측잡음의 제거 성능)의 지표이다.

또, 샘플링 간격을 T라고 하면, 등가속도 a_c로 운동하는 목표물에 대한 정상 상태의 추종(追從) 오차(바이어스 오차)는 다음 식과 같이 된다.

$$e_{fin} = \frac{a_c}{\beta} T^2 \tag{5.29}$$

식 (5.29)는 $\alpha - \beta$ 필터의 추종 성능(추적 유지 성능) 지표이다.

그런데 식 (5.20) 및 식 (5.21)과 같이 $\alpha - \beta$ 필터는 목표물이 샘플링 사이에서 등속 직선 운동을 한다고 가정하고 있다. 실제로 식 (5.29)는 정지 목표물 및 등속 직선 운동 목표물에 대해서, 정상 추종 오차가 0임을 나타낸다. 그러나 식 (5.29)에서 보여주는 것과 같이 목표물이 등속 직선 이외의 운동을 해도, 이득 β를 크게 설정하거나, 추출 간격 T를 작게 설정하면, 추적 유지는 가능하다.

여기서 추적해야 할 최대 가속도를 이미 알고 있고, 샘플링 간격도 정해져 있는 경우, 식 (5.29)의 정상 추종 오차는 속도의 이득 β로 결정된다. 결과적으로 추적 시스템에 요구되는 추종 성능으로부터 이득 β가 정해진 경우, 식 (5.28)을 최소로 하는 이득 α가 필요하게 된다. 이 조건은 다음 식의 이득 α, β로 만족된다.[9]

$$\alpha = -\frac{\beta}{2} + \sqrt{\beta} \tag{5.30}$$

또한 $\alpha - \beta$ 필터는 로우 패스 필터(Low-pass Filter, 저주파 통과 필터)이며, 제어 이론에서의 PID(Proportional, Integral, Derivative) 제어 또는 신호

처리에서의 IIR(Infinite Impulse Response) 필터의 한 종류이다. 이 때문에 상수 이득의 $\alpha-\beta$ 필터는 z변환[10] 등을 사용해 추적 성능의 해석을 용이하게 할 수 있다.

(3) $\alpha-\beta-\gamma$ 필터

$\alpha-\beta-\gamma$ 필터는 목표물이 샘플링 사이에서 등가속도 운동을 한다고 가정하고, 다음 식 (5.31)~식 (5.36)으로 정의된다.[2), 3)]

• 평활치의 산출

$$x_{sk}=x_{pk}+\alpha_k(x_{ok}-x_{pk}) \tag{5.31}$$

$$\dot{x}_{sk}=\dot{x}_{pk}+\left(\frac{\beta_k}{T}\right)(x_{ok}-x_{pk}) \tag{5.32}$$

$$\ddot{x}_{sk}=\ddot{x}_{pk}+\left(\frac{\gamma_k}{T^2}\right)(x_{ok}-x_{pk}) \tag{5.33}$$

• 예측값의 산출

$$x_{pk}=x_{sk-1}+T\cdot\dot{x}_{sk-1}+\left(\frac{T^2}{2}\right)\ddot{x}_{sk-1} \tag{5.34}$$

$$\dot{x}_{pk}=\dot{x}_{sk-1}+T\cdot\ddot{x}_{sk-1} \tag{5.35}$$

$$\ddot{x}_{pk}=\ddot{x}_{sk-1} \tag{5.36}$$

여기서, 시각 t_k에서의 목표물 가속도의 평활치를 $\ddot{x}_{sk}$, 목표물 가속도의 예측값을 $\ddot{x}_{pk}$, 가속도의 이득을 γ_k로 했다. 또한 $\alpha-\beta-\gamma$ 필터는 $\alpha-\beta$ 필터보다 평활 성능이 떨어지기 때문에 항공기의 이착륙 등의 경우에 한해 사용하는 것이 바람직하다.

5.2.7 대표적인 간섭형 필터

칼만 필터(Kalman Filter)[11), 12)]를 사용하면 북기준 직교 좌표에 의한 간섭형 필터 구축이 용이하다. 또한 목표물 운동의 모델, 레이더의 관측 모델 및 초깃값을 정하면 이득 행렬이 자동적으로 산출된다. 모델을 제대로 정의할 수 있으면 최적인 필터가 된다. 따라서 목표물 운동을 미리 정확하게 기술할 수 있고, 레이더 관측 잡음의 성질(관측 잡음의 분산치 등)을 실시간으로 파악할 수 있는 경우, 칼만 필터는 뛰어난 성능을 발휘한다. 다만, 칼만 필터는 반올림의 오차 영향을 받기 쉬우므로 연산 자릿수를 충분히 확보하고 설치할 필요가 있다.

또한 칼만 필터의 설계 파라미터는 운동 모델이 갖는 애매모호함의 정도를 나타내는 공정 잡음(Process Noise) 공분산행렬(Covariance Matrix)이다. 이 공정 잡음(Process Noise) 공분산행렬이 큰 것은 $\alpha-\beta$ 필터에서는 이득(Gain)이 큰 것과 같은 것이다. 특히 공정 잡음(Process Noise) 이 0일 때, 샘플링 간격 및 관측 잡음 분산이 일정하다면, 등속 직선 운동 모델을 사용한 일차원 공간 추적용 칼만 필터는 선형 최소자승필터와 같다.[11)] 이 경우 이득 행렬은 식 (5.22) 및 식 (5.23)에 의해서 정해진다.

그런데 항공 관제 같은 경우 다양한 움직임을 하는 항공기 운동을 미리 정밀하게 모델화하는 것은 불가능하다. 이 때문에 이러한 경우 공정 잡음(Process Noise) 공분산행렬의 크기를 시행착오를 통해 조정해서 필요한 추적 성능을 얻을 수 있도록 설계하지 않으면 안 된다. 다만, 공정 잡음(Process Noise) 공분산행렬의 선정은 샘플링 간격 혹은 관측 잡음의 통계적 성질에도 의존하고 있어, 적절하게 결정하는 것이 어렵다.[4)] 이 때

문에 복수의 칼만 필터를 동시에 실행해서 추적 성능을 확보하는 방법이 제안되고 있다.[2)~5), 7)]

또한 샘플링 간격 및 관측 잡음 분산이 일정하다고 하면 등속 직선 운동 모델을 사용한 일차원 공간 추적용 칼만 필터는, 정상 상태에서는 상수 이득의 $\alpha-\beta$ 필터로 된다. 특히, 공정 잡음(Process Noise)을 랜덤 가속도(등속 직선의 절단 오차(Truncation Error))라고 하면, 필터는 다음 식을 만족시킨다.[2), 6), 13)]

$$\alpha = -\frac{\beta}{2} + \sqrt{2\beta} \tag{5.37}$$

그리고 공정 잡음(Process Noise)을 랜덤 속도 오차라고 하면 다음 식을 만족시킨다.[2), 6), 13)]

$$\beta = \frac{\alpha^2}{2-\alpha} \tag{5.38}$$

5.2.8 베이즈 추론 기법에 의한 다중 목표물 추적법

여기서는 베이즈 추론(Bayesian Inference) 기법에 따라 추적 목표물과 관측치의 상관 확률을 산출하면서 추적[2), 3), 4), 5)]을 행하는 대표적인 방법을 소개한다. 또한 칼만 필터도 베이즈 추론의 일종이다.[12)]

(1) 게이트(Gate)의 산출

다중 목표물 추적에서 게이트는 추적 대상 목표물이 존재할 것으로 예측되는 범위이며, 게이트 중심은 현 샘플링 시각보다 1샘플링 후의 목표물 위치 예측값이다. 그런데 게이트가 크면 추적 대상 목표물로부터의 관측 벡터는 높은 확률로 게이트 내에 존재한다. 그러나 게이트가 너무 크면, 불필요한 신호 또는 다른 추적 목표물의 신호까지 게이트 안에 들어갈 확률도 높아진다. 반대로 너무 작으면 쓸데없는 신호는 게이트 내에 들어가기 어려워지지만, 추적 대상 목표물로부터의 관측치는 게이트 밖에 존재하기 쉬워진다. 따라서 게이트 내에 추적 대상 목표물로부터의 관측치가 존재할 확률이 동일하면 구(球), 직육면체, 타원체 등 여러 가지 형상을 생각할 수 있지만, 부피가 최소가 되는 형상이 최적 게이트이다.

3차원 추적의 경우 관측 잡음 등이 정규 분포라고 가정하면, 예측 위치와 관측 위치의 차이 벡터 d는 다변량(3변량) 정규분포(Multivariate Normal Distribution)를 따른다. 그러므로 d를 그 공분산행렬 S(관측 잡음 공분산행렬 및 위치 예측 오차 공분산행렬의 합)로 정규화한 이차 형식 $d^T S^{-1} d$(d^T는 d의 전치 벡터를 나타낸다)는 자유도 3의 카이제곱분포로 되고 $d^T S^{-1} d \leq g$를 만족시키는 관측치가 게이트 내인 것으로 판정할 수 있다. 덧붙여 g는 추적 대상 목표물로부터의 관측치가 게이트 내에 존재하지 않는다는 위험률로부터 정해지는 파라미터이다. 이 게이트는 타원체에서 앞서 말한 게이트의 최적 조건을 만족한다.

(2) PDA(Probabilistic Data Association)

PDA(Probabilistic Data Association)[6]는 우선, 게이트 내의 각 관측치에 대해서, 추적 목표물로부터 얻는 상관확률을 관측 잡음 공분산행렬(관측

---

6 역) 확률적 데이터 연관.

잡음의 분산 등), 탐지 확률, 오경보 확률을 사용해 계산한다. 다음으로 게이트 내의 모든 관측치를 상관확률로 가중 평균(Weighted Average)화하고, 현재 샘플링 시각에 대한 목표물 운동 제원의 추정치인 평활치 산출에 사용한다.

NN법에서는 게이트 내 1개 관측 값만을 사용하는 것에 비해서 PDA는 게이트 내의 모든 관측치를 사용하기 때문에 AN(All Neighbor)법이라고도 한다. 마지막으로, 이 평활치를 바탕으로 다음 샘플링 시각에 대한 목표물 운동 제원의 추정치인 예측값을 산출해, 예측 위치 주위에 게이트를 작성한다.

PDA에서는 그림 5.15에서와 같이 일련의 작업을 반복한다. 이러한 방법으로, PDA는 불필요 신호 환경에서 추적 성능을 NN보다 큰 폭으로 개선하고 있다. 덧붙여 PDA에서는 상관 확률의 산출에 관측치의 통계적 성질을 사용한다. 따라서 PDA를 사용할 경우, 신호 처리부에서 관측 잡음 공분산행렬, 탐지 확률, 오경보 확률 추정치를 입력할 필요가 있다.

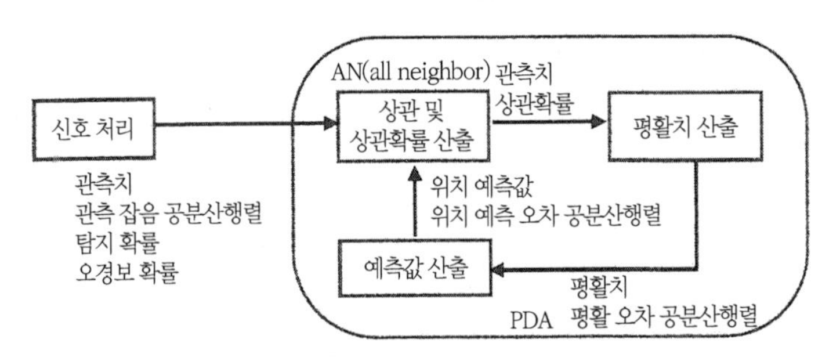

그림 5.15 PDA(Probabilistic Data Association)

(3) JPDA(Joint Probabilistic Data Association)

불필요 신호 환경에서의 추적법인 PDA는 상관 처리를 추적 목표물

별로 독립적으로 실시한다. 한편, JPDA(Joint Probabilistic Data Association)는 그림 5.16에서처럼 관측 값이 복수 목표물의 게이트에 존재했을 경우, 이들 복수 목표물 전체에서 상관 처리를 실시한다.

그림 5.16에서 2개의 관측치 M1과 M2 그리고 추적 목표물 1과 추적 목표물 2의 게이트가 존재하는 것으로 하자. 또한 관측치 M1과 M2는 두 추적 목표물의 게이트 안에 존재하는 것으로 한다. 여기서 간단히 탐지 확률은 1, 오경보 확률은 0으로 하고, 표 5.2에서와 같이 g_{ij}는 추적 목표물 i와 관측치 Mj의 상관 정도를 나타내는 것으로 한다.

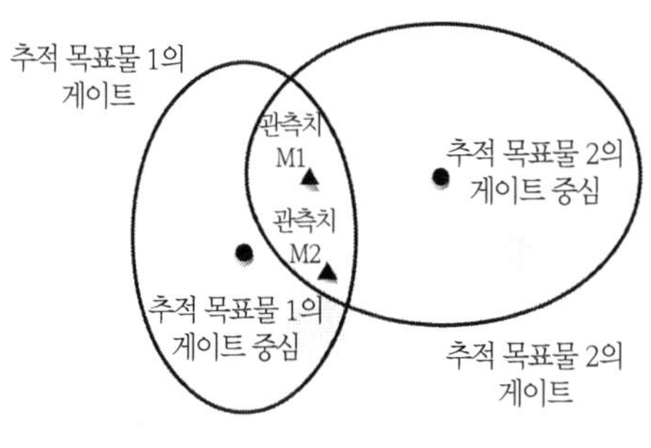

그림 5.16 JPDA와 PDA

표 5.2 추적 목표물과 관측치와의 상관도

	추적 목표물 1	추적 목표물 2
관측치 M1	g_{11}	g_{21}
관측치 M2	g_{12}	g_{22}

PDA의 경우, '관측치 M1과 추적 목표물 1' 및 '관측치 M1과 추적 목표물 2'의 상관 관계가 있다. 그러나 추적 목표물 1과 추적 목표물 2로부터 같은 관측치 M1이 나올 수는 없다. 이 때문에 이 상관 관계는 현실에서는 있을 수 없다. 반면 JPDA의 경우 두 개의 상관만이 가능하다. 하나는 '관측치 M1과 추적 목표물 1, 관측치 M2와 추적 목표물 2'의 조합이고 다른 하나는 '관측치 M1과 추적 목표물 2, 관측치 M2와 추적 목표물 1'의 조합이다.

또한 PDA의 경우, 추적 목표물 1만 대상으로 하고 추적 목표물 2는 고려하지 않기 때문에, 관측치 M1이 추적 목표물 1에서 얻어진다는 상관 확률은, 다음 식이 된다.

$$\frac{g_{11}}{g_{11}+g_{12}} \tag{5.39}$$

한편, JPDA의 경우, 추적 목표물 1과 추적 목표물 2의 존재를 동시에 생각하기 때문에 관측치 M1이 추적 목표물 1에서 얻어진다는 상관 확률은, 다음 식이 된다.

$$\frac{g_{11}\cdot g_{22}}{g_{11}\cdot g_{22}+g_{12}\cdot g_{21}} \tag{5.40}$$

이와 같이 해서 JPDA는 좁은 공간에 복수의 목표물이 존재하는 고밀도 환경에서의 추적 성능을 PDA보다 개선하고 있다. 단, PDA보다 상관 관계 문제를 더 상세하게 다루고 있어서, JPDA에서 필요로 하는 계산기 부하(연산 시간 및 메모리 용량)는 PDA보다 증가한다. 이 경향은 목표물 수 및 관측치의 수가 많을수록 현저해진다.

(4) MHT(Multiple Hypothesis Tracking)

상기의 NN, PDA 혹은 JPDA는 상관에 대해서 샘플링 시각마다 1개의 가설이 참이라고 결정해가는 순차 결정형(Sequential Decision Logic)의 방법이다. 이에 비해 MHT(Multiple Hypothesis Tracking)에서는 복잡한 현상이 발생했을 경우 상관에 대해서 복수의 가설을 유지하고, 다음 샘플링 이후의 관측 정보를 사용해 최종 결론을 이끄는 연기 결정형(Deferred Decision Logic)의 방법이다.

즉, MHT는 최신 샘플링 시각의 관측치가, 새로운 목표물인지, 클러터 등 불필요 신호인지, 혹은 기추적 목표물인지의 상황을 복수의 가설로 유지하고 추적을 한다.

예를 들어, 그림 5.17처럼 기추적 목표물의 게이트 안에 2개의 관측치 a,b를 얻었다고 하자. 이 경우 a의 새로운 목표물을 N_a, 불필요 신호를 F_a, 기추적 목표물로부터 얻어진 것을 T_a로 한다. 또 기추적 목표물에서는 관측치를 얻을 수 없는 것을 T_0로 나타낸다고 한다. 그러면 기추적 목표물은 고작 1개의 관측치와 상관 관계가 있고, 모든 관측 값은 신목표물 또는 불필요 신호의 가능성이 있다면, 이하 8개의 가설이 만들어진다.

(가설 1) $\{T_{a,}N_b\}$ (T_a이면서 N_b가 참인 가설)

(가설 2) $\{T_{a,}F_b\}$ (T_a이면서 F_b가 참인 가설)

(가설 3) $\{T_{b,}N_a\}$ (T_b이면서 N_a가 참인 가설)

(가설 4) $\{T_{b,}F_a\}$ (T_b이면서 F_a가 참인 가설)

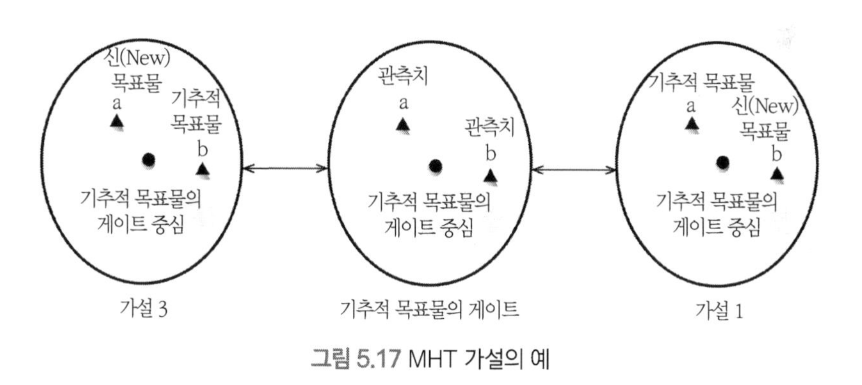

그림 5.17 MHT 가설의 예

(가설 5) $\{T_0, N_a, N_b\}$ (T_0이면서 N_a이고 N_b가 참인 가설)

(가설 6) $\{T_0, N_a, F_b\}$ (T_0이면서 N_a이고 F_b가 참인 가설)

(가설 7) $\{T_0, F_a, N_b\}$ (T_0이면서 F_a이고 N_b가 참인 가설)

(가설 8) $\{T_0, F_a, F_b\}$ (T_0이면서 F_a이고 F_b가 참인 가설)

또한 그림 5.17에 가설 1과 가설 3의 상관 결과를 나타낸다.

MHT는 관측 잡음 공분산행렬, 탐지 확률, 오경보 확률 및 MHT 특유의 파라미터인 새로운 목표물 발생 빈도를 사용해 각 가설의 신뢰도를 계산한다.

따라서 MHT에는, 각 샘플링 시각에서 하나의 관측치 시계열 데이터로 작성되는 항적들이, 목표물로부터 얻은 실제 항적인지를 판정하는 기능이 있다. 즉, MHT는 추적 개시 기능이 존재한다는 것이다. 이에 비해 NN, PDA 및 JPDA는 추적 유지 기능은 있지만, 추적 개시 기능은 없어서 다른 방법으로 진짜 항적이라고 판정된 항적만이 처리 대상이 되며 추적 개시 기능이 존재하지 않기 때문에 로켓에서 분리된 인공위성의 추적 등은 곤란하다.

또, 잘못 만들어진 항적이나 레이더 탐지권에서 벗어난 목표물의 항적을 삭제하기 위한 추적 해제 기능도 MHT에는 있지만 NN, PDA 및 JPDA에는 없다. 이러한 것으로부터 MHT는 추적 성능의 면에서는 최적의 방법이라는 평가를 받고 있다. 그러나 샘플링 시각의 경과와 함께 필요로 하는 가설 수가 폭발적으로 증대하기 때문에, 계산기 부하라는 관점에서 실시간 실행은 불가능하다. 또한 MHT에서는 고려할 수 있는 모든 항적을 추적해야 하므로,[14] 신뢰도가 낮은 가설을 삭제하는 등 가설수의 증대를 억제하기 위한 각종 준최적화(Suboptimization) 방법이 필수이다. 준최적화 방법을 사용하면 진짜의 항적만이 추출 가능해진다.

원형(原形)의 MHT는 관측치가 불필요한 신호인지 혹은 과거에 새로운 목표물이라고 판정되었을 때 어느 관측치에 대응하고 있는가로 가설을 구성하고 있다. 이 때문에 별도로 항적의 추출이 필요하며, 추적 개시 조건은 엄격하지 않다. 이 점을 개량하기 위해 항적형 MHT는 항적 간에 관측치의 공유가 없도록 선택한 복수의 항적의 조합으로 가설을 구성했다.[14] 이 항적형 MHT는 최신 샘플링 시각의 정보를 버리고 기추적 목표물만이 존재한다는 준최적화를 실시함으로써 다중 목표물 동시 추적 유지 성능이 뛰어난 JPDA와 유사해진다.[15]

MHT를 사용하지 않는 경우의 추적 개시는 레이더스코프에 의해 추적 상황을 감시하는 오퍼레이터(Operator)에 의한 수동에 의한 방법 혹은 과거 n회의 샘플링의 내 m회 이상 관측치를 얻을 수 있었는지에 의해서 판정하는 방법(Sliding Window Detection, m out of n)이 일반적이다. 또한 추적 해제는 오퍼레이터에 의한 수동 혹은 n회 연속해 관측치를 얻을 수 없는지 등에 의해 판정하고 있다.

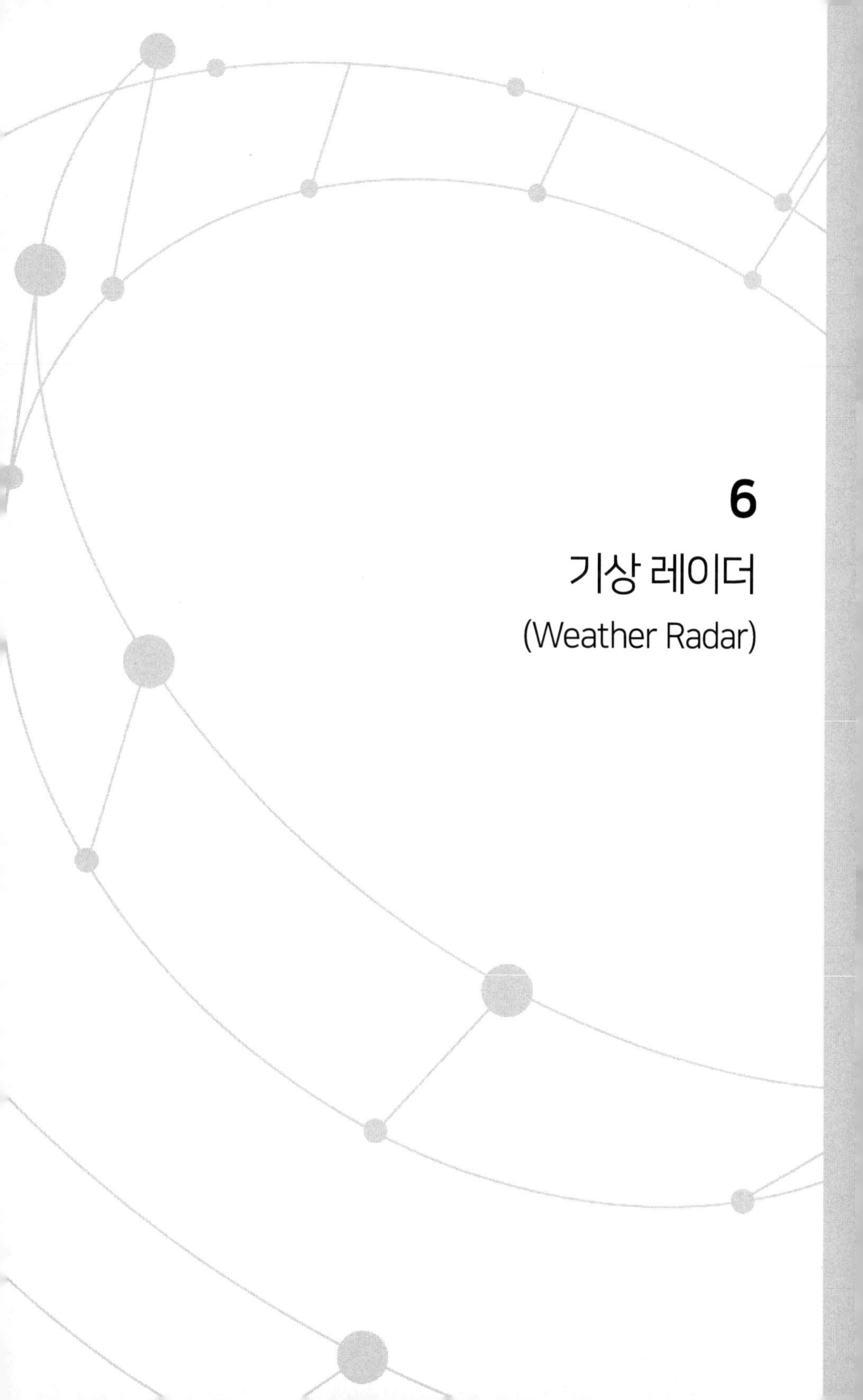

6
기상 레이더
(Weather Radar)

6

기상 레이더
(Weather Radar)

기상 레이더는 강우를 관측하기 위한 기기(機器)로, 제2차 세계대전 후 이른 시기부터 실용화되었다. 일반적인 기상 레이더는 파라볼라와 송수신기로 구성되어, 파라볼라를 회전시켜서 임의의 방향으로 빔을 발사한다(그림 6.1). 일본에서는 기상청, 국토교통성(국토교통부), 방위성(국방부), 대학이나 연구소, 전력 회사, 민간 기상 회사 등이 기상 레이더를 가지고 있어 단위면적당의 레이더 수는 세계적으로도 높은 편이다. 최근 도플러화도 진전되어, 비(雨)뿐만 아니라 정량적으로 바람도 측정할 수 있게 되었다(컬러 그림 2).

이번 장에서는 먼저 기상 레이더의 대상과 관측방법을 요약하고, 단편파와 이중 편파 레이더에 의한 강우량의 계측과 도플러 레이더에 의한 대기의 관측방법의 예를 들어 설명한다. 이어서 도플러 라이더 등 다양한 기상관측센서를 소개하고, X-NET[1]이나 구름 레이더 등의 최신 기상 레이더 기술을 소개한다.

1　역) X-band 기상 레이더 네트워크. 일본 수도권의 X-NET(http://mp-radar.bosai.go.jp/xnet.html).

그림 6.1 기상 레이더의 외관(일본 방위대학교 도플러 레이더)

6.1 기상 레이더의 개요와 특징

6.1.1 기상 레이더의 역사

기상 레이더의 역사는 레이더 기술이 개발된 제2차 세계대전 기간과 거의 동일하다(1장 참조). 항공기를 발견했을 때 '정체를 알 수 없는 에코'가 보고되고 있었던 것이다. 강수(降水) 효과에 관한 연구가 시작된 것은 1946년이며, 항공기 발견에 있어서 대기 현상이 어느 정도 장해가 되는지를 조사하여 '강우로부터 아주 강한 반사가 있다'는 것을 확인하였다. 즉, 파장 20cm 이하의 레이더에서 강우 분포를 탐지할 수 있다는 것이 확인된 것이다. 그 후 급속히 기상 레이더의 실용화가 진행되었다. 일본[2]에서도 1954년 오사카(Osaka) 기상대와 기상연구소에 설치되었고 그

---

2 역) 우리나라에서는 관악산에 1969년 11월 S-밴드 설치 후, C-밴드로 교체(1988. 9.) 후 전국으로 확대.

후 전국적으로 전개되었다. 1964년[3]에는 장애물이 없는 후지산 정상에 S-밴드 레이더를 설치하여 태평양 연안의 태풍을 탐지할 수 있게 되었다. 1960년대에는 선박용으로 개발된 레이더가 2척(Keifu-Maru: 啓風丸, Ryofu-Maru: 凌風丸)의 선박에 장착되었다. 1980년대에는 도플러화가 진행되어 바람을 측정할 수 있게 되었다. 또, 레이더 데이터의 디지털화(이전까지는 모니터 화면을 스케치 혹은 사진을 찍어 사용)도 진행되었다. 현재 TV 일기예보에서 매일 보는 전국의 합성 레이더 이미지도 이 시기에 확립되었다.[1)]

6.1.2 기상 레이더의 종류

기상 레이더는 지름 1mm 이상의 강수 입자의 집합체로부터 후방 산란되는 파장 1~10cm 정도의 마이크로파대를 이용한다. 기상 레이더에서 대상이 되는 산란체를 포함해서 마이크로파 밴드를 표 6.1에 표시하였다. 현재 많이 사용되고 있는 C-밴드(파장 5cm, 주파수 5,000MHz(5GHz))나 X-밴드(파장 3cm, 주파수 9,000MHz(9GHz))의 기상 레이더는, 굵은 형태의 빗방울, 눈송이, 우박, 싸라기눈 등 후방 산란 물체로부터 강한 레이더 반사 강도를 검출한다. S-밴드는 상대적으로 파장이 길기(10cm) 때문에 탐지 거리가 500km 정도로 긴 레인지를 가진다. 반면 X-밴드보다 파장이 짧은 레이더도 개발되고 있다. 파장 1cm 전후의 Ku-밴드, Ka-밴드 레이더는 실용화되고 있으며 이들은 마이크로파대에 들어가지만 지름 100μm 이상의 굵은 형태의 구름 입자(雲粒)를 볼 수 있어 '구름 레이더'라고 한다. W-밴드(파장 수 mm)는 구름 입자(雲粒)로부터의 반사를 파악할 수 있으므로, 안

---

3 역) 정지기상위성(Himawari 위성)의 발사 전.

개의 관측도 가능하다. 마이크로파대 레이더는 레일리(Rayleigh) 산란의 반사파를 관측하는 데 반해 W-밴드는 미산란(Mie Scattering)이다(2.2.4항 참조). 그 밖에 파장이 긴 UHF대역(파장 수 10cm)과 VHF대역(파장 수 m)의 전자파를 이용한 레이더는 일반적으로 프로파일러(Profiler)라 불리고 있다.

표 6.1 기상 레이더의 파장과 관측 대상

1km / 100m / 10m / VHF / 1m / UHF Micro wave / 10cm / 1cm / 1mm / 100μm / Infrared / 10μm / 1μm / 0.8 / 0.4 / 0.1μm

	파장	주파수	산란 물체
VHF	6m	30~300MHz	대기밀도(굴절률의 변화)
UHF	75cm	300~1000MHz	대기밀도(굴절률의 변화)
L Band	15~30cm	1000~2000MHz	강수 입자
S Band	7.5~15cm	2000~4000MHz	강수 입자
C Band	3.8~7.5cm	4000~8000MHz	강수 입자
X Band	2.4~3.8cm	8~12.5GHz	강수 입자
Ku Band	1.7~2.4cm	12.5~18GHz	강수 입자·구름 입자
K Band	1.1~1.7cm	18~26.5GHz	강수 입자·구름 입자
Ka Band	0.75~1.1cm	26.5~40GHz	강수 입자·구름 입자
W Band	2.7~4.0mm	75~110GHz	구름 입자
LIDAR (infrared)	10μm		에어로솔(Aerosol)

6.1.3 기상 레이더로 볼 수 있는 것

일반적으로 기상 레이더로 파악할 수 있는 것은 강수 입자 이외에 지형(Ground Clutter), 해수면(Sea Clutter), 항공기, 선박, 대기굴절률, 뇌방전로(雷放電路, Lightning Channel) 등이 있다(클러터에 관해서는 3.1절 참조).

지형 에코는 산지, 구릉(丘陵), 구조물로부터의 반사이며, 지면 클러터(Ground Clutter)라고 한다. 근처에 구조물이 있으면 전파가 차단돼 그림자(에코 없는 곳, Shadow)가 생긴다. 단지 전선 정도라면, 빔 폭이 있기 때문에 그렇게 많이 차폐되지 않는다. 정상적인 정지 에코인 지면 클러터는 소프트웨어적으로 제거할 수 있으며, 그 기술은 MTI(Moving Target Indicator)라고 한다. 파도로부터의 반사인 해수면 클러터(Sea Clutter)는, 파도의 물보라 입자가 후방 산란 물체가 된다. 해면 부근의 풍속이 수 m/s를 넘으면 해수면 클러터가 나타나고, 대략 5m/s를 넘으면 명료하게 된다. 강수 입자와 해면 부근의 해수 입자는 화학적인 성분은 다르지만 둘 다 액체 입자로서 같은 입경을 가지고 있기 때문에, 양자를 레이더로 구별하는 것은 어렵다. 기상 분야에서 해수면 클러터는 노이즈이지만, 해양에서는 해수면 클러터를 이용해 파고를 추정하는 연구도 진행되고 있다.

항공기나 선박 등 이동하는 물체도 마이크로파대 레이더에서 명료한 반사가 나타난다. 대형 선박이면 반사 강도에서도 에코를 확인할 수 있지만, 도플러 속도장에서는 해수면 클러터와는 다른 직선적 속도 패턴이 확인된다. 뇌방전로도 기상 레이더 개발 초기 단계에서 관측이 시도되어 RHI(Range-Height Indicator) 이미지에서 방전(放電) 에코를, PPI(Plan Position Indicator) 이미지에서 방전경로를 파악하고 있다. 이는 뇌방전(雷放電)으로 대상을 좁혀 상당히 고속으로 파라볼라를 회전시킨 결과로 보이며 이후 뇌방전로의 관측 사례 보고는 거의 볼 수 없다.

그 외 전선이나 역전층 등 대기 성층이 다른 경계로부터의 반사(대기의 굴절률) 혹은 곤충이나 떠다니는 씨(Floating Seeds)로부터의 반사도 보고되고 있어 이것들은 청천 에코(Clear Air Echo)라고 불리고 있다.[2)]

6.1.4 관측 수법(PPI, RHI, CAPPI)

일반적으로 수평으로 퍼지는 층상운(層狀雲: Stratiform Cloud)에 비해서, 연직 방향으로 발달하는 대류 구름(적란운: 積亂雲, Cumulonimbus)은 10~20분 사이에 성장하는 경우가 많고, 현저한 시간 변화를 나타낸다. 이러한 구름의 에코 분포의 시간 변화를 파악하려면, 파라볼라 안테나를 적절한 장소에 설치하고, 대상에 따른 관측 모드를 선택해서 3차원 스캔을 해야 한다.

(1) 볼륨 스캔(Volume Scan) 관측

통상의 대기 관측에서는 일정 앙각의 수평 스캔인 PPI 관측을 조합해 관측 계획을 세우는 경우가 많지만, 실제로는 빔 폭을 고려해 관측 공간을 커버하도록 앙각을 결정한다. 다(多)앙각 PPI(Stepped PPI) 관측으로 얻어진 데이터를 사용해서 동일 고도면의 CAPPI(Constant Altitude PPI) 이미지를 작성한다. 운정(雲頂)까지의 CAPPI 데이터를 얻기 위해서는 어떻게 고속으로 다(多)앙각 스캔을 시킬지가 과제가 된다. 적란운 관측의 경우 최소한 5분 내에 1세트의 데이터를 얻는 것이 바람직하다. 예를 들면 회전 속도가 6rpm이라면 20~30° 앙각의 스캔이 가능하게 된다. 만일 빔 폭을 1°로 해서, 1° 간격으로 앙각 20°까지 관측할 때, 수평 거리가 30km 떨어져야만 고도 10km까지 커버할 수 있다. 즉, 공간분해능을 올리고자 한다면 레이더를 적란운에 가깝게 하는 것이 좋지만, 적란운의 전체 모습을 파악하려면 어느 정도 떨어진 곳에서 관측할 필요가 있다. 그림 6.2에 나타낸 것처럼, 예를 들어 레이더에서 40km 떨어지고 운정이 14km인 적란운은 앙각 20°까지 CAPPI 관측으로 모든 고도의 수평 단면을 작성할 수 있다. 한편 10km 떨어진 적란운은 앙각 20°까지의 관측만으로는 불충분하다. 이와 같이 대상으로 하는 적란운의 스케일과 관측의 목적을 고려한 다음 레이더의 설치 장소와 관측 모드를 선정하는 것이 중요하다.

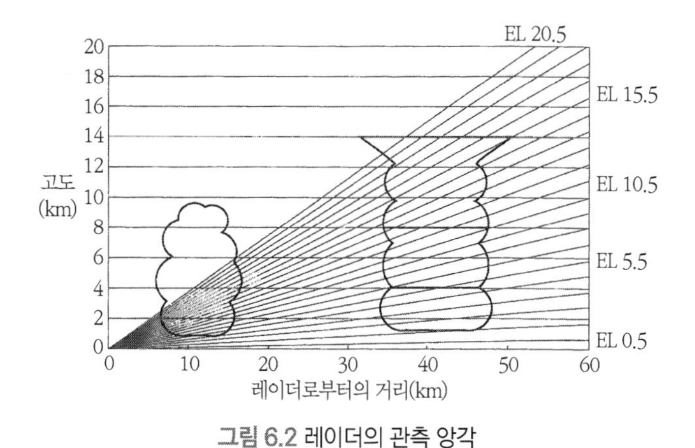

그림 6.2 레이더의 관측 앙각

(2) RHI(Range-Height Indicator) 관측

적란운 에코의 수직단면도는 매 순간마다 구조를 파악할 수 있다는 점에서 중요한 정보가 되며, 레이더 근처에서의 높이가 큰 에코는 PPI에서 모두 파악할 수 없기 때문에, RHI(Range-Height Indicator) 스캔이 유효하다. 레이더 데이터의 이차적인 처리를 통하여 다(多)앙각 PPI 영상으로부터 임의 방향의 수직 단면도를 작성할 수 있지만, 적란운의 이동 속도가 빠른 경우나 풍속이 큰 경우 등은 실제의 구름 구조와는 다른 변형된 이미지가 되므로 주의가 필요하다. 최근의 레이더에서는 180° 사이의 임의의 앙각으로 섹터 스캔(Sector Scan)을 실시하는 RHI주사(走査)도 가능하게 되었다. 그러나 RHI주사 시의 회전 속도는 0.5~2rpm 정도로 PPI에 비해서 느리기 때문에, 실제 관측에서는 수많은 RHI 관측을 수행하기 어렵다.

(3) 연직 관측

적란운 바로 밑에서의 연직 관측은 에코 강도, 강수 입자의 연직 프로파일, 상승·하강류 등을 직접 관측할 수 있다는 점에서 유용한 관측기법이다. 예를 들어, 눈구름이 내륙에 상륙하여 눈보라를 동반하는 강설(強雪)이나, 낙뢰가 집중되는 동해 일본 연안 지역 혹은, 하계 열뢰(熱雷)가 발생하기 쉬운 산기슭 등은 관측 장소로 안성맞춤이다.

실제 관측에서는 볼륨 스캔(Volume Scan), RHI, VAD(Velocity Azimuth Display)[4] 등을 위해서 PPI 60°, 연직 관측을 조합하는 것이 많지만, 하나의 스케줄에서 10분 이상 걸리면 에코를 추적해서 시간 변화를 확인하기가 어려워진다. 이 때문에 적란운의 위치나 고도 등 타깃을 좁혀 관측 모드를 설정할 필요가 있다.

6.1.5 관측 오차 요인

레이더 관측에서는 다음과 같은 다양한 요인에 의해 관측 오차가 생긴다(그림 6.3).

① 강우 감쇠

강수 강도가 30～50mm/h에 달할 정도로 발달한 적란운의 근방에서의 관측은 강우에 의한 전파의 감쇠가 현저하고(C-밴드에 비해서 X-밴드 쪽이 감쇠는 크다), 적란운 후방의 데이터를 얻을 수 없는 경우가 많다.

4 일정의 앙각에서 안테나를 360도 회전시켜서, 원주 내의 평균적인 풍향·풍속을 구하는 방법.

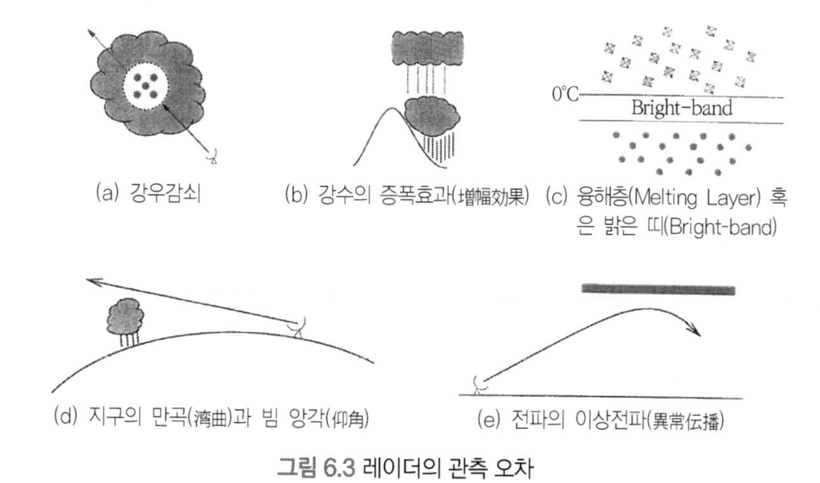

(a) 강우감쇠 (b) 강수의 증폭효과(增幅効果) (c) 융해층(Melting Layer) 혹은 밝은 띠(Bright-band)

(d) 지구의 만곡(湾曲)과 빔 앙각(仰角) (e) 전파의 이상전파(異常伝播)

그림 6.3 레이더의 관측 오차

② 강수 입자의 변화

빗방울은 낙하 중에 증발하기 때문에 레이더로 측정한 우량과 지상 우량이 다를 수 있으며 산악지역에서는 빔 아래에서 강수가 강해지는 효과가 자주 관측된다. 이러한 '지형성 에코'는 상층운의 파종 효과(Seeding)[5]로 하층운의 강수가 증폭된 결과이다. 또 0°C 층에서 눈이 녹기 시작하면서 에코 강도가 세지는 밝은 띠(Bright-band)나 층상성의 비와 안개비에서는, 강수 입자의 연직 분포가 다르기 때문에 관측 빔과 지상 강수가 달라진다는 점도 오차 요인이 된다.

③ 레이더 빔의 문제

레이더 빔은 임의의 앙각에서 발사되어 직진하기 때문에 먼 곳에

5 역) 구름의 파종 효과(Seeding)에 기여하는 구름 입자의 핵이 되며, 중층의 구름에서 비가 내리도록 한다.

있는 낮은 고도의 강수를 볼 수 없다. 여기에는 지구 만곡의 영향도 가미된다. 또한 빔 폭이 있기 때문에 먼 곳과 근방에서는 수신 감도가 다른 것도 고려할 필요가 있다(거리 보정의 문제).

④ 전파(電波)의 이상 전파(傳播)

대기의 성층 상태에 따라 빔이 비정상적으로 전파된다. 연직 방향으로 큰 온도차(역전층)나 습도차가 존재하여 대기의 굴절률이 커지면, 그 불연속면에서 전파의 반사가 생긴다.

그 외 레이더 간의 간섭도 실관측에서는 고려해야 한다. X-밴드라면 동일한 X-밴드 주파수를 가진 선박 레이더로부터의 간섭 영향이 있을 수 있기에 해안선에서의 관측이나, 복수의 레이더를 이용한 관측 시에는 동일한 주파수를 피하도록 한다. 간섭(Wave Interference)에 의한 에코는 간섭호(干涉縞, Interference Fringes)라고 하는 것과 같이 임의의 방사 방향(Radial Direction)으로 직선적으로 나타나는 경우가 많지만, 그렇지 않은 간섭의 에코도 보인다.

6.2 레이더에 의한 강우 관측

6.2.1 강수량의 추정

기상 레이더를 이용한 구체적인 이용 목적 중 하나는 강수량의 추정이며 이외에 일기 예보와 하천·댐 관리 등 넓은 분야에서 기상 레이더를 이용한다. 지상의 강수량을 정확하게 계측하기 위해서는 우량계(강우 감도 0.5mm의 전도식[6] 우량계)를 설치, 관측하면 되지만 우량계에는 공간 해상도의 한계가 있다. 대표적인 강수 관측을 위해 필요한 우량계의 개수(밀도)는 보통의 층상성 강우(예, 일정한 세기로 내리는 비[7])의 경우 1,000km^{2}당 2～3개, 적란운의 뇌우나 소나기[8]의 경우는 1,000km^{2}당 최소 20～30개로 되어 있다. 일본 기상청의 지역 기상 관측 시스템인 AMeDAS[9] 우량계는 약 17km 간격이고 1,000km^{2}당으로 하면 3.5개가 된다. 즉, AMeDAS에서는 뇌우를 관측하는 것이 곤란한 것을 알 수 있다. 뇌우를 관측하려면 지금의 10배의 밀도에서 우량계를 설치해야 한다. 우량계와 레이더의 이점과 단점을 정리하면 다음과 같다.

(1) 우량계 (장점) 직접 측정으로 정확
(단점) 공간 밀도에 한계
(2) 레이더 (장점) 광범위하게 연속된 공간 데이터를 얻을 수 있어 실시간으로 감시 가능
(단점) 우량의 추정이 정확하지 않음

레이더를 이용해 우량 추정을 실시하는 기법을 다음 절에서 서술하지만, 레이더 관측에서는 반사파를 파라볼라 안테나에서 받아 전력량(반사 강도(dBZ))[10]으로 정보를 얻는데, 이것을 강수 강도(mm/h)로 변환할 필요가 있다.

---

6 역) 예를 들어, 전도(轉倒) 버킷형 우량계(Tipping-bucket Rain Gauge).

7 역) 일본어에서는 '地雨'라고 한다.

8 역) 취우(驟雨).

9 AMeDAS(Automated Meteorological Data Acquisition System): 자동기상데이터수집시스템.

10 [dBZ]는 주로 기상 레이더에서 사용되는 반사 강도의 단위이고, 단위체적당 입자수, 입자직경의 6승에 비례한다.

6.2.2 강수 모델

대기 현상으로서의 강수나 구름의 종류는 다양하다. 즉, 빙정(氷晶)을 포함하지 않는 열대의 따뜻한 비(Warm Rain), 중위도에서 형성되는 빙정 과정을 포함한 차가운 비(Cold Rain), 눈송이(설편, 雪片)나 싸라기눈으로 형성되는 작은 강설운(눈구름, 雪雲)에서는, 구름 내를 구성하는 강수 입자가 크게 다르며 구름의 종류에 따라서도 차이가 크다. 층상성의 구름(주로 난층운)으로부터의 강수(일정한 세기로 내리는 비)에서는 낙하하는 눈송이가 0℃ 수준에서 융해하고, 레이더로 보면 밝은 띠(Bright-band)가 형성된다. 한편 대류 구름(적란운)은 연직 방향으로 발달하여 과냉각 물방울을 빙정(Ice Crystal)이 흡수한 후, 포착성장(Riming Growth)으로 눈송이가 급성장하고, 낙하 중에 융해되어 지상에서는 비(국지적 강우, 뇌우)가 된다. 기상 레이더는 이런 다양한 구름 내부를 관측해 우량을 추정하는 것이 목적이다.

일반적으로 레이더 방정식에서의 평균 수신전력 P_r은 거리 r과 레이더 반사 인자 Z의 함수로서 나타난다.

$$Pr = ck_w^2 \frac{Z}{r^2} \tag{6.1}$$

(c와 k_w는 상수, 물의 경우 $k_w=0.93$, 얼음의 경우 $k_w=0.21$)

여기서, 레이더 반사도 인자(Radar Reflectivity Factor) Z는 강수 입자의 직경을 D로 하면,

$$Z = \Sigma D^6 = \int N(D) D^6 dD \tag{6.2}$$

라고 정의된다. 즉, 레이더 반사도 인자를 구하려면, 강수 입자의 지름 분포를 알아야 한다. 각 입자지름마다 입자의 개수 N과 직경 D의 6승을 곱한 총합이 Z다. 입자 지름의 6승이기 때문에 상대적으로 큰 입경의 강수 입자(우박과 큰 입자의 빗방울 등)일수록 Z가 커진다.

한편, 단위체적 중의 물의 총량 M은

$$M = \frac{4}{3}\pi \int N(D)\left(\frac{D}{2}\right)^3 dD = \frac{1}{6}\pi \int N(D) D^3 dD \tag{6.3}$$

라고 표현되므로, 강수 강도 R은

$$R = \frac{1}{6}\rho \int VN(D) D^3 dD \tag{6.4}$$

여기서 V는 입자의 낙하 종속도(終速度), ρ는 공기 밀도이다.

레이더를 이용해 우량을 추정하고 싶지만 구름 내의 입경분포(입자의 직경별 개수)를 알 수 없으면 레이더 방정식이 풀리지 않는다. 이를 레이더 관측의 역설이라고 할 수 있다. 그래서 선인들은 세계 각지에서 열대의 빙정을 포함하지 않는 따뜻한 비로부터 중위도의 적란운이나 층고적운 등 다양한 강수의 유형별로 Z와 R의 관계를 조사했다(그림 6.4). 당시는 지금처럼 광학적으로 강수 입자의 지름을 계측할 수 없었기 때문에, '여과지'에 빗방울을 받고 하나씩 계측하였다(Water Blue Filter Method). 이것은 $Z-R$ 관계라고 한다. 대표적인 비(雨)의 $Z-R$ 관계는 $Z=200R^{1.6}$ (Marshall-Palmer 분포)이며 기상청도 이 값을 사용하고 있다. 원칙적으로는 층상성의 비, 적란운에 의한 비 등 각각의 강수에 대해서 $Z-R$ 관계를 사용해야만 한다. 연직 레이더 관측과 빗방울 크기 분포도 관측으로부터 3개의 강우 패턴(뇌우, 일정한 세기로 내리는 비, 이슬비)의 $Z-R$ 관계는 뇌우 $Z=830R^{1.5}$, 일정한 세기로 내리는 비 $Z=200R^{1.56}$, 이슬비(무우, 霧雨)는 $Z=190R^{1.5}$로 보고되어 있다. 그러나 실제로 내리는 비의 $Z-R$ 관계는 관측할 수 없고, 구름 종류에 따라서 $Z-R$ 관계를 매번 바꿀 수 없기 때문에 현실적으로는 하나의 경험치를 선택할 수밖에 없다. 특히 눈의 경우, $Z=2000R^{2.0}$로 크게 다르기 때문에 강설 시에는 R을 과소평가한다. 일기 예보의 레이더 이미지에서 겨울의 해상에서 발생하는 강설 에코가 거의 하늘색~푸른색인 약한 에코 강도로밖에 나타나지 않는 것은 이러한 이유에서이다.

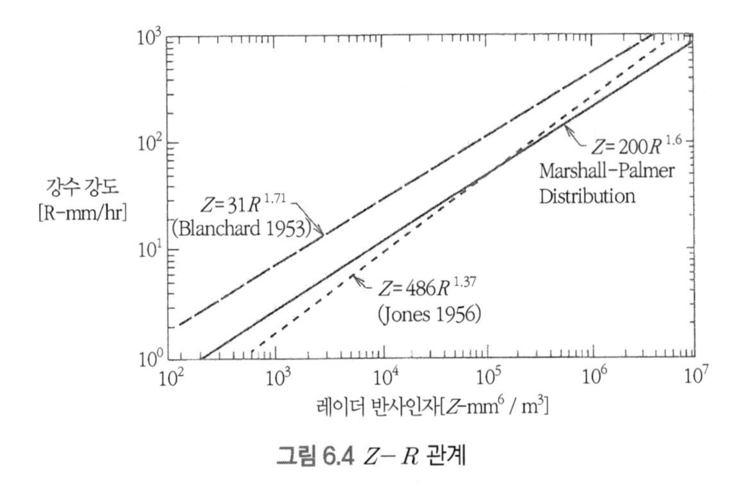

그림 6.4 $Z-R$ 관계

6.2.3 레이더 · 우량계 합성 우량

앞서 언급한 기상 레이더의 단점을 극복하기 위해 레이더 · 관측(우량계) 합성 우량을 개발하였다. 이것은 불확실성을 수반하는 레이더 반사 강도치를 지상 관측 우량계 데이터로 보정하는 방법으로 우량계치를 참값으로 하여 우랑계 상공의 레이더 관측치를 보정하고 우량계가 없는 근처의 강수 강도도 마찬가지로 수정해나가는 것이다. 이는 고밀도의 지상 관측망(일본 AMeDAS 우량계는 약 17km 간격)이 존재함으로써 가능한 수법이다. 또한 기상 정보에서 '레이더 해석으로 우량 ○○mm'이란 표현을 사용하기 시작한 것도 레이더에 의한 강우량 추정의 정확도가 향상되었기 때문이다.

6.2.4 특징적인 에코 패턴

반사 강도 패턴은 레이더 에코라고 하며, 대기현상에는 고유한 에코 패턴이 존재한다. '훅 에코(Hook Echo)'는 옛날부터 토네이도의 지표로 유명하다(그림 6.5). 슈퍼셀(Supercell)은 강한 상승류와 강한 하강류가 표리관계로 존재하는 것이 특징이며, 수십 m/s에 이르는 상승 유역에서는 토네이도가 발생하고 강한 하강 유역(流域)에서는 다운버스트(Downburst)[11]와 우박·호우가 관측된다. 이 때문에 슈퍼셀은 '토네이도 폭풍(Tornado Storm)' 혹은 '우박을 동반한 폭풍(Hailstorm)'이라고도 한다. 슈퍼셀은 구름 자체가 회전하기 때문에, 우박은 상승류의 코어 주위를 회전하며 떠돌면서 성장한다. 따라서 평면적으로 슈퍼셀을 보면, 상승유역에는 강수가 없고 그 주위에 우박 지역, 그 외측에 강우 지역이 존재하는 구조가 나타난다. 기상 레이더로 관측하면 도넛의 가운데에서와 같이 에코가 없는 영역(Echo Vault(에코볼트) 혹은 Echo Free(에코프리) 영역이라고 한다)

11 적란운으로부터의 강한 하강기류.

의 북쪽에 둘러싸고 있는 강한 에코가 존재하기 때문에, 훅(갈고랑이) 모양이 된다. 바우 에코(Bow Echo)는 화살처럼 끝이 뾰족한 에코를 말하며 다운버스트의 지표가 된다. 선상(線状) 또는 밴드(Band)상의 에코는 복수의 적란운으로 구성되므로는 멀티셀(Multi-cell) 구조를 나타내는 경우가 많다. 선상 에코는 정체하기 때문에, 선상 강수대(線状降水帯, Training)라고도 하며 자주 폭우를 불러온다.

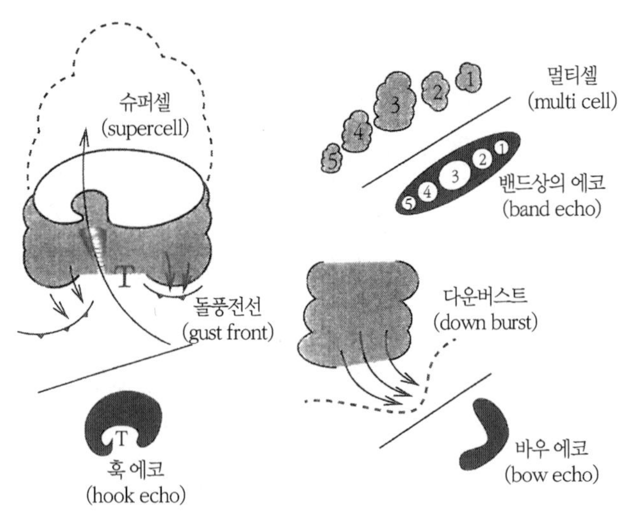

그림 6.5 특징적인 레이더 에코 패턴

6.2.5 이중 편파 레이더(Dual Polarization Radar)

이중 편파 레이더(Dual Polarization Radar)는 위상이 90° 어긋난 수평편파와 수직편파를 펄스마다 바꾸어 각각의 레이더 반사 인자(수평편파: Z_H, 수직편파: Z_V)를 독립적으로 측정하여, 강수 입자의 수평·수직 방향의 형상의 차이에서 기인하는 반사 강도 차이를 구한다. 즉, 강수 입자의 수평·수직 방향의 형상의 차이는 예를 들면 (平板)형(Needle Shape)눈 결정의 차이, 구형(球形)의 빗방울(지름 1mm 미만)과 편평(扁平)한 큰 빗방울(지름 1mm 이상)의 차이, 구형(球形)의 우박과 방추형의 싸라기눈의 차이 등을 식별하고, 강수 입자를 추정할 수 있다. 6.2.2항에서 설명했듯이 통상의 레이더에서는 어려웠던 정확한 강수량의 추정으로 이어지는 기술이다.[4)]

이 반사인자의 비(반사인자의 차: $Z_{DR} = Z_H - Z_V$(dB))를 검출함으로써, 강수 입자의 형상을 추정할 수 있게 된다. 빗방울은 입경이 증가하는 동시에 편평도가 증가한다. 운정 부근의 빙정은 반사 강도는 약하지만 평판형이나 침상(針狀)의 형상을 가지고 있으므로 Z_{DR}값은 크다. 뇌운의 에코 코어에 존재하는 우박이나 싸라기눈은 높은 반사 강도와 형상에 따른 Z_{DR}값을 갖는다(구형의 우박이라면 0에 가깝고, 방추형 눈보라의 Z_{DR}은 커진다).

이중 편파 레이더를 이용한 기상학적인 관측에 있어서는 반사 강도(수평편파: Z_H)와 반사인자 차(Z_{DR})를 각각 세로축과 가로축으로 잡고, 강수 입자의 종류를 분류한 '강수 입자 판별표'를 작성하는 것이 중요하다. 구체적으로는 Rain(비), Rain and Snow(비와 눈), Drizzle(안개비), Dry Snow(건조한 눈), Wet Snow(습한 눈), Dense Snow(농밀한 눈), Dry Graupel(건조한 싸라기눈), Wet Graupel(습한 싸라기눈), Rain and Graupel(싸라기눈이 섞인 비), Wet Hail(습한 우박), Large Wet Hail(큰 습한 우박), Rain and Hail(우박 섞인 비)의 12종류로 분류되고 있다. 단, 강수 입자 판별표는 다양한 타입의 강수(따뜻한 비, 차가운 비, 눈구름 등)에서의 검증을 거쳐 작성되어야 한다. 이중 편파 레이더는 1970년대 후반부터 실용화

연구가 시작됐지만 최근 미국에서는 반사 인자 차(Z_{DR})뿐만 아니라 수평편파와 수직편파의 전파(傳播) 위상 차(Z_{DP})에 주목해서 강수 입자를 식별하는 방법도 제안되고 있다.[5]

6.2.6 이중 편파 레이더를 이용한 관측

이중 편파 레이더를 이용한 연구는 1990년대에 들어 활발해지고, 특히 동해 연안의 동계 천둥(뇌운)을 대상으로 관측 연구가 실시되었다. 이런 배경에는 동해 연안의 전력 설비 구조물의 벼락 사고가 꼽힌다. 송전선 주요 회선 사고의 약 40%가 동계 천둥에 기인했으며, 동계 천둥의 규명과 예측이 중요한 과제가 되고 있다. 이중 편파 기능을 이용해 싸라기눈(눈보라)을 파악하는 것이 목적이었다.

1990년부터 3년에 걸쳐 이중 편파 도플러 레이더(DND레이더: C-밴드), 전하 라디오 존데 등의 측정 기기를 이용한 동계 뇌운의 관측이 이루어졌고, 싸라기눈과 빙정의 강수 입자 식별, 강수 입자의 이동과 뇌(雷) 발생 장소의 대응, 강수 입자의 고도 분포 등의 조사가 이뤄졌다.[6] 그 후 이중 편파 도플러 레이더(X-밴드)를 이용해 강설운의 관측을 실시했다. 1998년에 이중 편파도 도플러 레이더(C-밴드)와 강수 입자 관측을 통해, 동계 뇌운의 내부 구조와 강수 입자의 평균적인 존재 영역을 밝혔다.

이와 같이 이중 편파 레이더는 실용화와 함께 다양한 관측결과를 보여주고 있으나, 다음과 같은 과제가 남아 있다.

① 싸라기눈의 반사 강도 Z_H와 반사계수 차이 Z_{DR}의 관계

② 뇌운 안의 싸라기눈 밀도와 레이더 에코와의 관계

③ 뇌(雷) 발생과 싸라기눈 밀도의 관계

과제 ①에 관해서는 동해 연안의 눈구름에서 싸라기눈을 샘플링하고 반사 강도 Z_H와 반사계수 차 Z_{DR}의 관계를 기상 조건이 다른 다양한 눈구름에서 확인하고 강수 입자 식별표를 검증할 필요가 있다. 과제 ②는 뇌운 안의 싸라기눈의 공간 밀도는 지역, 계절에 따라 다르기 때문에, 대표적인 장소를 선정하여 강수 입자와 반사 인자 차이의 관계를 검증할 필요가 있다. 특히 동계 뇌운은 스케일이 작고 그중 싸라기눈 영역의 체적이 작아서 시간 변화도 빠르다. 근거리에서 뇌운을 파악한 관측 실험과 달리 레이더에서 100km 정도 떨어진 뇌운 내를 거리분해능 1km 정도로 보았을 때, 어느 정도의 싸라기눈 밀도라면 레이더에 잡힐 수 있는지 확인할 필요가 있다. 과제 ③은 레이더에서 본 싸라기눈의 존재와 뇌(雷) 발생과의 관계를 조사할 필요가 있으며, 싸라기눈과 레이더 반사 강도의 관계가 확인되면, 싸라기눈과 낙뢰(뇌 발생)의 관계도 논의할 수 있다.

6.3 도플러 레이더에 의한 대기의 관측

6.3.1 도플러 레이더(Doppler Radar)의 원리

도플러 레이더(Doppler Radar)는 반사 강도의 측정에 덧붙여, 발사된 펄스파가 강수 입자로 후방 산란될 때의 도플러 편이(Doppler Shift, 송신파와 수신파의 주파수 변화)를 측정한다. '도플러 속도'란 도플러 편이로부터 계산된 빔 방향의 이동 속도이며, 강수 입자의 이동 속도이다. 레이더에서 발사된 펄스 파형은 진폭을 A_0, 송신 주파수를 f_0, 위상을 ϕ_0로

하면,

$$E_t(t) = A_0 \sin(2\pi f_0 t + \phi_0) \tag{6.5}$$

로 표현된다. 여기서, 레이더로부터 거리 r에 존재하는 후방 산란 물체가 속도 v로 레이더로부터 멀어지고 있을 때, 수신 신호는

$$E_s(t) = A_s \sin\{2\pi f_0 t + 4\pi\lambda^{-1}(r + vt) + \phi_0 + \phi_r\} \tag{6.6}$$

이다. 여기서, A_s는 후방 산란 단면적에 의해 결정되는 진폭, λ은 레이더의 파장, ϕ_r는 위상의 편이(Phase Shift)로, 물체의 형상으로 정해진다(정수). $4\pi\lambda^{-1}(r + vt)(= \phi)$은 t초간에 전파가 물체 사이를 왕복하는 사이에 생기는 위상의 편이다. 후방 산란 물체의 이동에 의한 주파수의 변동은 도플러 주파수 f_d라고 한다. 물체가 레이더에서 멀어지면 ϕ은 증가하고, f_d는 음이므로 $d\phi/dt = -2\pi f_d$로 나타낸다. ϕ의 시간 미분은 $d\phi/dt = 4\pi v/\lambda$이고, 전파의 각주파수 ω에 상당하므로

$$V_d = -\lambda \frac{f_d}{2} \tag{6.7}$$

로, 도플러 속도 V_d를 얻는다.

6.3.2 도플러 레이더에 의한 바람 관측

1대의 도플러 레이더에서는 수렴·발산, 시어(Shear), 소용돌이 등의 특징적인 기류 패턴을 모니터상에서 파악하게 된다. 즉, 실시간으로 적란운 내의 메조사이클론(Mesocyclone)이나, 다운버스트(Downburst)에 수반하는 지상 부근의 발산을 관측할 수 있다. 1대의 도플러 레이더에서는 이동 방향(빔 방향)의 움직임, 즉 레이더에 가까워지는 바람(음)과 멀어지는 바람(양)의 정보를 얻을 수 있지만, 레이더 빔에 직교하는 바람의 성분은 측정할 수 없다. 모니터상에서는 이동 방향의 바람 성분을 360° 표시한 양음의 패턴으로 나타내기 때문에, 속도 패턴을 보기 위해서는 경험이 필요하다. 반사 강도 데이터는 노이즈 레벨을 고려하여, 임의 임계값(예를 들면 10dBZ) 이상의 데이터를 검출하는 것에 비해서, 도플러 속도 데이터는 모두 에코 영역에서 처리할 수 있으므로 감도가 좋고, 상대적으로 탐지 영역이 넓어진다. 도플러 속도의 데이터 처리에서는 풍속 반환처리[12]가 가장 중요한 과제가 된다.[7)]

만약 2대 이상의 동시 관측이 가능하면 강수 적란운 내의 2차원적, 3차원적인 바람의 구조를 파악할 수 있다. 미국에서는 약 150대의 도플러 레이더로 거의 전역을 커버하고 있고 일본에서도 1995년부터 주요 비행장에 공항 기상 도플러 레이더가 설치되어 운용되고 있다. 도플러화는 토네이도의 피해 때문에 진행되어, 현재 약 20대의 도플러 레이더로 전국을 감시하고, 이 정보를 바탕으로 토네이도 주의 경보가 나오고 있다.

---

12 레이더가 1초에 발사하는 펄스 수(반복 주파수 f_{prf})에 대하여 수신 신호의 샘플링 주파수도 같기 때문에, $f_{prf}/2$보다 높은 도플러 주파수를 인식할 수 없다. 즉, 측정 가능한 도플러 속도의 최대치가 존재하며, 참값인 도플러 속도의 절대치가 이 최대치를 넘으면 양음이 반복되며 측정된다.

6.3.3 도플러 속도장의 패턴

1대의 도플러 레이더에서 관측되는 수렴·발산, 소용돌이와 같은 특징적인 속도 패턴을 그림 6.6에 나타낸다. 1대의 속도 패턴이라도 토네이도 소용돌이(깔때기 적운, Funnel Cloud)와 다운버스트(Downburst)의 지상 발산이라는 특징적인 기류 구조를 포착할 수 있다. 토네이도 소용돌이와 같

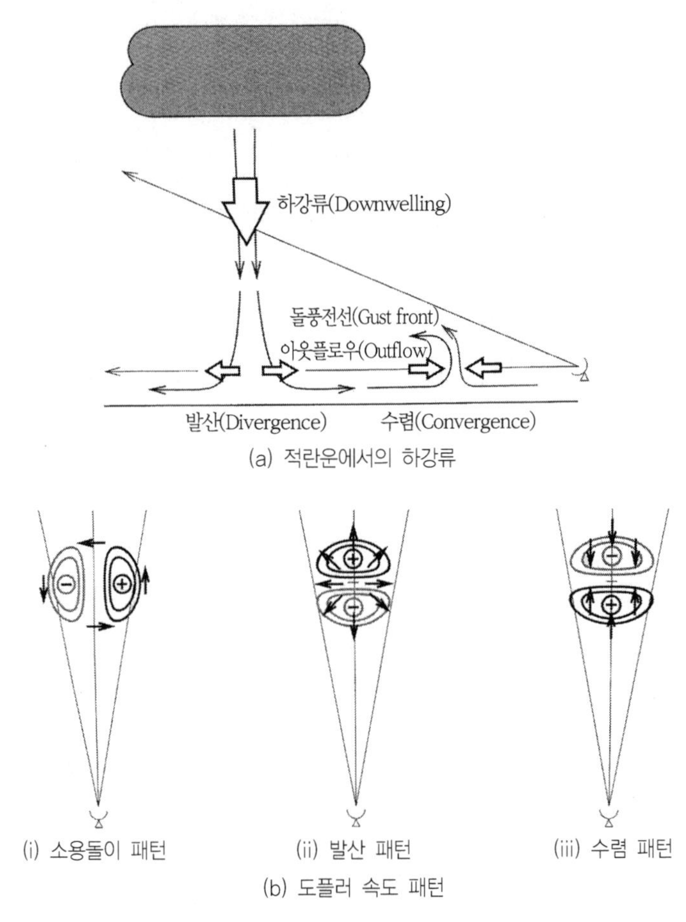

그림 6.6 도플러 레이더에서 관측된 수렴·발산·소용돌이 패턴

은 연직 소용돌이를 레이더로 스캔하면, 멀어지는 성분의 피크(+)와 가까워지는 성분의 피크(−)의 페어가 서로 이웃하여 검출된다. 소용돌이의 중심을 지나는 빔은 빔에 직교하는 풍향이 되기 때문에 도플러 속도는 제로가 된다. 그 결과 양(+)과 음(−)의 Peak to peak의 눈꼴무늬(Eyespot)가 검출된다. 이 양음의 피크 간 거리가 소용돌이의 직경이 된다.

한편 다운버스트의 경우 1대의 도플러 레이더로 하강류 자체는 관측할 수 없다(수직 관측으로 하강류를 파악하는 것은 일반적으로 어려움). 검출할 수 있는 것은 지상 부근의 발산(Divergence)과 아웃플로우 앞쪽 돌풍전선(Gust Front)에서의 수렴(Convergence)이다. 다운버스트 정의인, 'Differential Velocity $\Delta V \geq 10m/s$'라는 것은 도플러 레이더로 관측되는, 적란운 바로 아래에서 다운버스트가 반대 방향으로 발산하는 수평풍속 차이를 말한다(그림 6.6).

6.3.4 구체적인 관측 사례(토네이도나 다운버스트)

일반적으로 슈퍼셀형의 토네이도는 적란운 내에 지름 10km 정도의 메조사이클론(토네이도 저기압, Mesocyclone)이 존재하고, 메조사이클론 내에 지름 1km 정도의 미소사이클론(Misocyclone)이 형성되어, 거기서 지름 100m 정도의 토네이도 소용돌이가 지상에 이른다고 하는 계층(멀티스케일)구조를 보이는 일이 많다. 메조사이클론은 통상의 레이더 관측, 즉 훅 에코(반사 강도 패턴)나 도플러 속도장(소용돌이 패턴)에서 확인되는 일이 많지만, 미소사이클론은 빔 폭이 1° 정도의 레이더에서는 가까운 거리에서 관측하지 않는다면 분해 능력이 부족해서 관측할 수 없다. 또한 회오리의 발생이나 구조를 논의하려면 구름 내의 메조사이클론, 운저(雲底) 아래의 토네이도 소용돌이, 지상에서의 소용돌이의 거동에 이르기까지 관측할 필요가 있다.

이하에 도플러 레이더를 이용한 구체적인 토네이도의 관측 사례를 보여준다. 그림 6.7은 겨울 연안에서 계절풍이 탁월할 때 운정의 고도가 3km 정도의 눈구름 셀 내에서 토네이도가 형성되는 과정을, 복수의 카메라와 도플러 레이더 관측에 의해 포착한 사례이다. 관측 사이트에서 약 3km라는 지근거리에서 관측에 의한 토네이도 소용돌이와 미소사이클론(Misocyclone)을 도플러 레이더를 통해서 볼 수 있고, 눈구름으로부터도 토네이도(Winter Tornado)가 형성됨을 보여준다.

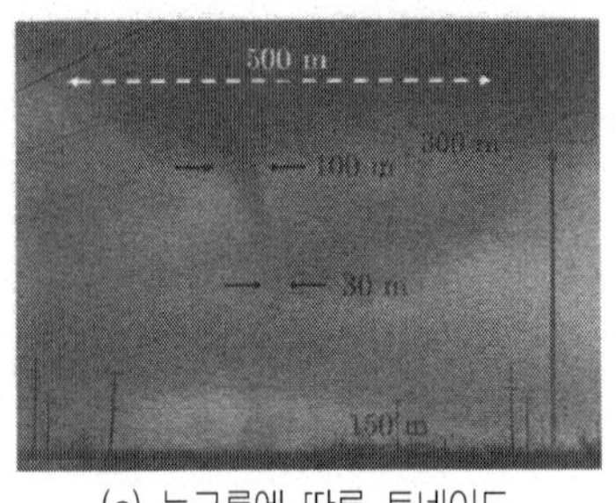

(a) 눈구름에 따른 토네이도

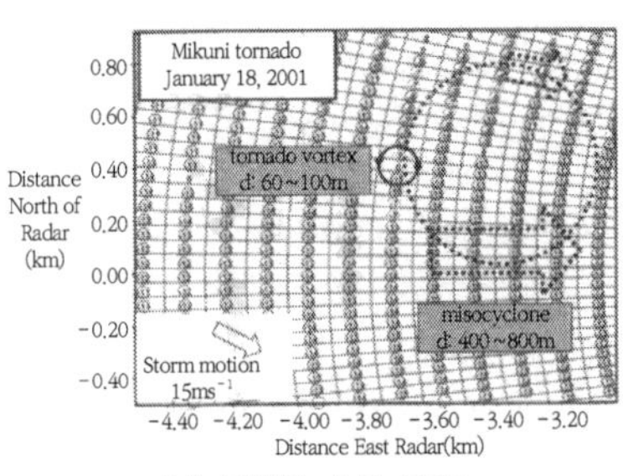

(b) 도플러 속도 패턴

그림 6.7 토네이도의 관측 사례[8)]

그림 6.8은 2007년 5월 31일 도쿄만에서 발생한 해상 토네이도(Waterspout)이며 약 10km라는 비교적 근거리에서 레이더 관측을 실시하여 소용돌이의 구조를 파악한 사례이다. 이 토네이도는 적란운의 발생과 거의 동시에 형성되었고, 주위의 적란운에서 발생하는 하강류가 부딪친 층밀림선(Shear Line)에서 미소사이클론(Misocyclone)이 형성되었음을 알 수 있다. 도플러 속도장에서 검출된 토네이도 소용돌이의 단면을 보면 미소사이클론(Misocyclone)은 고도 2km 부근에서 지름 1.5km, 고도 3km 이상에까

지 달하고 있었다. 또 미소사이클론(Misocyclone)과 별도로 토네이도 소용돌이가 지상 부근에서 고도 3km 부근까지 존재하고, 가시적으로 관측된 깔때기 적운(토네이도 소용돌이)의 구조와 일치했다(그림 6.9).

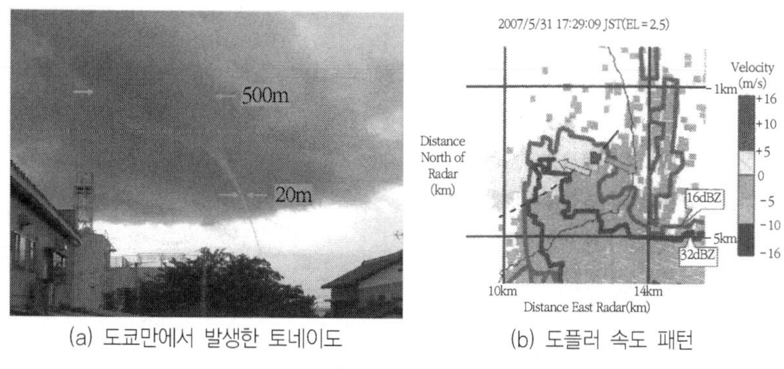

(a) 도쿄만에서 발생한 토네이도　　　　(b) 도플러 속도 패턴

그림 6.8 토네이도의 관측 사례[9)]

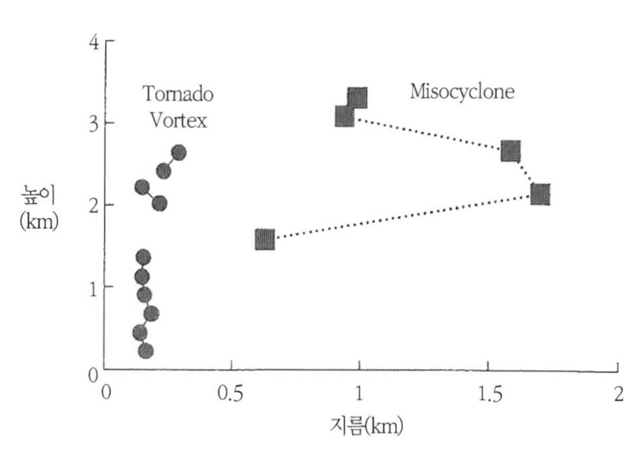

그림 6.9 토네이도 소용돌이와 미세규모(직경 1km 정도) 소용돌이의 지름의 연직 분포[10)]

돌풍전선(Gust Front)은 적란운으로부터 강한 하강기류(다운버스트)가 지상에서 발산할 때의 냉기(冷氣)의 앞쪽 부분이고, 돌풍전선을 따라

서 아치형으로 형성되는 구름은 '아치 구름(Arcus Cloud)'라고 부른다(컬러 그림 3). 레이더 반사 강도에서 밴드 에코의 남부 쪽에 바우 에코를 확인할 수 있고, 도플러 속도장에서는 돌풍전선에 대응해서 속도 패턴 에코가 원호 형태로 관측되었다. X-밴드 레이더에서 에코가 검출되는 것은 적운인 아치 구름으로부터의 반사로 생각된다. 돌풍전선은 도플러 레이더로 검출 가능하며, 지상으로 전달되는 거동을 실시간으로 파악하는 것이 가능하다. 그림 6.10에 나타낸 것처럼 수십 분 전부터 돌풍전선이 진행하는 모습을 정확히 관측할 수 있어 단시간 예측이 가능하다.

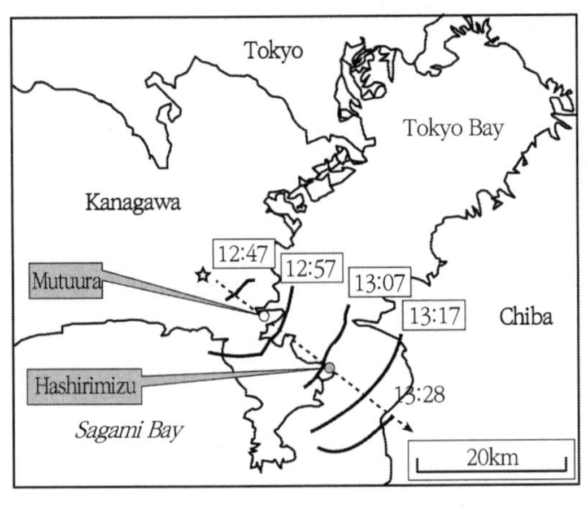

그림 6.10 돌풍전선의 전달과정[11]

6.4 레이더에 의한 다양한 관측

6.4.1 윈드 프로파일러(Wind Profiler)

윈드 프로파일러(Wind Profiler)는 상공의 바람을 계측하는 연직 레이더이다. 마이크로파대의 기상 레이더와는 달리 파장이 수 m이기 때문에, 주요 후방 산란 물체는 강수 입자가 아니라 대기의 굴절률 변화로부터의 반사를 파악하여 계측한다. 파라볼라 스캔형의 기상 레이더는 비교적 대기 하층을 보고 있으며, 전선이나 다른 공기 덩어리 등에서 생기는 굴절률의 변화로부터의 반사가 있다. 반면, 윈드 프로파일러는 연직 방향의 성층 상태 변화를 타깃으로 하고 있다. 대기는 연직 방향으로 온도 성층을 이루고 있어 밀도차(기온, 기압, 수증기량 변화), 난류 구조 등에 따른 반사를 고려한다. 물론 강수로부터 반사되는 것도 에코로 사용한다.[12]

6.4.2 도플러 라이다(Doppler Lidar)

도플러 라이다(Doppler Lidar)는 레이저(적외선)를 이용한 라이더(LIDAR: Light Detection And Ranging, 레이저 레이더라고도 한다)로 도플러 기능을 가진 것이다. 라이다는 대기 중의 에어로졸(Aerosol)을 후방 산란 물체로 관측하기 때문에, 맑은 날씨에서 바람 관측이 가능하다.[13]

6.4.3 도플러 소다(Doppler Sodar)

도플러 소다(Doppler Sodar: SOnic Detection And Ranging)는 음파를 이용하여 고도 50m에서 1km 정도의 바람을 관측할 수 있는 음파 레이더이다. 도플러 소다를 이용하여 맑은 하늘일 때의 약풍, 해륙풍(海陸風) 등의 국지 순환, 적란운 주변 하층 대기의 환경장 등을 조사할 수 있다.[14] 일반적으로 소다의 데이터 취득률은 고도가 높아짐에 따라 감소하고, 유효 데이터의 탐지 범위는 고도 500m 정도이다. 또한 강한 강우 시에는 크기가 큰 빗방울에 의한 반사와 감쇠로 노이즈 레벨이 높아져 관측이 어려워진다. 풍속이 20m/s 이하인 경우에는 데이터를 얻을 수 있고, 직경 1cm 정도의 싸라기눈 강수 시에도 연직류를 관측할 수 있다.

도플러 소다의 관측 수법은, 3개의 파라볼라(수평 바람용 2개와 수직 관측용 1개)를 한 자리에 배치하는 모노스태틱(Monostatic)형과 서로 떨어진 곳에 파라볼라를 설치해 대상 공간을 관측하는 바이스태틱(Bistatic)형이 있다. 어떤 경우에도 소다 관측의 가장 큰 문제점은 주변에 대한 소음 문제이다.

6.4.4 RASS 레이더

RASS(Radio Acoustic Sounding System) 레이더는 음파의 전달을 마이크로파 레이더로 추적해서 기온의 연직 프로파일을 구하는 시스템이다. 이것은 음파의 전달속도가 기온의 함수(기온의 제곱근에 비례하고 기압에 의존하지 않음)인 것을 이용해, 종파(縱波, Longitudinal Wave)인 음파의 유전율의 변화로부터의 반사를 마이크로파 도플러 레이더로 파악해 기온을 구하는 원리를 사용하여 데이터를 얻는다.[15)]

6.5 최신 레이더 관측 기술

6.5.1 X-NET(X-밴드 레이더 네트워크)

여러 대의 도플러 레이더를 이용한 관측은 1990년대 이후 다양한 프로젝트에서 실시됐지만 상설(常設)의 레이더를 이용한 네트워크는 2007년부터 이뤄지고 있다. 일본의 수도권에는 대학이나 연구소의 레이더가 다수 존재하고 있어, 이러한 도플러 레이더를 이용한 네트워크망이 구축되어 있다. 안전한 도시생활을 위해 태풍, 다운버스트, 국지성 호우 등 '기상이변(Extreme Weather)'을 관측하여 그 구조를 규명하고 단시간 예측(실황예보, Nowcasting)을 하는 것이 그 목적이다. 2007년 일본의 중앙대학교, 방위대학교, 방재과학기술연구소 3대의 레이더를 이용한 네트워크 관측을 시작으로 현재는 University of Yamanashi(山梨大学), 전력중앙연구소(電力中央研究所), 기상협회 등과 국토교통성의 MP(Multi-parameter)레이더를 포함하여 10대 이상의 레이더를 사용하고 있다(그림 6.11). 이 관측 프로젝트는 파장 3cm의 X-밴드 레이더의 네트워크 'X-NET'이라고 한다. 복수의 레이더에 의한 동시 관측의 장점은 다음과 같으며 6.1절에서 언급했던 1대의 레이더에 의한 관측의 문제점을 극복하는 것이 목적이다.

① 1대의 레이더에서는 반경 100km 정도밖에 관측할 수 없기 때문에 대수가 늘어나면 관측 영역이 넓어진다.
② 1대의 도플러 레이더에서는 빔 방향의 이동 성분 밖에 모르지만, 2대나 3대로 할 수 있으면, 3차원의 정확한 바람을 계측할 수 있다.
③ 레이더 빔은 직진하기 때문에, 거리가 멀어지면 지상 부근의 관측을 할 수 없기 때문에, 레이더 수가 늘어나면 지상 부근의 데이터를 얻을 수 있다.
④ 1대의 레이더에서 산 너머에 대한 그림자 영역을 처리할 수 있다.
⑤ 강한 강수가 있으면 레이더 전파가 감쇠해버리지만, 여러 대로 이 강우 감쇠 지역을 커버할 수 있다.

X-NET의 관측 데이터는 거의 실시간으로 인터넷을 경유하여 중앙서버에 집약·처리되어, 산출된 강수 강도와 바람 벡터가 5분 간격으로

출력된다. X-NET에서는 수평 방향으로 500m라는 분해능으로 정보를 제공한다. 수도권에서 시험적으로 X-NET 데이터를 행정 및 학교에서 사용하도록 하는 사회 실험이 2010~2014년까지 5년간 실시되었으며, 그 효과를 검증받았다.

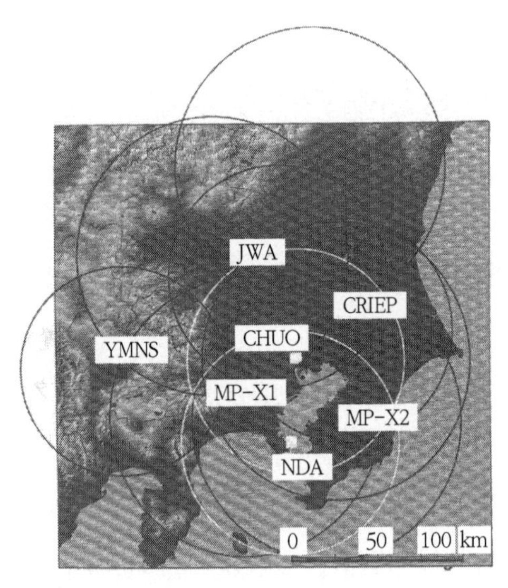

그림 6.11 일본 수도권 X-NET의 배치도

또한 도플러 레이더에서 고도화된 이중 편파 기능을 가진 MP(Multi-parameter) 레이더로 강수 입자를 식별할 수 있게 되어 우량(雨量)을 정확히 관측할 수 있게 되었다. 국토교통성은 2008년 7월에 고베 Toga River(都賀川)에서 발생한 호우로 불어난 사고, 8월에 국지적 호우에 따른 지하 수도관의 사고를 겪은 후, '게릴라성 집중 호우' 대책으로서 전국 주요 도시에 MP 레이더의 배치를 추진하고 있다. 이 우량 정보는 'XRAIN'이라고 하고 1분 간격으로 최신 데이터를 전달하고 있다.

X-NET에 의한 구체적인 관측 사례를 컬러 그림 4에 나타낸다. 2008년 7월 12일 도쿄 23구 내에서 돌풍 피해가 연속 발생했다. 이때의 적란운을 복수(複数)의 도플러 레이더 데이터를 이용해 3차원의 바람 벡터를 계산하여 반사 강도뿐만 아니라 정확한 수평풍과 수직류를 찾을 수 있었다. 피해 지역 상공에는 강수 강도가 100mm/h를 넘는 강한 에코가 존재하고, 동시에 하층에서 강한 하강류가 발산한 것으로 드러났다. 즉, 돌풍 피해의 원인은 다운버스트(Downburst) 혹은 마이크로버스트(Microburst)임이 레이더 관측으로부터 나타났다.

6.5.2 구름 레이더(Cloud Radar)

구름 레이더는 밀리미터(mm)파를 이용한 레이더이며, 구름 내에 존재하는 직경 수 10μm의 구름 입자나 모루(모루 구름, Anvil Cloud) 내의 빙정 등 통상적인 센티미터파 레이더로는 파악하기 어려운 '구름'을 관측할 수 있다. 강수 에코 주변의 구름의 분포, 예를 들어 뇌운의 상단에 형성되는 모루(모루 구름)와 직경 수 10μm의 구름 입자가 대상이다. 이는 라이다(Laser Radar)에서는 구름 내의 감쇠가 크고, 탐지 범위도 한정되기 때문에 밀리미터파 레이더에 의한 관측이 유용하게 된다.

Kyoto University(京都大学)·Osaka Electro-Communication University(大阪電気通信大学) 그룹은 35GHz 대역(파장 8.6mm)의 차재형 밀리미터파 도플러 레이더를 이용하여 연안의 눈구름(뇌운)을 대상으로 C-밴드 X-밴드 레이더와 동시 관측을 시도하여 적란운 내의 싸라기눈을 포함한 비교적 큰 강수 입자에 의한 산란 특성의 차이를 알아냈다. 또한 Communications Research Laboratory(通信総合研究所)에서 개발한 항공기 탑재 구름 레이더(SPIDER)는 95GHz 대역(파장 3.2mm)의 펄스 레이더이고, 장마 전선과 해상의 눈구름 등 메소스케일 강수계를 관측하고 구름의 구조를 파악할 수 있다는 것을 증명했다. 최근에는 Chiba University(千葉大学) 그룹에 의해 주파수가 변조된 연속파를 이용한 구름 관측용의 95GHz대 FM-CW (Frequency Modulated-Continuous Wave) 레이더가 개발되고 있다. FM-CW 방식은 펄스식 레이더에 비해 작은 송신 전력으로 같은 감도를 확보할 수 있어 비용을 낮출 수 있으며, 95GHz대 FM-CW 구름 레이더를 이용해 적란운 발생 초기의 관측이 가능하다. 또한 높은 공간 분해능(수 m)을 갖게 되면서 적란운을 구성하는 구름 덩어리(Turret: 터릿, 그림 6.12)를 관측할 수 있게 되어, 터릿의 성장 과정을 파악하는 것에 성공하고 있다 (컬러 그림 5).

그림 6.12 적란운의 미세 구조[16)]

6.5.3 위상배열 레이더(Phased Array Radar)

위상배열 레이더(PAR: Phased Array Radar)는 다수의 소자를 늘어놓은 안테나로 구성되어 있다. 그래서 지금처럼 파라볼라를 기계적으로 회전시키는 것과는 달리 초단위로 관측할 수 있어 회오리와 국지적인 호우 등 단시간의 이상 기상 현상의 관측에 특히 유효하다. 일본에서도 기상용 위상배열 레이더가 최근 실용화되었다. 안테나는 100개 이상의 슬롯 안테나로 세로로 나란히 구성되어 있다(그림 6.13). 각 안테나로부터 다른 앙각으로 동시에 전파(수평편파(水平偏波): 직선편파로서 대지에 평행을 이루는 파)가 발사된다. 이 평면 안테나를 기계적으로 회전시킴으로써 3차원 데이터를 얻을 수 있다. 반경 60km 범위 내의 데이터는 30초에서 1회전, 반경 15km라면 10초에 1회전시키면 된다. CAPPI 관측으로 약 5분 소요되는 파라볼라형 레이더에 비해 관측 시간은 1/10에서 1/30로 단축되었다. 빔 방향 거리 분해능은 50m, 방위 방향은 약 1°인 기존 레이더와 비슷한 거리 분해능을 가지고 있다. 2차원 안테나를 채택한 것은 가격을 낮추기 위한 것이다. 현재는 이중 편파 기능을 가진 위상배열 레이더의 개발이 시도되고 있다.

그림 6.13 위상배열 레이더 안테나 외관(Japan Radio Company(日本無線) 제공)

6.5.4 레이더를 이용한 단시간 예측(Nowcasting)

레이더를 이용한 대기 현상의 단시간 예측(실황예보, Nowcasting)에는 반사 강도, 도플러 속도, 이중 편파 데이터 등 다양한 정보를 이용한 기법이 개발되고 있다. 여기에서는 실황예보에 이용되는 각 파라미터를 정리한다.

① 최대 반사 강도(강도 데이터): 적란운 내의 에코 코어 내에서 관측되는 반사 강도의 최대치다. 적란운에 관해서는 에코 내에 우박이나 싸라기눈 등의 개체 입자를 포함하고 있느냐가 중요하며, 눈송이와 싸라기눈의 반사 강도를 구별할 수 있으면 효과적인 정보가 된다. 일반적으로 최대 반사 강도와 우박이나 싸라기눈의 입경 분포와는 양의 상관 관계가 있기 때문에, 이중 편파 레이더를 이용한 관측 데이터가 없을 경우, 최대 반사 강도 데이터는 효과적인 파라미터가 될 수 있다. 적란운 내의 에코 코어의 판별, 추적 등도 가능하다.[17)]

② 에코 꼭대기 고도(강도 데이터): 최소 수신 감도 레벨의 에코 꼭대기 혹은 강한 에코 영역의 에코 꼭대기 고도 정보는, 구름이나 강한 에코 영역이 연직 방향으로 어느 고도까지 발달했는지 알 수 있어 뇌운(Thundercloud)의 판별 등에 효과적이다. 에코 꼭대기 고도와 더불어 에코 꼭대기 온도도 중요하며, 레이더 탐지 범위 내를 대표하는 기온의 연직 프로파일은 고층기상관측 데이터를 내삽하여 지상기온으로 보정하는 방법이 있다.

③ 에코 면적(강도 데이터): 적란운의 에코 면적(에코 전체 면적 혹은 강한 에코의 면적)으로 그 발달과정 중의 최성기(最盛期)로 찾을 수

있기 때문에, 에코 면적의 변화로 적란운의 발달을 논의할 수 있다. 슈퍼셀 등 단일 거대 적란운이면 에코 면적의 시간 변화가 현저하다. 그러나 눈구름은 지름이 수 km 정도로 스케일이 작기 때문에, 에코 면적의 변화로 임계값을 찾기 어렵다. 또, 이중 편파 레이더로 계측된 싸라기눈의 함유 면적은 중요한 파라미터가 된다.

④ 연직 적산치(강도 데이터): 연직 적산치(Integrated Value)는 기본적으로 강도 데이터를 구름 밑에서 구름 정상까지 더한 값(함수량으로 환산해 나타내는 경우가 많다)으로 나타난다. 즉, 강한 에코 지역의 3차원적인 공간 분포를 나타낼 수 있다. 우박이나 싸라기눈 존재 시의 임계값이나 호우 시의 값이 밝혀지면, 실황예보의 유용한 파라미터의 하나가 될 수 있다.

⑤ 에코 코어(Core)의 하강(강도 데이터): 강한 레이더 에코 영역의 시간 변화를 파악하는 것은 호우나 다운버스트 파악에 유익한 정보가 된다. 다운버스트 검출을 위해 강수 코어의 강하를 자동적으로 파악하는 방법이 보고되고 있다. 다운버스트의 형성 원인은 강수의 증발냉각 효과가 적고 싸라기눈 등의 강수 입자에 의한 로딩(Loading, 공기 덩어리를 끌어들이는 효과)이 효과가 있다는 것을 생각하면 에코 코어의 강하와 다운버스크의 풍속과는 높은 상관관계가 있다.[18)]

⑥ 하층 수렴(속도 데이터): 돌풍전선(Gust Front)은 적란운 에코의 중심에서 전방 약 10km에 형성되고, 도플러 레이더에서는 고도 1km 이하에서 수렴 영역으로 관측된다. 도플러 레이더에 의한 다운버스트/윈드 시어(Wind Shear)의 검출은 이미 주요 비행장에서 실용화되어 있다. 또, 마찬가지로 바람의 시어 라인(Shear Line, 국지 전

선 혹은 불연속선)도, 레이더에서도 검출하는 것이 가능하다.

⑦ 상승류(속도 데이터): 연직 유속은 적란운의 발달(상승류)이나 하강류를 직접 관측할 수 있다는 점에서 중요한 파라미터이다. 일반적으로 직접 관측은 어렵고, 1대의 도플러 레이더에서 관측된 볼륨 스캔 데이터에서 수직류를 추정할 수 있지만, 오차도 커지는 것에 주의를 요한다.

⑧ 강수 입자 판별(편파 데이터): 반사 강도(Z_H)와 반사인자 차(Z_{DR})에서 강수 입자(특히 싸라기눈)를 판별하여 최대 반사 강도, 에코 면적, 연직 적산치 등의 강도 데이터와 조합함으로써 보다 정밀한 논의가 가능해진다.

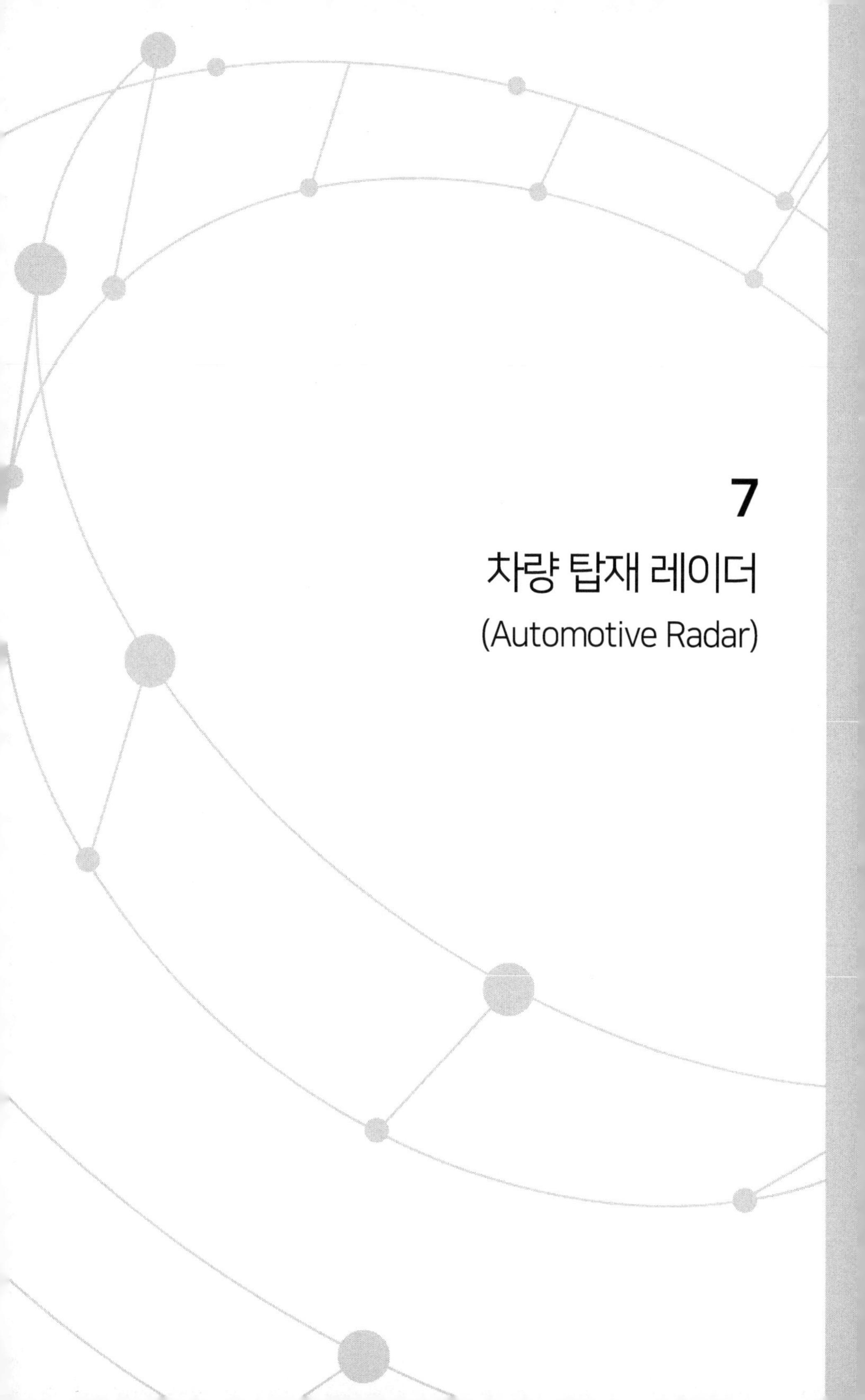

7
차량 탑재 레이더
(Automotive Radar)

7

차량 탑재 레이더
(Automotive Radar)

급속한 자동차 사회로의 발전에 따라 교통사고가 급증하고 있으며, 특히 교통사고 사망자 수는 세계적으로 해마다 증가하는 경향을 나타내고 있다. 최근에 안전한 자동차 사회의 실현을 위해서 밀리미터파(mmWave) 레이더, 레이저(LASER: Light Amplification by the Stimulated Emission of Radiation) 레이더, 적외선 센서, 초음파 센서, 광학 카메라 등 각종 센서 시스템을 이용한 자동차 주변 환경 인식, 운전 조작 지원 기술 등 안전운전 지원 시스템 개발이 진행되고 있다(표 7.1). 자동차 운전자를 위한 안전운전 지원 시스템(ADAS: Advanced Driver Assistance Systems)의 기능들은 그림 7.1과 같다.

안전운전 지원 시스템은 미래 자율 주행(Automatic Driving) 자동차를 위해 계속 진화되고 있다. 차량 탑재 레이더는 주야 및 전천후(全天候)성의 특징을 가지고 있어서 안전운전 지원 시스템에서 중요한 센서로 자리 매김되고 있지만, 탐지 구역의 확대나 도시 같은 복잡한 환경에서의 운용을 위한 해상도 향상 등의 고기능화(高技能化)가 요구되고 있다. 근래에는 원거리 전방 관측 용도의 76GHz 대역 레이더, 전후방(Anterior and Posterior) 감시

표 7.1 자동차에 탑재되는 각종 센서의 특징

성능/방식	근거리 레이더	원거리 레이더	레이저 레이더	초음파 센서	카메라	적외선 카메라
탐지범위<2m	△	△	△	○	○	×
탐지범위 2-30m	○	○	○	×	△	×
탐지범위 30-150m	×	○	○	×	×	×
각도검출범위<10deg	○	○	○	×	○	○
각도검출범위>30deg	△	×	○	△	○	○
각도해상도	△	△	○	×	○	○
상대속도검출	○	○	×	△	×	×
전천후(全天候)	○	○	△	△	△	△
야간에 탐지 여부	○	○	○	○	×	○

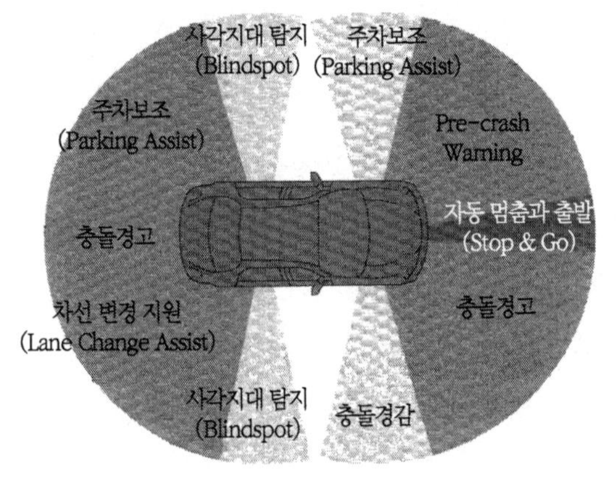

그림 7.1 자동차의 안전운전 지원 시스템(Advanced Driver Assistance Systems)

용도의 24GHz/26GHz 대역 레이더를 거쳐서 사용 가능한 주파수 대역폭이 4GHz로 초광대역이고, 고해상도화가 가능한 79GHz 대역 UWB(Ultra Wide-Band) 레이더의 개발이 기대되고 있다.[1)]

본 장에서는 차량용 밀리미터파 레이더의 탐지거리, 변조(Modulation) 방식의 기본 원리, 클러터의 통계적 성질, 신호 처리의 예(클러터 제거, 복수의 목표물 탐지·식별) 및 향후의 해결해야 할 과제에 대해 해설한다.

7.1 차량 레이더의 개요와 특징[2)]

(1) 76GHz 대역 레이더

76GHz 대역 레이더는 주로 차량의 전방 100~200m 정도의 장애물을 거리 해상도 1~2m, 시야 각 10° 정도로 탐지하는 전방 관측용 장거리 레이더로 이용되고 있다. 특히 고속도로 ACC(Adaptive Cruise Control, 차량 간격 자동제어) 시스템으로서 1999년에 처음 시장에 도입된 이후 순조롭게 보급되고 있다. 또한 2003년부터는 전방감시 충돌경고(Pre-crash Warning) 시스템이나 전방감시 충돌경감 브레이크(자동 브레이크) 시스템(CMBS: Collision Mitigation Brake System)을 탑재한 차량이 일부 자동차 제조 업체로부터 시장에 투입되었고, 최근에는 감시 범위를 전방뿐만 아니라 자동차 주변으로 확대함으로써 충돌 경감·예방 효과를 높인 안전 운전 지원 시스템의 실용화를 위한 개발이 진행되고 있다.[2)]

(2) 24GHz/26GHz 대역 레이더

기존 레이더의 점유 주파수 대역폭(OBW: Occupied Band Width)에서는 충분한 거리 해상도를 확보할 수 없기 때문에, 주파수대 폭이 넓은 24GHz/26GHz 대역(24GHz 협대역(狭帯域) 레이더: 200MHz 이하, 76GHz/60GHz 대역 레이더: 500MHz) UWB(Ultra Wide-Band)레이더가 미국, 유럽, 일본에서 각각 2002년, 2005년, 2010년에 단거리 레이더(SRR: Short Range Radar)로서 실용화되었다. 그러나 유럽에서는 사용 기한을 2013년(단, 24.25-26.65GHz에서 동작하는 레이더는 2018년)으로 정했으며 그 후에는 새로운 79GHz 대역으로 옮겨가는 것이 조건이다. 일본에서도 24GHz 대역 UWB레이더에 대해서는 사용 기한이 2016년으로 규정되었으며, 또 26GHz 대역 UWB레이더는 다른 시스템과 공존 가능한 최대 보급률(7%)을 넘을 것이 예상되는 2022년경까지 간섭 완화 대책이 필요하다고 하고 있다.

(3) 새로운 79GHz 대역 UWB레이더

앞서 서술한 76GHz/60GHz 대역 레이더 혹은 24GHz/26GHz 대역 UWB레이더를 이용한 안전운전 지원 시스템(ADAS)은 탐지 대상을 주로 차량 등 큰 대상물로 하고 있으며, 운용 장소도 고속도로와 같은 자동차 전용도로로 하고 있다. 한편, 일반도로의 차량 탑재 레이더에 의한 안전운전 지원 시스템의 실현에는 복잡한 주위 환경에서 단거리(0.2m 정도)부터 중거리(50~70m)까지 보행자 등의 작은 물체를 고정밀도(高情密度)로 분리·탐지(거리 해상도 20cm 정도)하는 것이 필요하다. 이에 대해서, 기존의 76GHz 대역 레이더는 거리 해상도의 요구 조건을 충족하기 어렵고, 24GHz/26GHz 대역 레이더는 사용 기한이 정해져 있어, 항구적으로 이용 가능한 새로운 고해상도 레이더의 실용화가 요구되고 있다. 그래서 탐지 정확도가 높아 국제적으로도 도입을 위한 검토가 진행되고 있는 79GHz 대역 레이더가 큰 주목을 끌었으며(그림 7.2), 관련 연구 개발을 하고 있다.

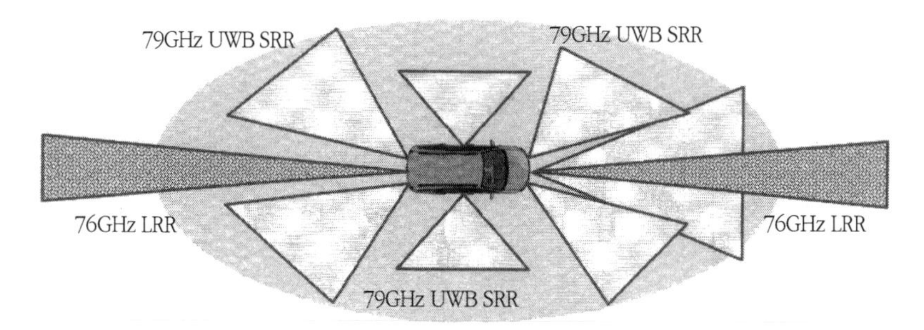

그림 7.2 79GHz 대역 UWB레이더의 주변 감시 시스템 구성: 단거리 레이더(SRR: Short Range Radar)와 장거리 레이더(LRR: Long Range Radar)

7.2 변조방식

7.2.1 FM-CW방식

그림 7.3에서와 같이, FM-CW방식(Frequency-Modulated Continuous-Wave)은 주기적으로 증감하는 FM송신파와 목표물로부터의 반사 신호와의 혼합에 의해서 발생한 비트 주파수(Beat Frequency, '맥놀이 주파수'라고도 함)를 계측함으로써, 거리 및 속도 검출을 실시한다.[3] 즉, 이 비트 주파수에는 거리 R과 목표물의 상대속도 v의 정보를 포함하고 있으므로, 증가 및 감소하는 FM기울기의 송신파로부터 비트 주파수 f_{up}과 f_{down}을 각각 다음과 같이 나타낼 수 있다.

$$f_{up} = \frac{2(\Delta\dot{f}R + fv)}{c} \tag{7.1}$$

$$f_{down} = \frac{2(\Delta\dot{f}R - fv)}{c} \tag{7.2}$$

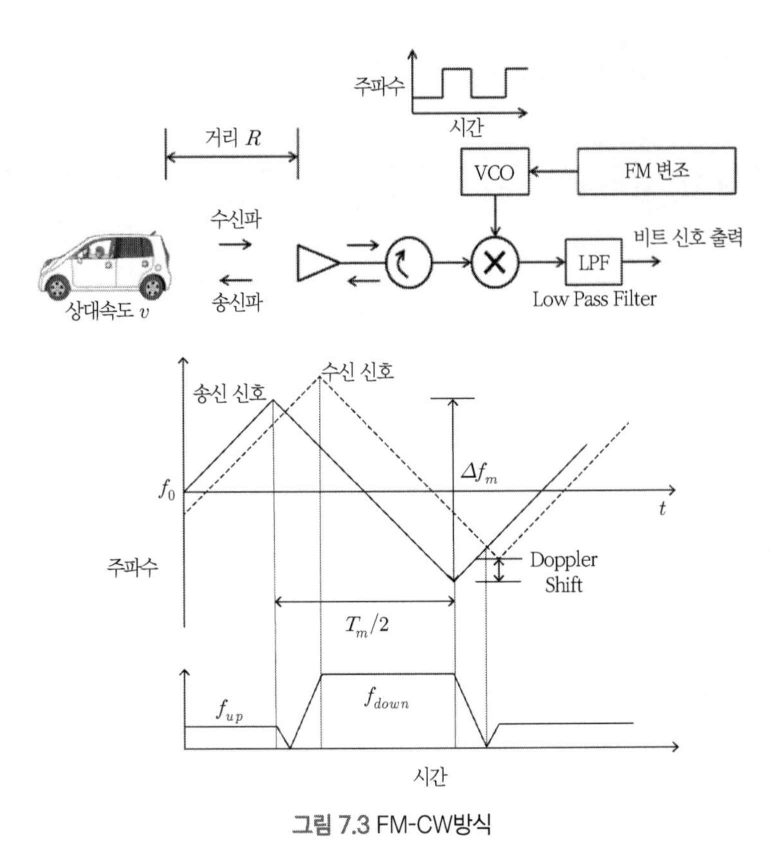

그림 7.3 FM-CW방식

여기서 FM기울기는,

$$\Delta \dot{f} = \frac{\Delta f_m}{T_m} \tag{7.3}$$

이다. 여기서 f는 레이더 주파수, Δf_m은 FM 변조폭, T_m은 변조 반복 주기이다. 그러므로 거리 R과 속도 v는 식 (7.1)과 식 (7.2)를 이용해서 구할 수 있다. 단, 식 (7.1)과 식 (7.2)의 우변 제2항이 제1항과 비교해서 충분히 작을 경우에는 어느 한쪽의 FM기울기의 송신파로부터도 거리측정이 가능하다. 또한, 이 방식의 거리 해상도 ΔR과 속도 해상도 Δv는 각각 다음의 식으로 주어진다.

$$\Delta R = \frac{c}{2\Delta f_m} \tag{7.4}$$

$$\Delta v = \frac{\lambda}{T_m} \tag{7.5}$$

여기서 λ는 파장이다. 또, 이 방식에서 필요한 수신기 대역(B_0)은, 거리 탐지폭 및 속도 탐지폭을 각각 ΔR 및 Δv로 나타내면 다음 식으로 주어진다.

$$B_0 = \frac{4\Delta f_m}{cT_m}\Delta R + \frac{4}{\lambda}\Delta v \tag{7.6}$$

식 (7.6)으로부터 높은 거리 해상도를 좁은 수신기 대역폭으로 얻을 수 있다는 것을 알 수 있지만, 광대역 VCO(Voltage-controlled Oscillator, 전압제어발진기)의 비선형성으로 해상도가 나빠지는 일이 있다. 이것은 비선형성에 의해서 비트 신호의 주파수 스펙트럼이 넓어지기 때문이다.[4] 게다가 송신파는 CW파(Continuous-wave, 지속파)이기 때문에 다른 레이더에 간섭을 일으키고, 빔 내의 간섭파나 여러 목표물에 대해서는 복수의 f_{up}와 f_{down}의 조합을 결정할 필요가 있으며(커플링(Coupling) 문제), 또한 대폭적인 해상도의 저하도 예상된다. 목표물이 많은 환경에서 이 문제의 해결책으로서, 시분할로 경사가 다른 스위프(Sweep)를 하는 방법이 알려져 있지만, 관측 시간이 길어지고 동시에 목표물이 많아지면 그 효과를 충분히 얻을 수 없게 된다는 점이 지적되고 있다. 또한, 멀리 있는 타깃으로부터의 반사파가 근처에 있는 물체로부터의 반사파에 묻혀, 그 탐지가 곤란해지는 원근 문제(Near Far Problem)도 안고 있다. 따라서 전방뿐 아니라 차량 주변을 감시하는 것이 필요한 차량 레이더에서는, 간섭을 주거나 받기도 어려운 고해상도 레이더 방식이 요구된다.

7.2.2 2주파 CW방식(2 Frequency CW Radar)

그림 7.4와 같이 2주파 CW방식은 주파수 f_1의 CW 신호와 아주 조금 다른 주파수 f_2를 번갈아 송신하고, 각각의 주파수의 구간에서 로컬(Local) 신호와의 믹싱(Mixing)에 의해서 발생한 비트 주파수를 계측함으로써 거리 및 속도를 검출한다. 각 주파수에서 송신 신호 T_{f1}와 T_{f2}는 다음 식에서 주어진다.

$$T_{f_1}(t) = A\cos(2\pi f_1 t + \phi_1) \tag{7.7}$$

$$T_{f_2}(t) = A\cos[2\pi(f_1 + \Delta f)t + \phi_2] \tag{7.8}$$

여기서, $\Delta f = f_2 - f_1$, ϕ_1과 ϕ_2는 각 송신 신호의 초기 위상이다. 다음으로, 목표물 반사 신호 R_{f1}와 R_{f2}, 송신 신호의 일부를 이용하는 수신 혼합기(Mixer)의 로컬 신호 Lo_{f1}와 Lo_{f2}는 다음 식에서 주어진다.

$$R_{f_1}(t) = a\cos\left[2\pi f_1\left(t - \frac{2(R - vt)}{c}\right) + \phi_1\right] \tag{7.9}$$

$$R_{f_2}(t) = a\cos\left[2\pi f_2\left(t - \frac{2(R - vt)}{c}\right) + \phi_2\right] \tag{7.10}$$

$$L_{Of_1}(t) = B\cos(2\pi f_1 t + \phi_1) \tag{7.11}$$

$$L_{Of_2}(t) = B\cos(2\pi f_2 t + \phi_2) \tag{7.12}$$

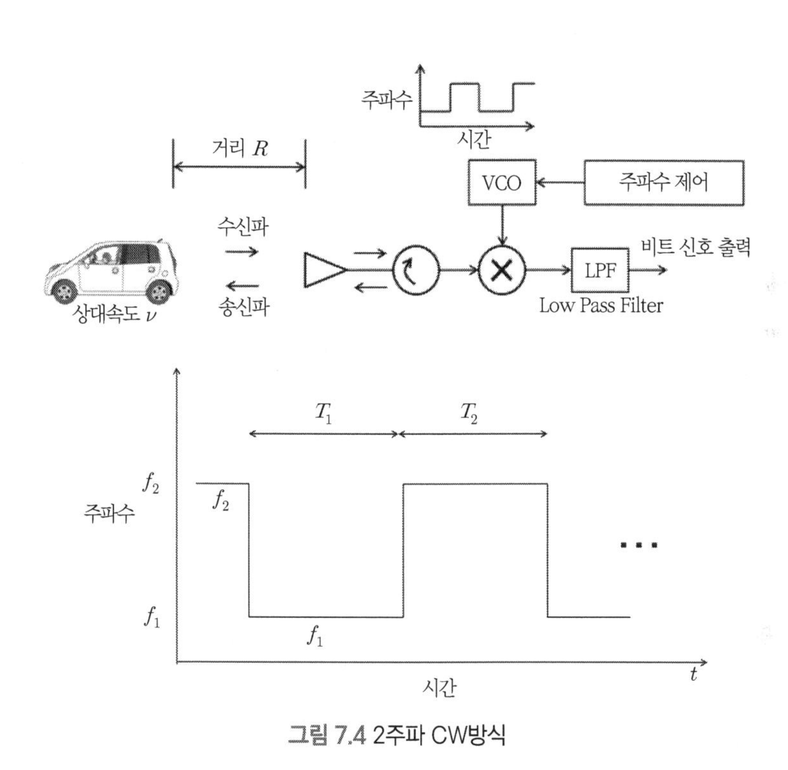

그림 7.4 2주파 CW방식

믹싱(Mixing) 후, 비트 신호는 각각 다음 식으로 얻을 수 있다.

$$B_{f_1}(t) = K\cos\left[\frac{-4\pi f_1 R}{c} + \left(\frac{4\pi f_1 v}{c}\right)t\right]$$
$$= K\cos(\theta_1 + \omega_{beat1}) \tag{7.13}$$

$$B_{f_2}(t) = K\cos\left[\frac{-4\pi f_2 R}{c} + \left(\frac{4\pi f_2 v}{c}\right)t\right]$$
$$= K\cos(\theta_2 + \omega_{beat2}) \tag{7.14}$$

$$\omega_{beat1} = \frac{4\pi f_1 v}{c} = 2\pi f_{beat1} \tag{7.15}$$

$$\omega_{beat2} = \frac{4\pi f_2 v}{c} = 2\pi f_{beat2} \tag{7.16}$$

목표물과의 상대 속도 v는 식 (7.17)과 식 (7.18)을 풀어 구할 수 있다.

$$v = \frac{f_{beat1} \cdot c}{2f_1} \tag{7.17}$$

$$v = \frac{f_{beat2} \cdot c}{2f_2} \tag{7.18}$$

또, 식 (7.13)의 비트 신호 ω_{beat1}의 위상 θ_1은, 송신 신호에 대한 반사 신호의 위상 차(지연)이며, 식 (7.14)의 비트 신호 ω_{beat2}의 위상 θ_2도 마찬가지이다. 이 2개의 비트 신호의 위상차($\theta_1 - \theta_2$)에서 목표물까지의 거리 R을 구할 수 있다.

$$R = \frac{\Delta\theta \cdot c}{4\pi(f_2 - f_1)} \tag{7.19}$$

여기서,

$$\Delta\theta = \theta_1 - \theta_2 \tag{7.20}$$

식 (7.19)에서 거리 모호성(Ambiguity, 일반적으로 '앰비규티'라고 부름)을 피하려면 $\Delta\theta < 2\pi$를 충족시킬 필요가 있다. 한편, 목표물과의 상대 속도가 제로일 때는 비트 신호의 출력은 직류 성분만이 되므로 거리 측정을 할 수 없게 된다. 또, 복수의 목표물의 상대 속도가 같은 경우에는 타깃의 분리가 되지 않는다.[5]

7.2.3 상대 속도 제로 및 상대 속도 동일한 복수 목표물 탐지 대책

앞서 설명한 것처럼 2주파 CW방식에서는 레이더와 목표물의 상대 속도가 제로의 경우 비트 신호는 직류 성분만 되기 때문에 거리의 검출이 불가능하다. 또, FM-CW방식에서는 복수 목표물의 커플링(Coupling) 문제가 있다. 이 해결책으로 두 방식을 조합한 방식이 제안되었다.[6), 7), 8)]

또한 2주파 CW방식을 발전시켜서 1) 다주파(多周波)를 계단식으로 변화시키면서 각 주파수를 소정의 주기와 폭으로 펄스화하는 송신파로 보다 정밀하게 상대 속도 제로와 상대 속도가 동일한 복수 목표물을 탐지하는 다주파 스텝 ICW(Interrupted CW)방식이나, 2) 협대역 계단형 FM 펄스열(Stepped-FM Pulse Sequences)을 송신하고 수신부에서 역 푸리에 변환(Inverse Fourier Transform)에 의해 초단 펄스(Ultrashort Pulse)로 합성하는 계단형 FM(Stepped-FM)방식도 제안되고 있다.[9), 10)]

7.3 클러터(Clutter)의 통계적 성질

근거리 주변 감시용으로 이미 개발되어 일부 운용되고 있는 24GHz 대역과 26GHz 대역의 차량 레이더나, 차세대 차량 탑재 레이더로서 기대되고 있는 79GHz 대역 차량용 레이더에는 안테나 빔 광각화(広角化)로 인하여, 수신 신호에 노면(路面)과 인공 구조물 등의 클러터를 포함하고 있어서, 목표물 탐지에서 커다란 장애가 될 것으로 예상된다.[11] 여기서는 일례로서 24GHz 대역 차량용 레이더의 클러터의 통계적 성질에 대해서 설명한다. 3장에서도 설명하였으나 클러터의 분포 모델로서 유력한 Log-normal, Weibull, 그리고 Log-Weibull 분포에 대해서 아카이케 정보량 기준(AIC: Akaike Information Criterion)을 이용해 정량적인 분포 추정을 실시한다.[12]

7.3.1 레인지 프로파일(Range Profile)

그림 7.5와 같이 시가지(市街地) 주행을 상정하여 양 사이드에 인공 구조물이 있는 환경(강한 클러터 환경)과 교외 주행을 상정한 구조물이 없는 환경(약한 클러터 환경)에서의 레인지 프로파일을 계측했다. 그림 7.6에는 강한 클러터 환경에서 계측한 레인지 프로파일의 일례를 보여준다. 또한 송수신 안테나 전방 15m 부근에 목표물로 세단차량을 설치하였다. 그림으로부터 광대역화(Wide-band)에 따라 타깃과 클러터의 분리가 가능한 것으로 확인할 수 있다. BW=5GHz, 1GHz에서는 20m, 30m 부근에 스파이크 형태의 클러터도 확인할 수 있어서 UWB레이더에서는 목표물과 클러터의 분리가 가능하지만 목표물과 비슷하거나 혹은 그보다 큰 스파이크 형태의 클러터가 발생하는 것을 알 수 있다.

(a) 강한 클러터 환경　　　(b) 약한 클러터 환경

그림 7.5 클러터 환경

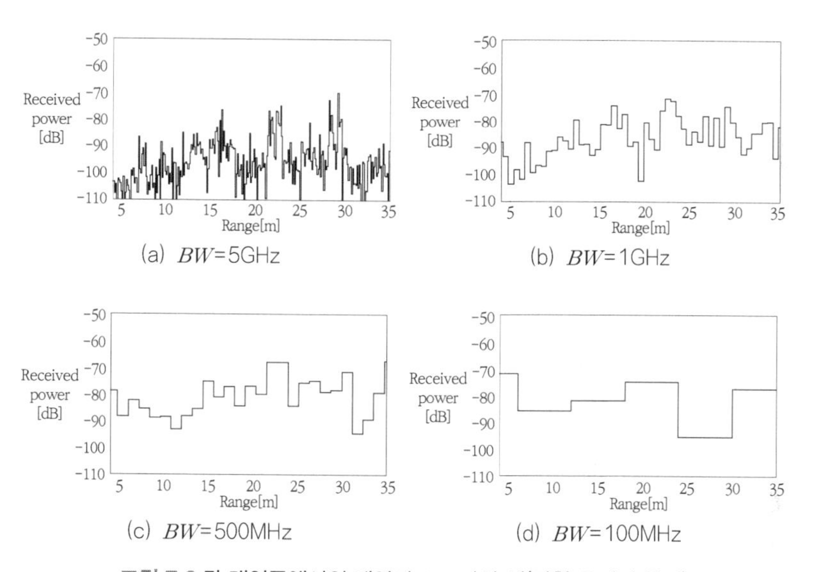

(a) BW=5GHz　　　(b) BW=1GHz

(c) BW=500MHz　　　(d) BW=100MHz

그림 7.6 각 대역폭에서의 레인지 프로파일 예(강한 클러터 환경)

7.3.2 클러터의 통계적 성질

계측한 클러터의 신호 강도 분포에 Log-normal(대수 정규), Weibull(와이블), Log-Weibull(대수 와이블) 분포[13),14)]를 회귀(Regression)시킨 예를 그림 7.7에 나타낸다(강한 클러터 환경). BW=5GHz에서는 Log-normal 분포를 따르는 것을 알 수 있다. 이것은 BW=1GHz 이상에서는 Log-normal에 가까운 분포인 것을 확인할 수 있다.

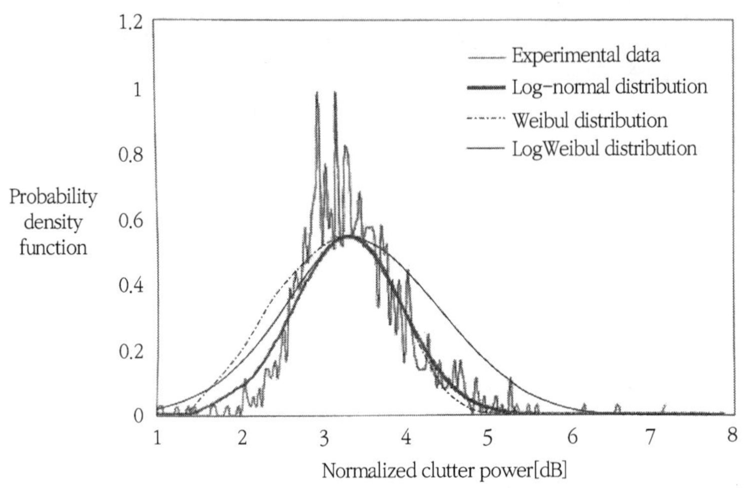

그림 7.7 클러터의 분포 추정(BW=5GHz)

7.3.3 아카이케 정보량 기준(AIC)에 의한 분포 검정

표 7.2에 강한 클러터 환경과 약한 클러터 환경에서 계측한 클러터에 대해서 Log-normal, Weibull, Log-Weibull 분포의 MAIC(Modified AIC)를 보여주고 있다. AIC의 값에 밑줄을 그은 것은 Log-normal과 Weibull 분포만 비교한 경우의 MAIC이며, 숫자의 좌측 상단에 별표(Asterisk)를 붙인 것은, Log-Weibull 분포를 포함한 3개의 분포에 대한 MAIC이다. 그 결과 Log-normal과 Weibull 분포를 비교하면 강한 클러터 환경과 약한 클러터 환경 모두 대역폭에 관계없이 Log-normal 분포를 따르는 것을 알 수 있다. 다음으로 Log-Weibull 분포를 포함하여 3가지를 비교한 경우, 유의미

한 차이를 가지고 BW=500MHz 이상에서 Log-normal 분포, BW=100MHz에서는 Log-Weibull 분포를 따른다.

표 7.2 AIC에 의한 분포 추정[1]

(a) 강한 클러터 환경

BW	Log-normal	Weibull	Log-Weibull
5GHz	*7003	7014	7013
1GHz	*7321	7329	7326
500MHz	*7280	7360	7291
100MHz	6843	6864	*6779

(b) 약한 클러터 환경

BW	Log-normal	Weibull	Log-Weibull
5GHz	*6579	6742	6605
1GHz	*6657	6714	6660
500MHz	*6833	6842	6834
100MHz	6744	6746	*6721

7.4 클러터 제거(Clutter Reduction)

UWB(Ultra Wide-Band)레이더는 안테나의 광각성(広角性) 때문에 가드레일이나 건물 등으로부터의 다양한 클러터를 수신하고, 그중에서 목표물 또는 위험 차량을 정확히 탐지해야만 한다. 본 절에서는 파라메트릭 혹은 모수적인(Parametric) CFAR와 펄스 적분(Pulse Integration)을 이용한 클러터 제거법에 대해 설명한다. 추가로 탐지 성능을 개선하기 위해 복.

1 역) 숫자는 의미가 없으나 상호 비교에는 유용한 방법으로, 값이 작으면 좋다.

수의 차량과 클러터의 레인지빈(Range Bin)[2]별 신호 강도 변동의 발생 확률에 주목한 UWB 특유의 클러터 제거법을 설명한다.

7.4.1 레인지 프로파일(Range Profile)

그림 7.8처럼 강한 클러터 환경에서의 레인지 프로파일을 그림 7.9에 나타낸다. 중심 주파수는 24GHz, 대역폭 BW는 5GHz, 1GHz이다. 송수신 안테나의 전방 20m 부근에 세단(Sedan) 차량(Target #1), 15m 부근에 SUV(Sports Utility Vehicle)(Target #2), 6m 부근에 원박스 카(One Box Car)(Target #3)를 목표물 차량으로 설치한 상황이다. 그림으로부터 $BW=$

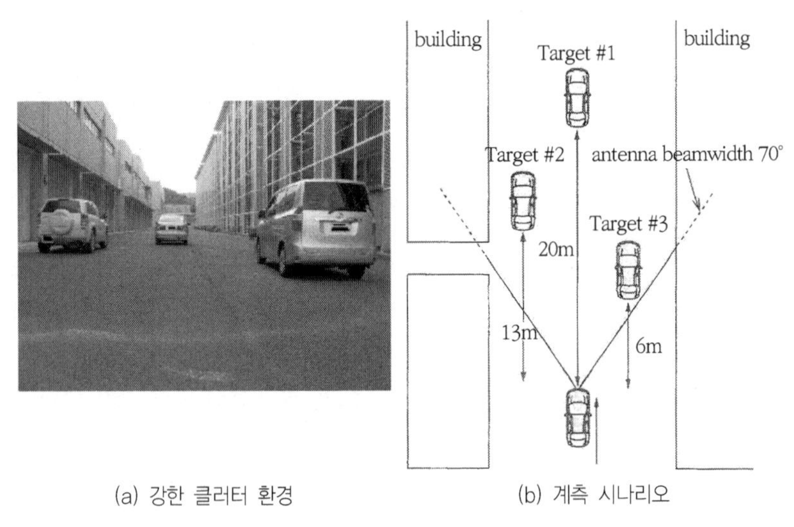

(a) 강한 클러터 환경 (b) 계측 시나리오

그림 7.8 복수의 목표물 시나리오

---

2 역) Range gate에서 각 게이트를 레인지빈(Range Bin)이라 한다.

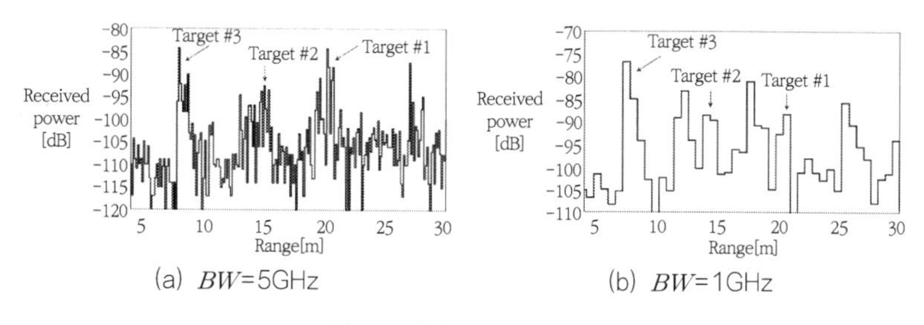

그림 7.9 레인지 프로파일의 예

5GHz, 1GHz에서 모두 7m 부근에 강한 신호를 확인할 수 있는데, 이는 원박스 자동차로부터의 반사 신호이다. 신호의 대부분은 차체 후부의 번호판이나 범퍼, 리어 패널, 휠로부터 나오기 때문에,[15), 16)] 각 신호의 경로 길이 차(Path Length Difference)가 거리 해상도에 따라 레인지 방향에서의 퍼짐으로 나타난다. 또, 15m, 20m 부근에도 SUV차와 세단 차량으로 보이는 비교적 강한 신호가 있지만, 근처에 스파이크 형태의 클러터도 확인할 수 있다. 이는 양 사이드의 인공 구조물이나 노면에서의 반사이다. 그림 7.10은 계측한 16개의 레인지 프로파일을 시계열적으로 배치한 레

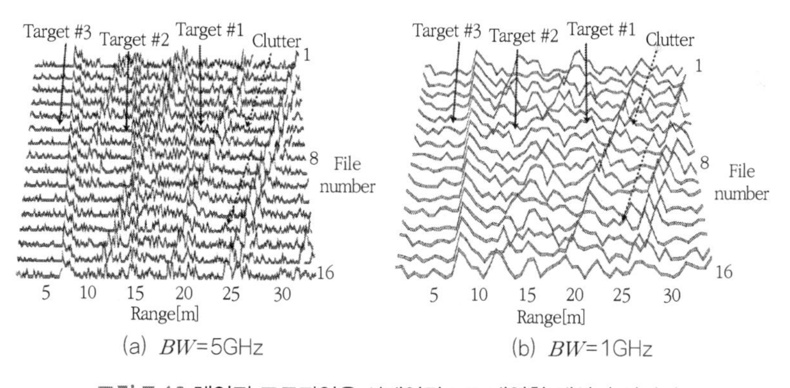

그림 7.10 레인지 프로파일을 시계열적으로 배열한 레이더 이미지

이더 이미지다. 7m, 15m, 20m 지점에 각각의 목표 차량이 존재하지만 지면 클러터(Ground Clutter)에 파묻혀 탐지하는 것은 어렵다. 그래서 지면 클러터의 통계적 성질을 이용한 모수적인(Parametric) CFAR와 펄스 적분을 이용해서 지면 클러터를 제거해 탐지 특성을 개선한다.

7.4.2 펄스 적분에 의한 신호 전력 대 클러터 전력비 (SCR: Signal to Clutter Power Ratio)

그림 7.11에 펄스 적분에 의한 SCR(Signal to Clutter Ratio)을 나타낸다. 여기서 SCR은 시행 횟수 100회의 집합 평균이다. 그림으로부터, 펄스 적분 횟수를 n으로 하면, 예를 들면 $n=8$일 때 SCR은 $BW=5\text{GHz}$, 1GHz에서 각각 3.1dB, 2.0dB, $n=64$일 때 4.6dB, 4.0dB이며, n에 비례하여 SCR이 증

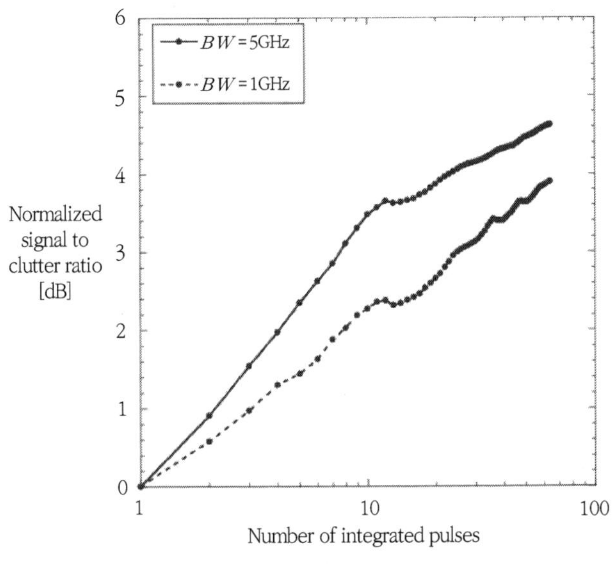

그림 7.11 펄스 적분으로 인한 SCR

가함을 확인할 수 있다. 여기서 $n=8$, 64일 때의 레인지 프로파일은 그림 7.12에서와 같다. 우선, $n=8$에서는 BW=5GHz, 1GHz에서, 그림 7.9에 나타나는 적분 처리 전의 레인지 프로파일과 비교하면 각 목표 차량을 시인할 수 있지만, 몇몇의 지면 클러터가 잔류하고 있다. 한편, $n=64$에서는 잔류한 지면 클러터도 제거되고 목표 차량은 눈으로 확인할 수 있다. 하지만 보다 적은 적분 횟수(보다 짧은 적분 시간)로 지면 클러터를 제거해 탐지 특성을 개선하는 것은 중요한 과제이다.

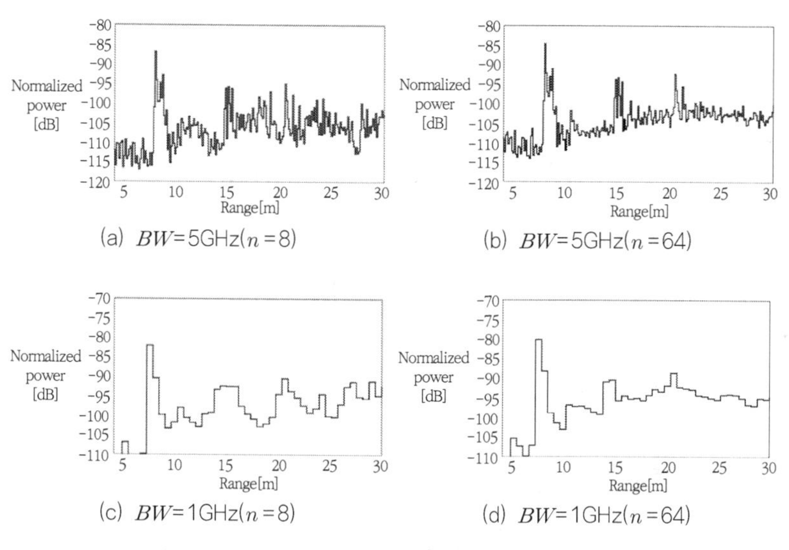

그림 7.12 적분 처리 후의 레인지 프로파일의 예($n=8$, 64)

7.4.3 모수적인(Paramatric) CFAR와 펄스 적분에 의한 클러터 제거

그림 7.13에 BW=5GHz에서의 모수적인 CFAR와 펄스 적분($n=8$) 후의 레인지 프로파일을 나타낸다. 여기에서는 Log-normal에 따르는 지면 클러터를 LOG/CFAR 처리한다.[17] 그림 7.12와 비교해보면 지면 클러

터의 수가 줄어 각 목표물을 시인할 수 있게 되었지만 전체적으로 거리 해상도가 나빠지고 있다. 이것은 LOG/CFAR의 기본 처리가 대수 증폭(Logarithmic Amplification)된 클러터와 필터에 의해 평활화된 클러터의 감산처리법(Subtraction Method)이고, 레인지 방향으로 이동평균(Moving Average) 처리하기 때문에 거리 해상도가 나빠지게 되는 것이다.

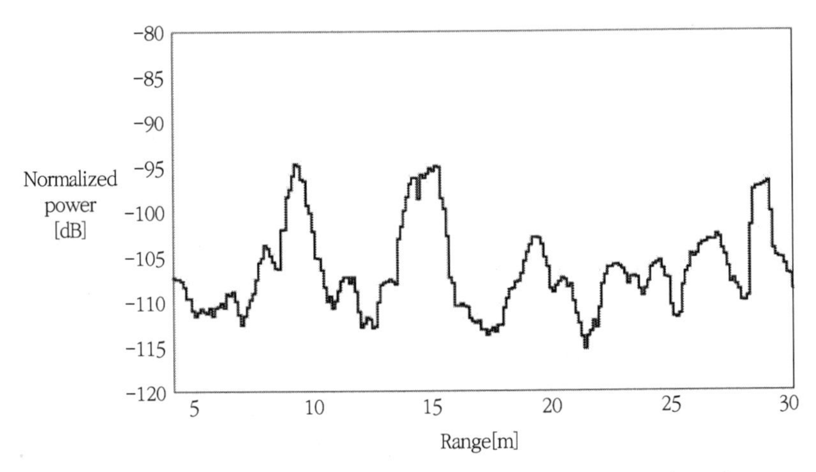

그림 7.13 모수적인 CFAR와 펄스 적분 후의 레인지 프로파일 예($n=8$)

7.4.4 가중 펄스 적분법(Weight Pulse Integration)[18]

(1) 기본 원리

그림 7.14 (a)에 Target #2와 그 근방에서 지면 클러터의 신호 강도의 확률 분포, 그림 7.14 (b)에 모든 레인지빈(Range Bin)의 지면 클러터의 신호 강도 분포를 나타낸다. 그림 (a)에서 $BW=5$GHz, 1GHz일 때 목표물인 차량에 비해 지면 클러터의 신호 강도 변화는 크다. 이는 목표물의 분산(Variance)치보다 지면 클러터의 분산치가 크다는 것을 나타낸다. 여

기서 목표물 차량의 신호 강도의 최소치를 임계값 Th로 하면, $BW=$ 5GHz에서는 $Th=-97$dB일 때, 클러터의 발생 확률(오경보 확률에 해당)은 약 10%, $BW=1$GHz에서는 $Th=-105$dB일 때, 클러터의 발생 확률은 약 60%가 된다. 또한 그림 7.14의 결과에서 임의의 레인지빈의 지면 클러터의 신호 강도 분포와 모든 지면 클러터의 신호 강도 분포는 거의 일치한다. 따라서 임계값을 고정했을 경우, 지면 클러터는 각 레인지빈에서 거의 같은 발생 확률을 가진다. 가중 펄스 적분법은 임계값을 넘는 목표물 차량과 지면 클러터의 발생 확률을 펄스 적분을 이용하는 수법이다.

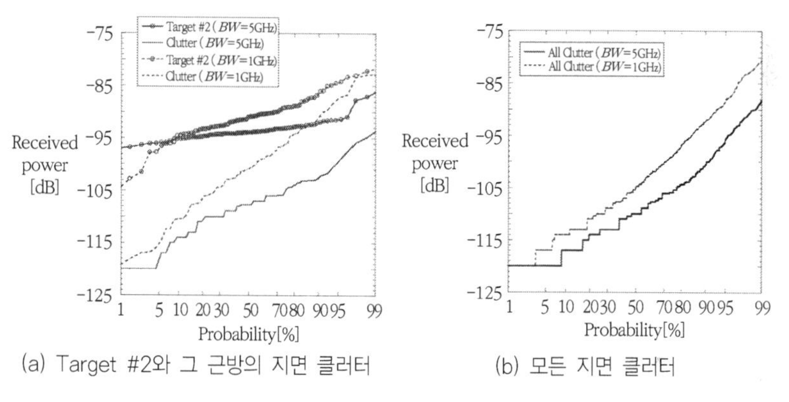

(a) Target #2와 그 근방의 지면 클러터 (b) 모든 지면 클러터

그림 7.14 신호 강도의 확률 분포 사례

(2) 발생 확률

각 레인지빈에 있어서 임계값 Th를 넘게 되는 목표물 차량과 지면 클러터 발생확률 w은 다음 식으로 나타난다.

$$w(j) = \frac{1}{M}\sum_{m=1}^{M} a_m(j) \tag{7.21}$$

단,

$$a_m(j) = \begin{cases} 1 & (x_m(j) > Th) \\ 0 & (x_m(j) < Th) \end{cases} \tag{7.22}$$

여기서 j는 레인지빈 수, m는 레인지 프로파일 수이다. $a_m(j)$는 신호 전력이 Th 이상으로 되면 1, Th 이하면 0을 준다.

그림 7.15에 n=8, Th=−107dB, −100dB(BW=5GHz, 1GHz에서의 목표물 차량과 지면 클러터를 포함한 신호 전체 평균치 전력)때의 각 레인지빈의 가중계수(Weighting Factor)를 나타낸다. 그림으로부터 각 목표 차량의 가중계수는 w=1이 되고, 지면 클러터는 w=0.7 이하인 것을 확인할 수 있다. 그러므로 가중 펄스 적분을 사용함으로써 종래의 펄스 적분보다 적은 적분 수로 클러터 제거를 기대할 수 있다. 또한, 지면/노면(路面) 클러터의 발생 확률이 일정하지 않은 것은 발생 확률을 산출하는데 사용되는 모수(母數)가 작기 때문이다.

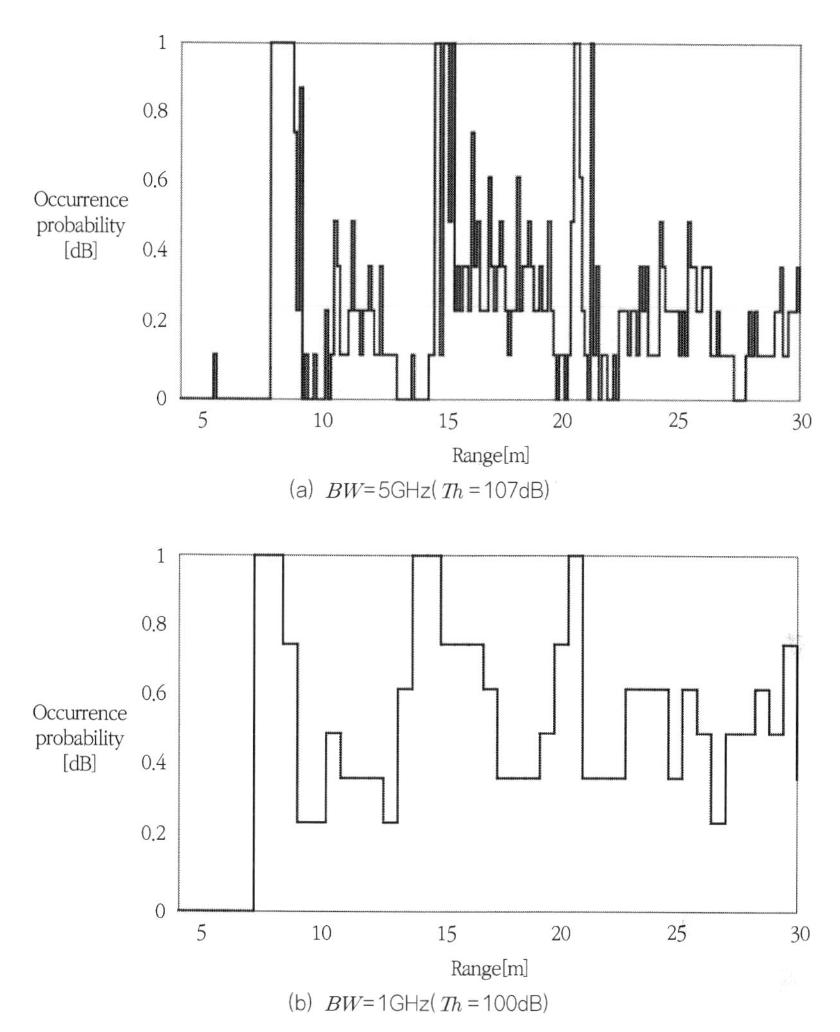

(a) BW=5GHz(Th=107dB)

(b) BW=1GHz(Th=100dB)

그림 7.15 각 레인지빈의 가중계수(Weighting Factor)의 예(n=8)

(3) 펄스 적분과 가중 펄스 적분의 비교

레인지 프로파일은 가중 펄스 적분에 의한 레인지 프로파일 $\overline{y_m(j)}$로 표현된다.

$$\overline{y_m(j)} = \frac{w(j)}{L}\sum_{m=1}^{L} x_m(j) \tag{7.23}$$

여기서, 식 (7.23)을 도출하려면 식 (7.21)을 $M=L$로 계산하면 된다. 그림 7.16에 가중 펄스 적분 후의 레인지 프로파일을 나타낸다. 종래의 펄스 적분 후의 레인지 프로파일과 비교하면 분명하게 지면 클러터는 제거되어, 각 목표물 차량이 현저하게 잘 나타나고 있다. 그러므로 UWB 차량 탑재 레이더에 있어서 스파이크 형태의 매우 강한 클러터가 존재하는 환경에서는 가중 펄스 적분이 유효하다.

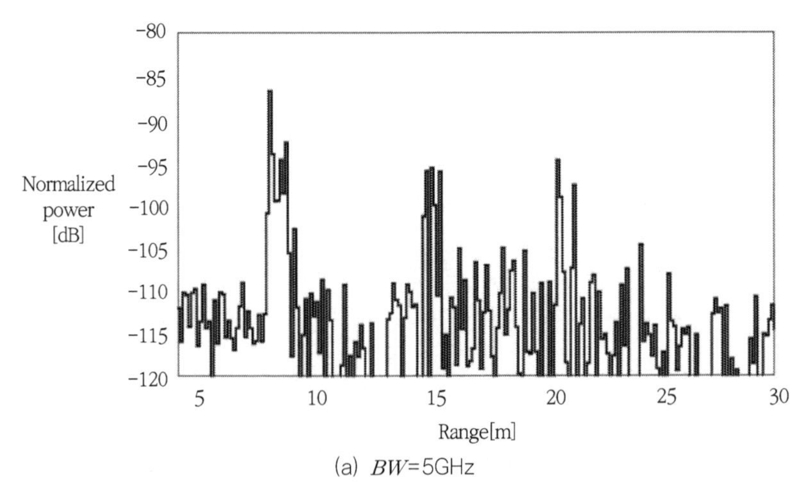

(a) BW=5GHz

그림 7.16 가중 펄스 적분(Weight Pulse Integration) 후의 레인지 프로파일의 예(n=8)

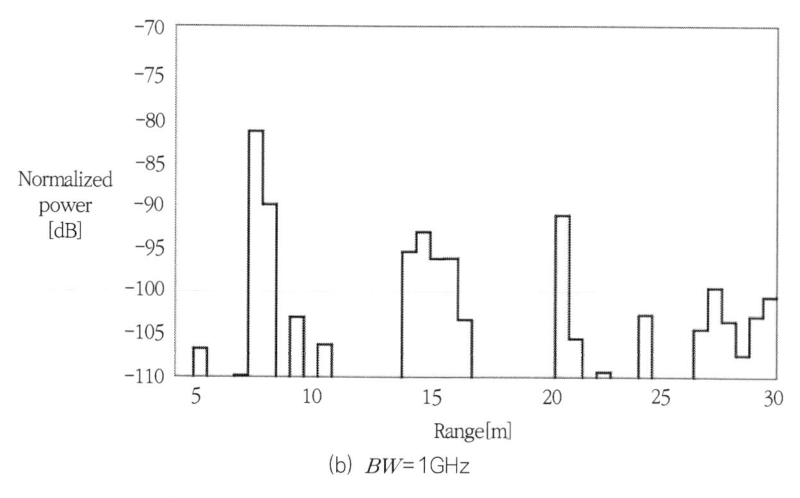

(b) BW=1GHz

그림 7.16 가중 펄스 적분(Weight Pulse Integration) 후의 레인지 프로파일의 예(n =8)(계속)

7.5 목표물 탐지 · 식별

앞 절에서는 펄스 적분 시간의 증대(增大) 문제의 해결책을 제시하고, UWB레이더에서 효과적인 클러터 제거법의 한 예에 대해 설명했다. 본 절에서는 목표물의 탐지 · 식별 문제에 주목하여 그 해결책에 대해 설명한다.

7.5.1 허프 변환(Hough Transformation)에 의한 복수의 목표물 탐지

전 절에서는 가중 펄스 적분법을 소개했는데, 여기에서는 보다 간편한 방법으로 목표물 차량과 클러터를 일괄적으로 탐지하는 허프 변환 기반의 복수 이동 목표물 탐지법[19), 20)]에 대해 소개한다. 이 방법은 그림 7.17에서와 같은 레인지 프로파일을 일정 시간 관측하고 시계열 형태로 구성한 레이더 이미지로부터 허프 변환을 이용하여 상대 속도가 다른 복수 이동 목표물을 일괄적으로 검출하는 3차원 공간 처리하는 것이다. 또한, 메모리나 계산량의 증가로 이어지는 것이 아니라서 효율적으로 목표물 탐지가 가능하다.

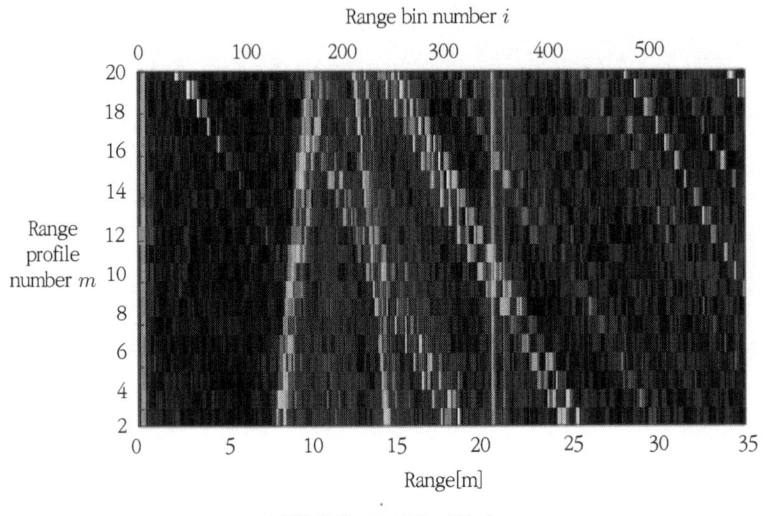

그림 7.17 레이더 이미지

(1) 허프 변환에 의한 초기 탐지와 목표물 정보 추정 오차

우선 초기 탐지(Initial Acquisition)를 위해 레인지 프로파일을 일정 시간 관측하고, 그림 7.17에서와 같이 레이더 이미지를 구성하고 허프 변환을 한다. 그 결과의 한 예를 그림 7.18에 나타낸다. 일례로 집적(集積) 수가 많은 직선 중에서 상위 5개를 선택하고, 각 직선의 기울기에서 속도를 산출한다. 또한, 계측은 안전을 고려해서 일반 속도의 1/10에서 실시하였다. 그 결과, Line ＃1～＃5에 대해서 각각 10.8km/h, 7.75km/h, 8.95km/h, －0.05km/h, －0.05km/h였다. 여기에서 계측 차량은 9.0km/h로 주행하고 있으므로, Line ＃4, ＃5는 클러터, 그 이외는 주행 차량으로 판정할 수 있다.

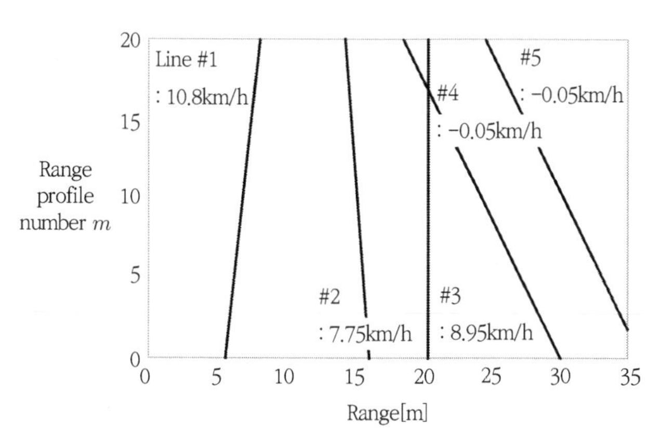

그림 7.18 클러터와 각 목표물의 궤적 직선

(2) 목표물 정보 추정 정도와 탐지 확률의 개선

목표물 정보에서 target ＃1～＃3을 레인지 게이트 처리한다. 예를 들어, target ＃1～＃3은 7.0km/h 이상으로 주행하고 있어 차량으로 판정하는 게이트 길이를 5m로 한다. 그림 7.19에는 레인지 게이트 처리 후의 레인지 프로파일을 나타낸다. 그림으로부터 Range-Gate ＃1～＃3의 6m, 16m, 20m 부근에 있는 신호는, target ＃1～＃3(목표물 정보로부터 관련성 부여)으로 판정할 수 있다. 한편, Range-Gate ＃1～＃3의 23m 부근에 있는 큰 신호는 클러터이다. 여기서 게이트 안에 클러터가 존재하게 되면 오경보 확률이 커지게 된다. 또, 정확한 추적을 하기 위해서는 목표물 정보 추정 정확도도 개선해야 한다. 그래서 레인지 게이트 처리한 가중 펄스 적분으로부터 원래 있던 혹은 새롭게 만들어진 클러터를 처리하면서 고정밀로 복수 이동 목표물 추적을 해야 한다.

우선 그림 7.20에 식 (7.23)의 $L=8$일 때의 레인지 게이트 가중 펄스 적분 결과의 일례를 나타낸다. 또한 임계값은 $L=8$에서 오경보 확률 $p_{fa}=$

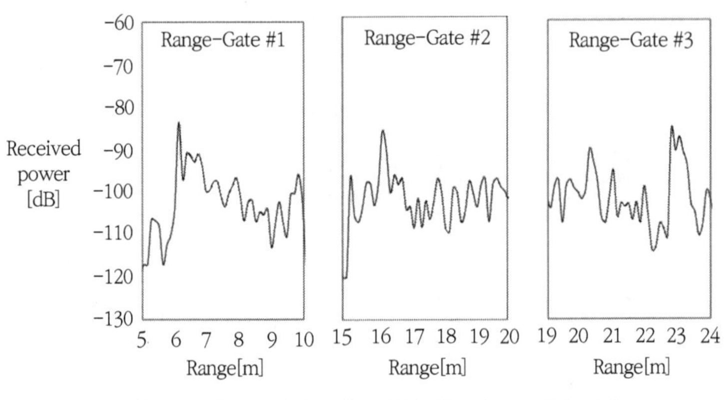

그림 7.19 레인지 게이트 처리 후의 레인지 프로파일 사례

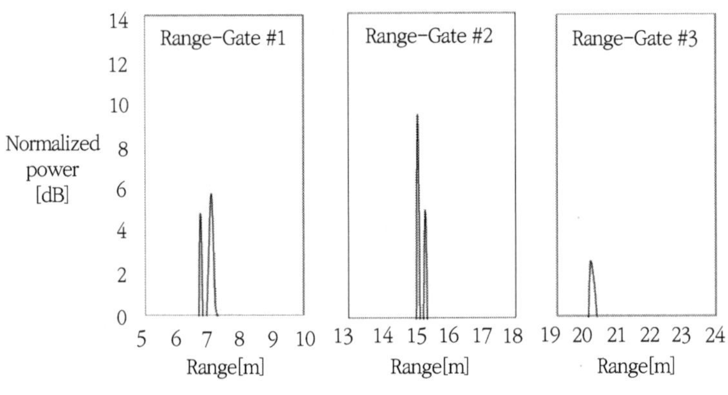

그림 7.20 가중 펄스 적분 후의 레인지 프로파일 사례

10^{-3}을 만족하는 $Th=-93.6$dB로 설정하고, 임계값을 기준으로 정규화되었다. 그 결과 그림 7.19와 비교해서 클러터가 충분히 제거되어 각 목표물을 정확하게 검출할 수 있었고, target ♯1과 ♯2는 상대 속도를 가지기 때문에 거리가 변화하고 있는 것도 확인할 수 있다. 또한, 몇 가지 피크도 눈으로 볼 수 있지만, 이는 차체 후부의 번호판과 범퍼, 리어 패널, 휠에서의 반사파 신호이며, 그 경로 길이 차(Path Length Difference)가 거리 해상

도에 따라서 레인지 방향으로 확대되는 것으로 나타나기 때문이다.

7.6 향후의 과제

차량용 밀리미터파 레이더의 보급에 필요한 것은 밀리미터파 디바이스·회로의 저가 정책이다. 최근 CMOS(Complementary Metal-Oxide Semiconductor) 프로세스로 구현 가능한 밀리미터파 디바이스의 개발 사례도 보고되고 있지만,[21), 22)] 향후 79GHz 대역 UWB레이더의 개발이 더 가속화될 것으로 생각된다. 그러나 UWB레이더에서는 그 광대역성에 의해 최대 탐지 성능의 향상이 어렵고, 백여 미터 전방 감시는 계속해서 76GHz 대역 레이더가 사용되고, 50m 이내의 근거리 주변 감시에는 79GHz 대역 UWB 레이더가 사용될 가능성이 높다.

차량용 밀리미터파 레이더의 향후 주요 과제로는 ① 레이더의 근거리 성능 향상, ② 다양한 환경에서의 탐지 능력의 향상, ③ 다른 센서와의 융합 센싱(Sensing) 등이다.

7.6.1 레이더의 근거리 성능 향상[23)]

앞서 설명한 바와 같이 차량 탑재 레이더는 원거리용 레이더와 근거리 레이더가 별도의 센서로 개발되어 운용되고 있다. 차량용 밀리미터파 레이더가 원근 공용·광각·고해상도성을 갖추게 되면 차량 레이더 시스템 전체의 가격을 낮출 수 있게 된다. 이를 실현하기 위해서는 크게 두 가지 과제를 극복할 필요가 있다.

① 제한된 전력과 안테나 지름에서의 원거리성과 광각화(広角化)

데이터 레이트(Data Rate) 20Hz 이상을 유지한 다음, 거리 200m의 원거리성과 각도±40°의 광각화(근거리) 그리고 높은 해상도의 실현[24)]

② 한정된 주파수 대역폭에서의 원거리성과 높은 거리 해상도

거리 200m의 원거리성과 50cm 정도의 높은 해상도의 양립. 많은 bit 수에서 수백 MHz의 고속 A/D는 매우 고가이며 높은 보급률이 필요한 차량용 밀리미터파 레이더에는 적당치 않다. 그러므로 낮은 주파수 점유 대역에서 높은 거리 해상도를 실현할 수 있는 레이더 방식의 연구·개발이 기대된다.[25), 26)]

7.6.2 다양한 환경에서의 탐지 능력 향상[23)]

앞서 말한 바와 같이 레이더 수신파에는 다른 차량 탑재 레이더로부터의 간섭파, 멀티패스, 클러터 등의 불필요한 반사파가 많이 포함되어 그것이 원하는 신호파의 탐지 성능을 현저하게 떨어뜨린다. 차량용 밀리미터파 레이더가 보급되고, 시가지에서의 이용과 다수의 레이더가 동시에 운용되는 상황이 늘어나면, 이러한 문제가 단숨에 표면화될 것으로 생각된다. 따라서 이와 같은 불필요한 파에 대한 대책이 요구된다.[27), 28), 29), 30)]

7.6.3 다른 센서와의 융합 센싱

향후 차량용 레이더는 안전운전 지원에서 자동 운전을 위한 센서로서 발전할 것으로 예상되며, 주행 환경을 인식하기 위한 센싱(Sensing) 기술에는 더 높은 성능이 요구된다. 그래서 단독의 센싱에 대해서 보완하는 센서 퓨전 기술에 주목하고 있으며, 레이더와 이미지에 의한 센서 퓨전 사례도 보고되었다.[31)]

7.7 정 리

본 장에서는 차량용 밀리미터파 레이더의 탐지 거리, 변조방식의 기본 원리에 대해서 설명하고, 향후 개발이 가속될 79GHz 대역·24GHz 대역 UWB레이더에 초점을 맞추어 클러터의 통계적 성질, 신호 처리의 일례(클러터 제거, 복수 목표물 탐지, 식별)에 대해서, 실용화에 있어서 요구되는 각종 과제에 대한 해결책으로의 방향을 제시했다. 현재 차량용 밀리미터파 레이더는 아직 널리 보급되어 있지는 않다. 향후 보급을 확대하기 위해서는 밀리미터파 디바이스와 회로의 저가 유도, 아주 높은 거리 해상도화·간섭대책을 위한 레이더 방식, 다른 센서와의 퓨전 시스템 개발 등 많은 과제가 남아 있다. 그러나 차량용 밀리미터파 레이더가 가진 가능성은 헤아릴 수 없이 많기 때문에 반드시 운전 지원, 나아가서는 자동운전을 위한 센서로서 발전해나가게 될 것이다.

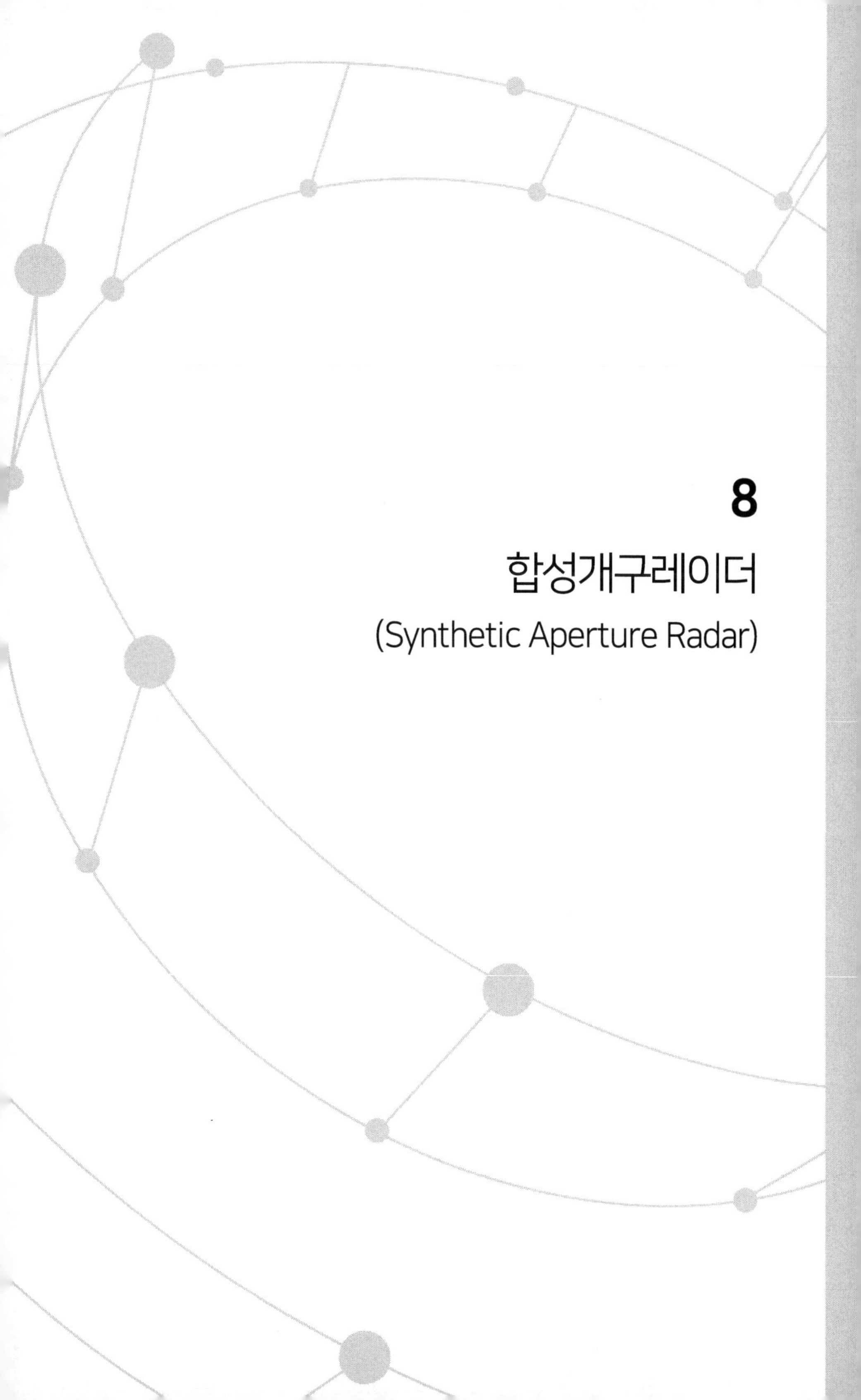

8
합성개구레이더
(Synthetic Aperture Radar)

8

합성개구레이더
(Synthetic Aperture Radar)

합성개구레이더(SAR: Synthetic Aperture Radar)는 작은 안테나를 항공기나 위성 또는 지상 설치 플랫폼에 탑재하여, 플랫폼의 이동과 신호 처리 기술을 통해 가상의 큰 안테나 개구(開口, Aperture)를 합성해서, 고해상도 레이더 이미지를 생성하는 영상 레이더이다. 이 장에서는 펄스 압축 기술을 사용하여 레인지(Range) 방향과 애지머스(Azimuth) 방향으로 고해상도를 달성하는 합성개구기술과 이미지 강도(명암)를 결정하는 기본적인 이미지 변조에 대해 해설한다. 다음으로, 복수 개의 안테나나 궤도에서 지표면의 시공간적 고도(高度) 변화 등을 측정하는 SAR 간섭 기법(InSAR: Interferometric SAR)과 마이크로파의 편파(Polarization) 정보를 이용하는 편파 SAR의 원리와 응용에 대해 설명한다.

8.1 펄스 압축 기술

8.1.1 레인지(Range) 방향의 해상도: 펄스 압축(Pulse Compression) 기술

측방 감시용 항공 탑재 레이더(Side-Looking Airborne Radar)에 의한 레

인지(Range) 방향의 이미지 생성 과정은 1.4.5항에서 그림 1.15와 그림 1.16을 사용하여 설명했다. 여기서 덧붙이자면, 합성개구레이더에서도 2차 및 다차 에코(2.2절 참고)에 의한 고스트(Ghost) 이미지가 발생할 수 있다. SAR 영상에서는 이러한 고스트 이미지는 레인지 앰비규티(Range Ambiguity)라 하고, 애지머스(방위) 방향에서의 고스트 이미지는 애지머스 앰비규티(Azimuth Ambiguity)라 한다. 앰비규티(Ambiguity: 모호성)는 PRF 조정과 빔 패턴의 사이드 로브(Side Lobe)를 억제하여 어느 정도 줄일 수 있다.

현재에도 무변조 직사각형 펄스를 사용하는 SLAR이 이용되고 있지만, 대부분의 항공기 및 위성 탑재 SAR에서는 펄스 압축(Pulse Compression) 기술을 사용하여 레인지(Range, 거리) 방향의 고해상도를 달성하고있다.

펄스 압축 기술에 의한 레인지(거리) 방향의 고해상도화에서는, 4.1.3항에서 설명한 처프(FM: Frequency Modulation) 펄스(Chirp Pulse)를 이용한다. 처프 펄스는 경사거리(Slant Range: 슬랜트 레인지) 방향의 시각 τ의 함수로서

$$E_t(\tau) = \cos(2\pi f_c \tau + \alpha \tau^2) \qquad \left(-\frac{\tau_0}{2} \le \tau \le \frac{\tau_0}{2}\right) \tag{8.1}$$

로 표시된다. 여기서 진폭은 상수 값 1이되도록 규격화되어 있고, f_c와 α는 각각 중심 주파수와 처프(Chirp) 상수, τ_0는 펄스 지속 시간(Pulse Duration)이다. $(0 \le \tau \le \tau_0)$ 사이에서 처프(Chirp) 신호를 그래프로 나타내면, 그림 4.2과 같이 시간에 따라 주파수가 변화하는 신호가 된다. 경사거리 R_0에 있는 점 모양의 산란체(Point-like Scatterer)에서의 수신 신호는 레이더 방정식에 따

라 진폭이 감소하지만, 파형은 송신 신호와 동일하고, 전송 시각에서 $2R_0/c$ 만큼 늦은 시각에 수신된다. 수신 신호의 진폭을 E_0로 하면, 수신 신호는

$$E_s(\tau) = E_0 \cos\left(2\pi f_c\left(\tau - 2\frac{R_0}{c}\right) + \alpha\left(\tau - 2\frac{R_0}{c}\right)^2\right) \tag{8.2}$$

로 쓸 수 있다. 여기서, $|\tau - 2R_0/c| \le \tau_0/2$이다. 이 수신 신호는, 이미지가 되기 이전의 신호 데이터이기 때문에 원시 데이터(Raw Data)라고 한다.

실제 수신 신호는 식 (8.2)와 같이 실수이지만, 펄스 압축 처리에서는 (합성개구기술에서도) 복소 신호(Complex Signal)화된 신호

$$E_s(\tau) = E_0 \exp\left(-i2kR_0 + i\alpha\left(\tau - 2\frac{R_0}{c}\right)^2\right) \tag{8.3}$$

로 처리한다(복소 신호화에 관해서는 4.1.1항 참조). 여기서, $k = 2\pi/\lambda$는 파수, λ는 파장이다. 고해상도 이미지는, 이 수신 신호와 참조 신호와의 콘볼류션 적분(Convolution Integral)을 이용한 상관 관계 처리를 통해 생성된다. 참조 신호는 전송 신호의 켤레복소수(Complex Conjugate)이고

$$E_r(\tau) = \exp(-i\alpha\tau^2) \qquad \left(-\frac{\tau_0}{2} \le \tau \le \frac{\tau_0}{2}\right) \tag{8.4}$$

에 의해 주어지며, 콘볼류션 적분은

$$E_R(\tau') = \int_{-\infty}^{\infty} E_s(\tau' + \tau) E_r(\tau) d\tau \tag{8.5}$$

로 정의된다. 여기서 $E_R(\tau')$이 점 산란체의 이미지(Point-like Scatterer), τ'는 경사거리(Slant Range) 이미지 면에서의 시간 변수이다. 4.2절에서도 설명했지만, 콘볼류션 적분은 그림 8.1 (a)의 그림에서와 같이 두 함수 중에서 한쪽 위치(여기에서는 E_s의 τ')를 변화시키면 곱한 함수에 포함된 면적을 산출하는 처리이다. 식 (8.5)는 쉽게 적분해서 다음과 같은 결과를 얻을 수 있다.

$$E_R(\tau') = E_0 \exp(-i2kR_0) \mathrm{sinc}\left(\pi B_R\left(\tau' - 2\frac{R_0}{c}\right)\right) \tag{8.6}$$

여기에서 $\mathrm{sinc}(z) = \sin(z)/z$, $B_R = |\alpha|\tau_0/\pi$는 처프 대역폭이라는 상수이고, 불필요한 항목은 E_0에 포함시켰다.

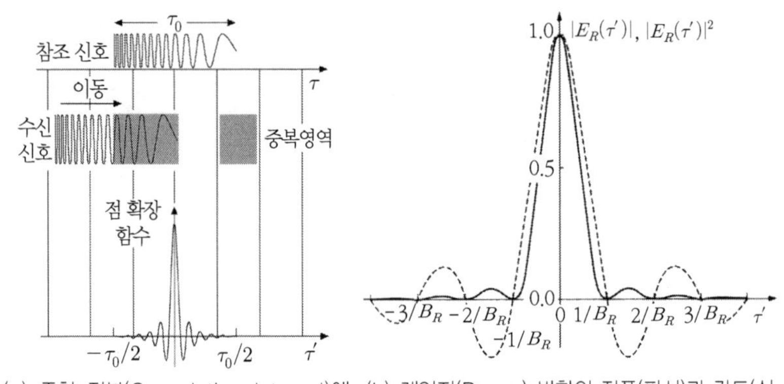

(a) 중첩 적분(Convolution Integral)에 의한 펄스 압축 처리

(b) 레인지(Range) 방향의 진폭(파선)과 강도(실선) 점 확장 함수(Point Spread Function)

그림 8.1 중첩 적분(Convolution Integral)에 의한 펄스 압축 처리와 레인지(Range) 방향의 진폭(파선)·강도(실선) 점 확장 함수(Point Spread Function)

식 (8.6)은 안테나와 점 산란체 사이의 왕복 시간 $\tau' = 2R_0/c$의 경사거리(Slant Range)에서 임의 위치의 출력 신호로, 점 확장 함수(PSF: Point Spread Function) 또는 임펄스 응답(Impulse Response)이라고 하며, 이미지 생성 시스템의 가장 기본적인 함수이다. 그림 8.1 (b)는 $2R_0/c = 0$으로 두었을 때의 강도 점 확장 함수를 나타낸다.

식 (8.6)과 그림 8.1에서 알 수 있듯이 B_R이 커질수록, 즉 펄스 폭이 커질수록, PSF의 폭이 좁아진다. 이것을 펄스 압축 기술이라고 하는 이유이다.

8.1.2 점 확장 함수(PSF)와 해상도 기준

점 확장 함수(PSF)의 해상도는 레일리(Rayleigh) 기준($\delta\tau$)과 -3dB 기준(스패로우(Sparrow) 기준라고도 함)을 사용한다. 전자의 정의에서는, 인접 강도 PSF가 메인 로브(Main Lobe)의 중심과 강도가 맨 처음 0이 되는 위치 사이의 간격만큼 떨어져 있으면 두 점을 식별할 수 있다고 한다. -3dB 기준에서는, 규격화된 인접 강도 PSF가 피크 값(Peak Value)의 절반, 데시벨 표시로는 약 -3dB 값에서 교차할 때의 거리를 해상도 시간이라고 하고, 이 시간은 약 $0.88\delta\tau$가 된다. 일반적으로 레일리 기준의 해상도를 -3dB의 해상도로 근사하는 경우가 많다.

식 (8.6)으로부터 레일리 기준에 의한 해상도 시간은 $\delta\tau = 1/B_R$로 되고, 경사거리(Slant Range) 면에서는 $\delta R = c\delta\tau/2 = c/(2B_R)$로 된다. 또한 경사거리에서 그라운드 레인지(지상거리, Ground Range) 해상도 폭 δY로 변환하면

$$\delta Y = \frac{c}{2B_R \sin\theta_i} = \frac{\pi c}{2|\alpha|\tau_0 \sin\theta_i} \tag{8.7}$$

을 얻을 수 있다. ALOS-PALSAR에서는 $B_R = 14$, 28MHz의 2개의 대역폭(Bandwidth)이 사용되었고, 입사각 40°, $B_R = 14$MHz에서는 $\delta Y \simeq 17$m가 되며, 28MHz에서는 약 8m의 해상도 폭이 된다. 2014년에 발사된 PALSAR-2에서는 $B_R = 28$, 42, 84MHz의 3개의 대역폭이 사용되고 있으며, 대역폭 84MHz에서는 약 3m ($\theta_i = 40°$) 그라운드 레인지 해상도 폭이 된다. 사각형 펄스(Rectangular Pulse)를 사용하여 동일한 해상도를 얻으려고 하면, $\tau_0 = 0.013\mu s$라고 하는, 매우 짧은 펄스가 필요하다.

펄스 압축 시에 이용되는 식 (8.5)의 콘볼류션 적분[1]은 시간 영역에서 실행하면 연산 시간이 길어진다. 실제 처리에서는 연산 시간이 매우 짧은 고속 푸리에 변환(FFT: Fast Fourier Transform)을 사용하여 주파수 영역에서 실시된다(4.2.1항 참조). 이 방법에서는 신호 처리 분야에서는 잘 알려진 콘볼루션(Convolution) 정리를 이용한다. 자세한 처리방법은 생략하지만 우선 수신 신호와 참조 신호를 푸리에 변환하여, 주파수 영역에서 각각 수신 신호 스펙트럼과 참조 스펙트럼으로 변환한다. 다음 두 스펙트럼을 곱해 푸리에 역변환을 하여 시간 영역으로 복원하면 콘볼류션 적분과 같은 결과를 얻을 수 있다. 이 기술은 수신 신호 스펙트럼에 '매치(match)'한 참조 스펙트럼으로 필터링하기 때문에 정합 필터링(Matched Filtering)이라고 한다.

---

1 4장 식 (4.12)의 양음의 부호와 다르지만, 출력좌표축이 반대로 되는 것만이고, 내용에 변화는 없다.

8.2 합성개구레이더(SAR)[1)]

SLAR의 애지머스(Azimuth) 방향의 해상도는 애지머스 방향의 빔 조사폭(Beamwidth)에 상당하는 것이라고 이미 말했다. 애지머스(Azimuth) 방향의 안테나 길이를 D_A라고 하면 경사거리(Slant Range) R_0에서의 애지머스(Azimuth) 빔 패턴은 다음과 같은 푸리에 변환으로 구할 수 있다.

$$W_A(x) = \int_{-\frac{D_A}{2}}^{\frac{D_A}{2}} W_{AP}(x')\exp\left(-i\frac{kx}{R_0}x'\right)dx' \tag{8.8}$$

식 (8.8)의 W_{AP}는 안테나 출력의 가중치로, 여기에서는 균일한 것으로 한다. 결과적으로

$$W_A(x) = E_0\mathrm{sinc}\left(\frac{kD_A}{2R_0}x\right) \tag{8.9}$$

을 얻을 수 있다. 빔 폭은 빔 패턴의 강도가 피크 값과 비교해서 절반으로 되는 위치로 하면, $\lambda R_0/D_A$로 된다.

파장 0.25m의 L-밴드 SLAR에서 안테나 길이를 10m로 하면, $R_0=10$km에서 250m의 애지머스(Azimuth) 해상도 폭이 얻어진다. 이러한 레이더 시스템을 위성에 탑재했다고 한다면, $R_0=700\sim800$km에서는 해상도인 빔 폭이 18～20km이 되어버려 실용적이지 않게 된다. 애지머스 방향의 안테나를 길게 하면 해상도는 향상되지만, 10m 해상도 폭을 달성하려면 18～20km의 안테나 길이가 필요하다. 위성에 이런 긴 길이의 안테나를 탑재할 수 없기 때문에, 다음에 설명하는 합성개구기술이 이용된다.

8.2.1 합성개구기술

SAR의 어원이 되고 있는 합성개구기술은 짧은 안테나를 사용하여 애지머스 방향으로 가상의 긴 안테나를 합성해서 고해상도를 달성하는 기술이다. 안테나 합성은 그림 8.2의 (a)처럼 플랫폼의 이동과 함께 안테나로부터 처프(Chirp Pulse)를 방출해서 후방 산란 신호를 수신하는 과정을 반복한다. 산란면의 좌표 중심에 있는 점 산란체로부터 수신 신호를 펄스 압축하면 레인지(Range) 방향의 PSF(수신 신호)가 생성된다(그림 8.1 (b)). SLAR의 경우와 같이 펄스 압축된 PSF를 송신 펄스마다 정렬하면 그림 8.3과 같다. 애지머스(Azimuth) 시각 t일 때의 안테나와 점 산란체의 거리를 $r(t)$라고 하면, 2차원 신호는 식 (8.6)으로부터

$$E_R(t,\tau') = E_0 \exp(-i2kr(t)) \mathrm{sinc}\left(\pi B_R\left(\tau' - 2\frac{r(t)}{c}\right)\right) \tag{8.10}$$

가 된다. 그림 8.3에 식 (8.10)의 PSF의 위치가 애지머스 시각에 따라 변화하는 모습을 보여준다. 경사거리(Slant Range) $r(t)$는 안테나의 포인팅 방향에 의존하고, 위성 탑재 SAR의 경우에는 레인지 스큐(Range Skew)라 불리는 지구의 자전에도 의존한다. 이 효과를 총칭하여 레인지-마이그레이션(Range Migration)이라고 부른다. 다음으로 그림 8.3에 있는 PSF의 피크 값(Peak Value)을 연결한 곡선 Q'를 같은 레인지(거리) 위치로 수정하는 레인지-마이그레이션 보정(Range Migration Correction)이라 불리는 처리를 한다. 그러면 레인지(Range) PSF는 동일한 거리 위치상에 있는 직선 Q에 늘어서게 되고, 애지머스 시각 t에 대한 의존성이 없어지게 된다. 따라서 식 (8.10)에서 $\mathrm{sinc}((\pi B_R)(\tau' - 2R_0 c))$로 둘 수 있으며, 애지머스(Azimuth) 성분의 신호는

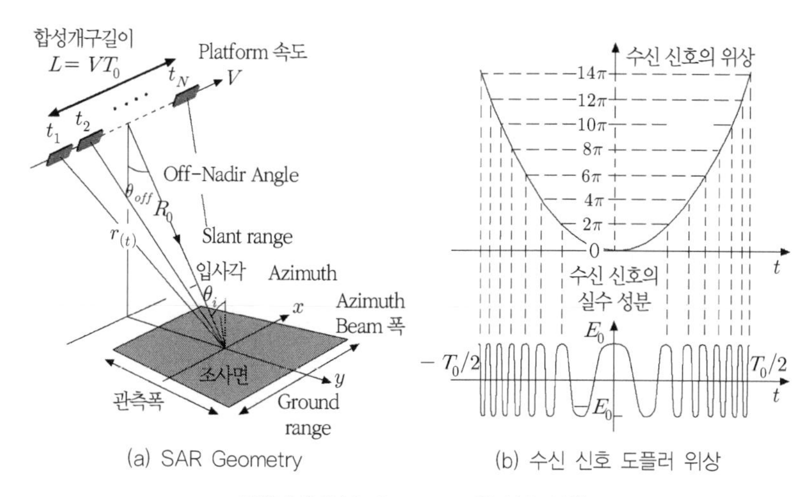

(a) SAR Geometry (b) 수신 신호 도플러 위상

그림 8.2 SAR Geometry와 신호 위상

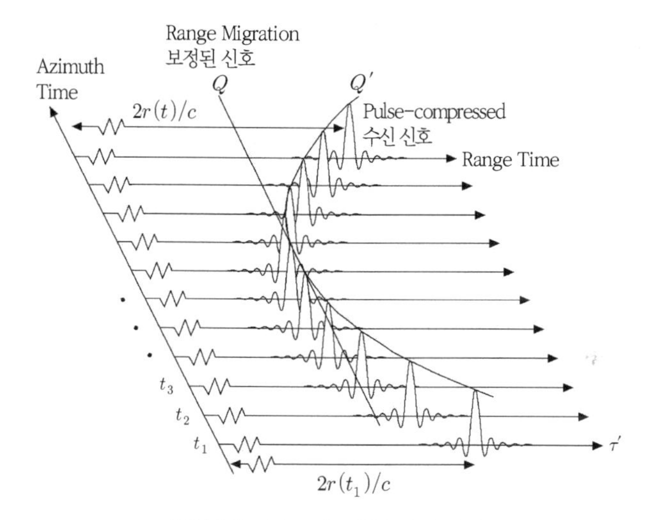

그림 8.3 펄스 압축 2차원 수신 신호

$$E_R(t) = E_0 \exp(-i2kr(t)) \tag{8.11}$$

로 쓸 수 있다.

점 산란체로부터 신호를 수신하는 시각은 점 산란체가 조사되는 시간 T_0에 해당하므로, 애지머스 방향의 빔 퍼짐 각(Beam Divergence Angel)은 약 1° 전후로 작다. 따라서 애지머스(Azimuth) 시각에 따라 변화하는 경사거리(Slant Range)는, $R_0 \gg VT_0$로부터

$$r(t) = \sqrt{R_0^2 + (Vt)^2} \simeq R_0 + \frac{(Vt)^2}{2R_0} \tag{8.12}$$

로 근사할 수 있으며, 식 (8.11)은

$$E_R(t) = E_0 \exp(-i2kR_0)\exp(-i\beta t^2) \tag{8.13}$$

로 정의된다. 여기에서 V는 플랫폼의 대지 속도로, $\beta = 2\pi V^2/(\lambda R_0)$로 하였다. 식 (8.13)과 식 (8.3)을 비교해보면 그림 8.2 (b)에서와 같이, 식 (8.13)은 처프(Chirp) 상수 α를 상수 β로 바꾼 처프 신호임을 알 수 있다. 이 신호를 도플러 신호(Doppler Signals)라고 하고, 이는 플랫폼의 이동과 함께 주파수가 변화하기 때문에 그렇게 부르며, 상수 β는 도플러 상수라고 부른다.

도플러 신호로부터 고해상도 이미지를 생성하려면 레인지(Range) 방향 펄스 압축 기술처럼, 수신 신호와 참조 함수의 콘볼류션 적분을 사용하여 상관 관계 처리를 해야 한다. 그런데 레인지(Range) 방향의 송신 신호에 해당하는 애지머스(Azimuth) 방향의 참조 신호는 존재하지 않기 때문에, 궤도 정보에서 도플러 상수를 추정하고, 참조 신호를 생성해야 한

다. 산란체가 경사거리(Slant Range) R_0에 있다고 하면, 참조 신호는

$$E_r(t) = \exp(i\beta t^2) \qquad \left(-\frac{T}{2} \le t \le \frac{T}{2}\right) \tag{8.14}$$

로 추정된다. 여기서 T는 참조 신호에 의한 합성개구시간으로, 거리 $L = VT$는 합성개구길이라 하고, 도플러 상수는 경사거리(Slant Range)에 의존하기 때문에 산란면의 레인지(거리) 위치에 따라 다른 도플러 상수를 추정하여 각 레인지(Range)별로 참조 신호를 생성한다. 상관 관계 처리에 의한 애지머스(Azimuth) 방향의 이미지는

$$E_A(t') = \int_{\infty}^{\infty} E_R(t'+t)E_r(t)dt \tag{8.15}$$

가 된다. 여기서, t'는 이미지에서의 애지머스 시각이다. 이 콘볼류션 적분은 식 (8.5)와 같으며, 다음의 애지머스 방향 PSF를 도출할 수 있다.

$$E_A(t') = E_0 \mathrm{sinc}(\pi B_D t') \tag{8.16}$$

여기서, $B_D = |\beta| T/\pi = 2V^2 T/(\lambda R_0)$은 도플러 대역폭이고 레일리(Rayleigh) 기준에 의한 해상도 폭은 $\delta t' = 1/B_D$된다. 공간 변수 $X = Vt'$에서의 해상도 폭은

$$\delta X = \frac{V}{B_D} = \frac{\lambda R_0}{2L} \tag{8.17}$$

가 된다. 합성개구길이 L은 참조 신호의 합성개구시간을 조정하여 설정할 수 있다. 애지머스 빔 폭을 합성개구길이라고 하면, 식 (8.9)로부터 빔 폭을 $L = \lambda R_0 / D_A$로 해서 식 (8.17)에 대입하면 $\delta X = D_A / 2$로서, 해상도 폭은 안테나 길이의 절반이 된다.

이와 같이 SAR의 원리는 수신 신호를 어레이(Array) 형태로 배치하여 합성한 가상의 긴 안테나에서 날카롭고 뾰족한 빔을 조사하고 있는 것과 같은 신호 처리를 해서, 빔 폭의 매우 좁은 가상의 조사 영역을 생성하여 고해상도를 달성한다. SLAR의 경우는 안테나를 길게 함으로써 빔을 맞춰 해상도를 높이지만, 반대로 SAR의 경우에는 안테나를 짧게 함으로써 빔 폭이 넓어지고 합성개구길이가 길어지기 때문에 높은 해상도를 얻을 수 있다. 안테나 길이를 극단적으로 짧게 하여 무한히 넓은 빔 폭으로 한다면, 이론적으로 무한한 해상도를 얻을 수 있다. 그러나 펄스 반복 주파수에 의해 빔 폭이 제한되어 있기 때문에 실제로는 애지머스(Azimuth) 해상도와 펄스 반복 주파수의 균형을 고려하여 빔 폭이 설정하고 있다.

상기 시간 영역의 처리 방법은 고정밀 이미지를 생성할 수 있으며, 실제로 운용되었으나(영국 Royal Aircraft Establishment), 연산 시간이 길어지는 단점이 있다. 그래서 레인지(Range) 방향의 처리와 마찬가지로, 주파수 영역에서 이미지 생성하는 방법이 현재 대부분의 SAR 처리 장치(SAR Processor)에서 이용되고 있다. 주파수 영역에서의 이미지 생성에서는, 레인지 압축(Range Compression)된 2차원 신호의 애지머스 성분을 고속 푸리에 변환하고 도플러 주파수 영역에서의 스펙트럼을 생성한다. 이 도플러 스펙트럼에서 마이그레이션 보정(Migration Correction)을 하여, 참조 신호를 푸리에 변환하여 얻은 참조 스펙트럼을 곱한다. 생성된 이미지 스펙트럼에 역 푸리에 변환을 적용하여 시간 영역에서의 2차원 이미지를 생성한다. 이 이미지 재생 법은 레인지 도플러(Range-Doppler)법이라고 한다. 그림 8.4는 시간 영역과 주파수 영역에서의 2차원 이미지 생성의 흐름을 나타낸다.

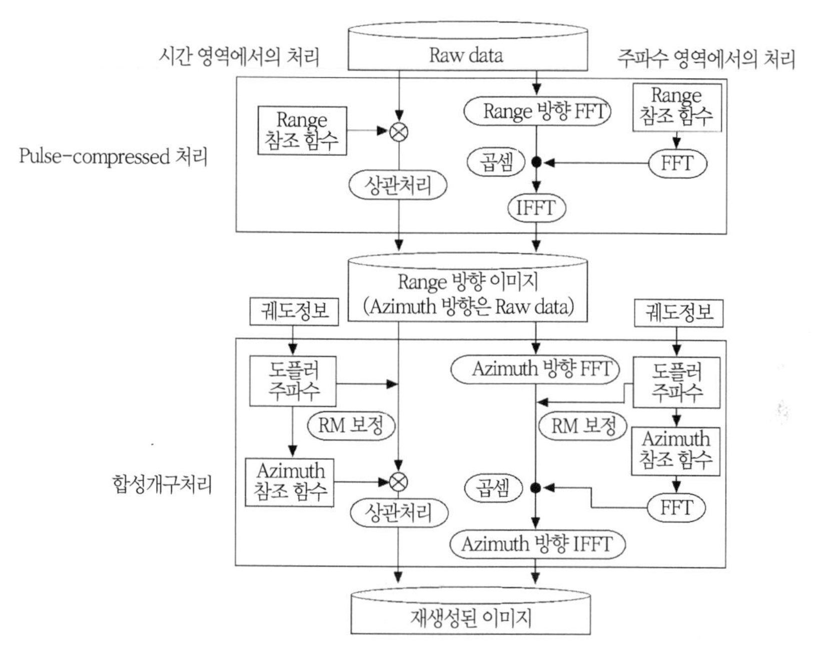

그림 8.4 시간과 주파수 영역에서의 Range-Doppler 법에 의한 SAR 이미지 생성과정

일본의 JERS-1 SAR와 ALOS-PALSAR의 애지머스(Azimuth) 방향의 안테나 길이는 각각 12m와 8.9m이며 공식적으로 해상도 폭은 6m와 4.5m이다. 예를 들어, ALOS-PALSAR에서 $\lambda \simeq 24$cm, $R_0 \simeq 700$km로 한다면, 가상 안테나 길이는 약 19km가 된다. 고도 700km에서 위성 속도는 초속 7.5km 전후이므로 합성개구시간은 약 2.5초이다. 캐나다 C-밴드 RADARSAT-1에서는 $\lambda \simeq 5.7$cm, $R_0 \simeq 800$km, $D_A \simeq 15$m로 한다면, 가상 안테나 길이는 약

3.0km가 되고, 합성개구시간은 0.4초이다. 또한 참조 신호의 합성개구길이는 임의로 설정할 수 있기 때문에 해상도도 임의로 설정할 수 있지만, 빔 폭보다 긴 영역에서는 신호의 출력이 저하되기 때문에 신호잡음비(SNR: Signal-to-Noise Ratio)가 작아져 실용적이지 않다. 따라서 뒷부분에서 기술하는 멀티 룩(Multi-look) 처리 등으로 합성개구길이를 짧게 할 수는 있어도 최대의 합성개구길이는 빔 폭으로 설정하는 것이 일반적인 처리법이다.

식 (8.6)과 식 (8.16)에서 2차원 PSF는 공간 영역에서

$$E_p(X, Y) = E_0 \mathrm{sinc}\left(\frac{\pi X}{\delta X}\right)\mathrm{sinc}\left(\frac{\pi Y}{\delta Y}\right) \tag{8.18}$$

가 된다. 그림 8.5는 전파반사경과 2차원 강도 PSF를 나타낸다.

(a) 3면 삼각 전파반사경

(b) ALOS-PALSAR에 의한 강도 점 확장 함수(PSF)

그림 8.5 전파반사경과 그 2차원 강도 PSF(Raw Data 제공: JAXA)

넓게 펼쳐져 있는 지표면이나 해수면 등의 이미지 생성 프로세스에 대해서 보자면, 관측면에는 많은 산란 요소가 되는 점 산란체가 있고, 이미지는 이러한 점 산란체들의 PSF 집합이 된다. 후방산란장을 $a(x,y)=|a(x,y)|\exp(i\psi(x,y))$라고 한다면, 복소 이미지 진폭은

$$A(X,Y)=\iint_{-\infty}^{\infty} a(x,y)E_p(x-X,y-Y)dxdy \tag{8.19}$$

로 주어진다. 여기서, $\psi(x,y)$는 후방산란장의 위상각이고, 적분은 대상이 되는 관측면이 된다. 식 (8.19)는 콘볼류션 적분을 이용하고 있는 점 때문에, Convolution(콘볼류션) 모델이라고 한다. SAR 이미지 해석에서는 이미지 진폭 $|A|$ 또는 강도 $|A|^2$로부터 산란면의 식별이나 분류, 물리적 정보를 추출한다.[2), 3)]

그림 8.6의 (a)는 ALOS-PALSAR로 추출한 후지산(Mount Fuji) 지역의 원시 데이터(Raw Data)이고, (b)의 펄스 압축 이미지에서는 식별이 어렵지만 레인지(Range) 방향으로 이미지가 생성되어 있다. (c)는 애지머스(Azimuth) 방향으로 합성개구처리를 한 이미지로, 사진 중앙 왼쪽에 후지산(Mount Fuji), 오른쪽 아래에 사가미만(Sagami Bay)이 촬영되어 있지만, 이 이미지는 지도 정보와 공간적으로 일치하지 않고 애지머스 방향으로 늘어난 이미지로 되어 있다. 이 사진은 싱글 룩(Single-look) 이미지라고 부르고, 일반적으로 애지머스 방향이 레인지 방향보다 해상도가 높은 데서 유래한다. 그래서 애지머스 방향의 상관 관계 처리로 식 (8.14)의 참조 함수를 여러 개로 분할하고, 각각의 (서브) 참조 함수를 사용하여 동일한 영역의 여러 이미지를 생성해서 이미지 강도의 가산 평균을 취하는 멀티 (서브)

룩(Multi/Sub-look) 처리가 적용된다. 그림 8.6 (d)의 이미지가 멀티 룩(Multi-look) 이미지로, 지도와 거의 일치하고 있는 것을 알 수 있다. 이와 같이 멀티 룩 처리는 애지머스와 레인지 방향의 해상도를 거의 동일하게 하는 동시에, 상관 관계에 없는 서브 룩 이미지의 가산 평균 처리에서 노이즈 감소 효과를 얻게 된다.

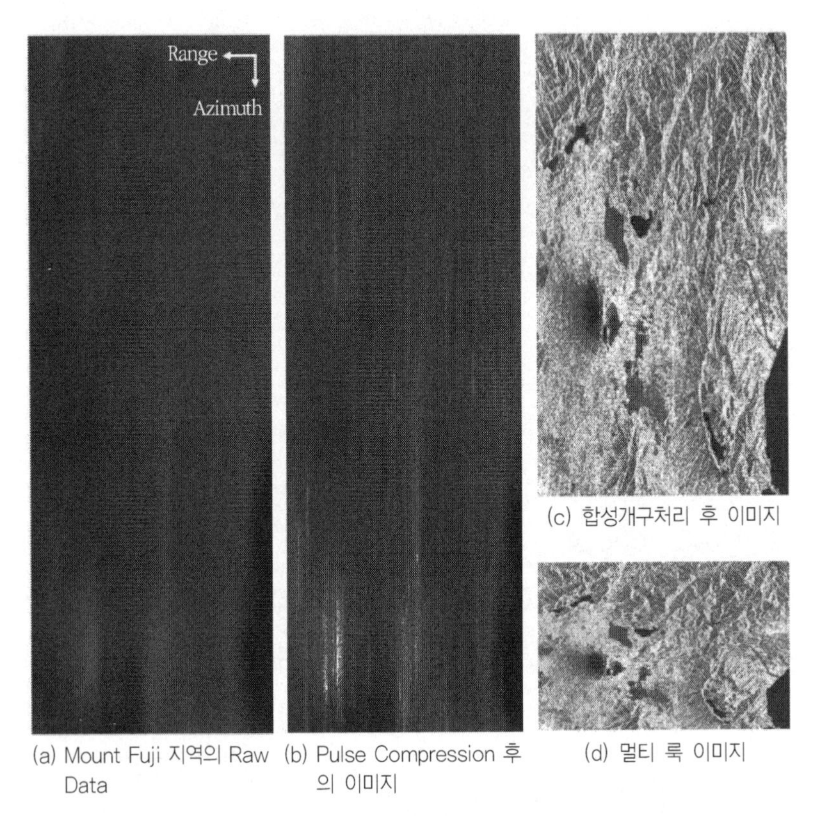

(a) Mount Fuji 지역의 Raw Data (b) Pulse Compression 후의 이미지 (c) 합성개구처리 후 이미지 (d) 멀티 룩 이미지

그림 8.6 ALOS-PALSAR를 통해 얻어진 Mount Fuji 지역의 데이터(Raw Data 제공: JAXA)

8.2.2 이동체의 이미지

합성개구처리는 정지하고 있는 산란체를 가정하여 참조 신호를 생성하고 있기 때문에, 합성개구시간에 산란체가 움직이면 도플러 수신 신호의 위상이 변화하여 PSF도 변화한다. 예를 들어, 경사거리(Slant Range) 방향으로 속도 v_R로 이동하고 있다는 점 산란체에서 식 (8.12)는

$$r(t) = \sqrt{(R_0 + v_R t)^2 + (Vt)^2} \simeq R_0 + v_R t + \frac{(Vt)^2}{2R_0} \tag{8.20}$$

로 근사할 수 있다. 여기에서 $V \gg v_R$로 하였다. 그러면 PSF의 시간 영역에서의 위치는 $t' = -R_0 v_R / V^2$이며, 공간적으로는 애지머스(Azimuth) 방향으로 $-R_0 v_R / V$만큼 어긋난 위치에 이미지가 생성된다. 이 현상은 애지머스 이미지 이동(Azimuth Image Shift)으로 알려져 있으며, 주행 차량의 이미지가 도로에서 애지머스 방향으로 어긋나서 찍혀 있고, 선박 이미지가 항적과 다른 위치에 생성되는 등의 예가 있다. 반대로, 이동(Shift)된 위치에서 이동체의 레인지(거리) 속도 성분을 추정할 수 있다. 레인지(Range) 방향의 가속도나 애지머스 방향의 운동 등은 수신 신호의 도플러 상수가 참조 신호와 다르기 때문에 초점이 맞은 이미지 흐림을 일으킨다. 또한 플랫폼의 동요도 같은 효과를 일으키므로 플랫폼에 장착된 센서나 이미지에서 동요를 보정하여 초점이 있는 이미지를 생성할 필요가 있다. 이 기술은 오토 포커스(Autofocus: 자동 초점)로 알려져 있다. 위성 탑재 SAR의 경우 플랫폼의 동요는 적지만, 항공기 탑재 SAR의 경우, 오토 포커스 처리가 필요하게 된다.

8.2.3 이미지 변조(Image Modulation)

이미지 강도는 그림 8.7에서와 같이 산란체에서 후방 산란 프로세스에 따라 달라진다. 잔잔한 수면(Calm Water Surface)이나 포장 도로와 같은 거울면과 같은 산란면에 입사하는 마이크로파의 대부분은 반대 방향으로 반사되어 안테나로 수신되지 않기 때문에, 이미지 강도(Image Intensity)는 시스템 노이즈로만 구성된 매우 어두운 이미지가 된다. 수면의 잔물결이나 토양 등의 랜덤성 거친 표면은 입사파의 일부는 거울면 반사되지만, 모든 방향으로 산란되는 확산 성분이 있기 때문에, 어느 정도의 수신 신호가 있어서 다소 강도를 갖는 약간 밝은 이미지가 된다. 이미지 강도는 유효(Effective) 표면의 거칠기에 의존하고, 거칠기가 마이크로파의 파장보다 길어짐에 따라 증가한다. 파장이 긴 P-밴드나 L-밴드 마이크로파는 숲 등 관측 대상의 내부로 들어갈 수 있기 때문에, 나뭇가지나 줄기에 의해 다중 혹은 체적 산란(Volume Scattering)되어 높은 강도값을 갖는 밝은 이미지가 된다.

X-밴드 등의 단파장 마이크로파는 매질에 침투할 수 있는 거리가 짧기 때문에 수관(樹冠, Crown of Tree)이나 얼음 표면에 의한 산란에 지배

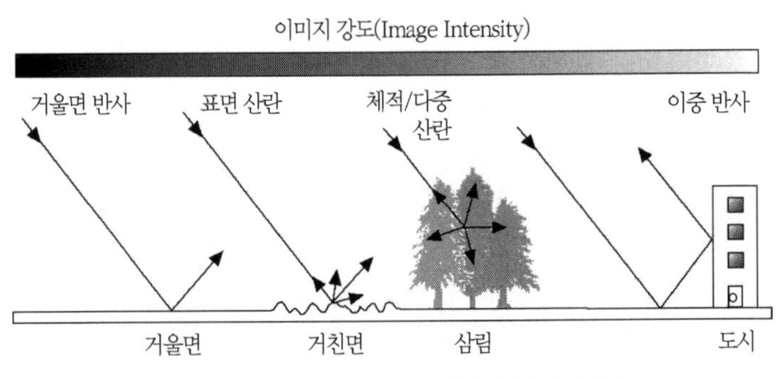

그림 8.7 산란체에 따라 다른 후방 산란 프로세스

된다. 도시 등에서는 노면(路面)과 집·건물의 벽면에 의한 이중 반사(Double Scattering)가 생겨, 편파와 입사각에 따라서도 다르지만(2.1절 참조) 매우 높은 강도 값의 밝은 이미지가 된다. 그러나 신호가 수신되는 것은 벽면이 레이더 방향을 향하고 있는 경우에 한정되며, 그 이외의 경우는 반대로 어두운 이미지가 된다.

2.1절에서 설명했지만 마이크로파 산란 강도는 산란체의 전기적 성질에 따라 다르다. 금속이나 바닷물 등 전도성이 높은 물질은 큰 반사계수를 가지며, 반대로 건조한 토양 등 전도성 낮은 물질의 반사계수는 작다.

이미지 변조에는 레이오버(Layover)와 포어쇼트닝(Foreshortening)이라는 관측 대상의 기하학적(Geometry) 구조에서 유래한 것이 있다. 그림 8.8은 레인지(Range) 방향으로 줄 지어 있는 같은 높이의 산에 의한 기하학적 이미지 변조의 메커니즘을 보여준다. 여기에서, 산란면으로부터 후방산란 강도는 일정한 것으로 한다. 레인지 방향 이미지 위치는 안테나와 산란체 사이의 왕복 거리에 따라 결정되므로, 왕복 거리가 짧은 산란체 B의 이미지 위치가 참조면에 있는 산란체 A의 이미지 위치보다 왼쪽으로 가게 된다. 그러면 산란체 A와 B에 있는 모든 산란체의 이미지가 좁은 이미지 영역에 들어가게 되므로, 아주 강한 이미지 강도를 가진 밝은 이미지가 된다. 이 효과는 레이오버(Layover)이다. 또한 산란체 E의 왕복거리는 산란체 D의 왕복 거리와 비교해서 레이오버 정도의 차이는 아니지만, 이미지 D에 가까운 위치에 이미지가 생성된다. 따라서 이미지 D와 E 사이의 영역은 매우 강한 이미지 강도가 된다. 이 효과는 포어쇼트닝(Foreshortening)이라 한다. 산란체 E에서 파 레인지(Far-Range, 원거리) 방향의 산란면은 음영 영역이므로 이미지 강도는 수신 신호가 아닌 시스템 노이즈의 값이 된다.

그림 8.8에서 알 수 있듯이 음영 효과를 제외하고, 기하학적 변조는 Off-nadir Angle이 작아질수록 커진다. 따라서 육지가 주 관측 목적인 SAR는 레이오버 효과가 작고, 어느 정도 큰 Off-nadir Angle(30~45°)이 적합하며, 후방 산란이 적은 해수면 관측은 보다 작은 Off-nadir Angle(20~30°)이 적합하다. 따라서 산악 지대와 같이 기복이 있는 관측 대상의 이미지는 기하학적 왜곡이 생기기 때문에, 지도 좌표와 일치하지 않게 된다. 정사 투영 이미지를 생성하려면 디지털 고도 모델(DEM)과 지오이드(Geoid) 정보를 사용하여 왜곡 보정을 해야 하지만 레이오버 보정은 할 수 없다.

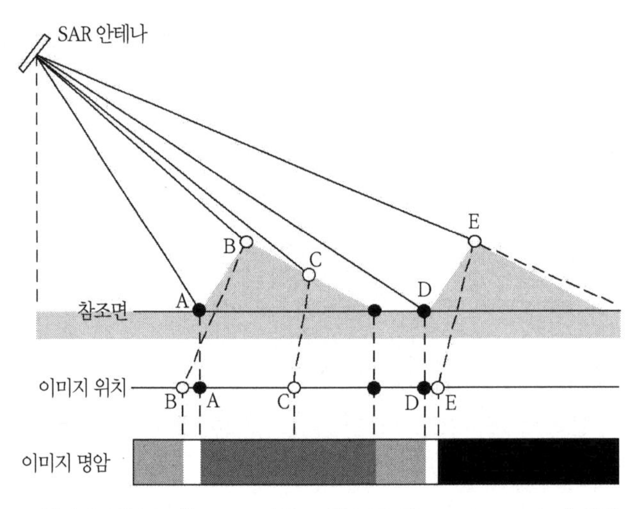

그림 8.8 레이오버(Layover)와 포어쇼트닝(Foreshortening) 효과

그림 8.9는 이미지 예시를 나타낸다. 후지산(Mount Fuji) 분화구는 음영 영역이고 야마나카(Yamanaka) 호수와 사가미만(Sagami Bay)의 수면은 매우 어두운 이미지로 나타난다. 후지(Fuji) 훈련장이나 노지, 밭 등은 비교적 어두운 이미지이고, 식생의 증가와 함께 이미지 강도도 증가한다.

아오키가하라(Aokigahara) 등의 삼림 지대에서는 체적 산란(Volume Scattering)에 의한 후방 산란이 커져 있으며, 시가지(市街地, Urban Area)는 이중 반사(Double Scattering)에 의해 이미지 강도가 더 커져서 밝게 보이고 있다. 후지산을 비롯한 산악 지대에는 레이오버와 포어쇼트닝에 의한 이미지 왜곡을 볼 수 있다.

그림 8.9 AIOS-PALSAR2에서 얻어진 Mount Fuji 지역의 이미지(Raw Data 제공: JAXA/EORC)

그림 8.10은 영국 해협(English Channel)의 사방 100km의 SAR 이미지로, 해수면의 이미지 변조는 대부분 표면 거칠기 차이에 의한 것이다. 잔잔한 해수면이나 유막(Oil Slick)이 존재하는 수면은 거울면에 가깝고 약한 후방 산란이지만, 바람이 강해질수록 잔물결이 발달하면서 이미지가 밝아지게 된다. 이 의존성을 이용한 해상풍 계측은 하나의 연구 주제이

다. SAR 이미지에 잘 나타나는 파랑 이미지는 파랑 방향에 따라 다르지만 주로 파랑의 기울기에 따른 국소 입사각 차이에 따른 것으로, 애지머스(Azimuth) 방향으로 진행되고 있는 파랑은 속도 번칭(Velocity Bunching)이라는 비선형 변조를 따른다.

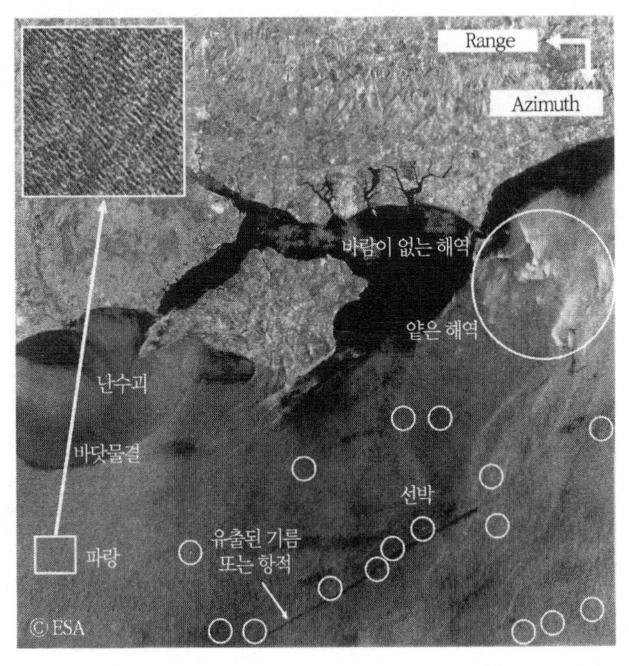

그림 8.10 영국 해협의 ERS-1 SAR 이미지(가운데 섬은 Wight)(이미지 제공: ESA/영국 QinetiQ, Farnborough)

전 지구적인 파랑의 파장과 방향 계측은 ENVISAT-ASAR, Sentinel-1 등에서 파랑 모드(Wave-mode)로 정상 운용된다. 수심이 얕은 영역에서는 파도가 생겨 밝게 비치고, 항적과 유막이 존재하면 잔물결의 발달이 억제되어 어두운 이미지가 된다. 또한 어업 정보에 빠뜨릴 수 없는 전선(Front)과 선박을 명료하게 판단할 수 있다. 선박 이미지는 선박 구조에 의한 다중 산란(Multiple Scattering)에 의한 것으로, 많은 검출 방법이 제안되고 있다.

8.2.4 관측 모드

SAR의 관측 모드에는 여러 종류가 있다. 그림 8.11에 있는 스트립맵 모드(Stripmap Mode)란 앞 절에서 설명한 안테나 바로 옆 아래에 빔을 조사하여 이미지를 생성하는 방법으로, 이미지는 애지머스 방향으로 긴 띠 모양으로 된다(실제로는 레인지 관측 영역과 비슷한 정도로 애지머스 방향 영역을 자른 이미지를 생성하고, 필요에 따라 이미지를 붙여 연결한다). 스퀸트 스트립맵 모드(Squint Stripmap Mode)에서는 플랫폼 진행 방향 또는 후방에 빔을 조사하여 스트립맵(Stripmap) 이미지를 생성한다. 스캔 모드(Scan Mode)에서는 플랫폼 진행과 함께 빔 레인지(Range) 방향으로 스캔 이미지를 생성한다. 해상도는 떨어지지만 레인지 방향으로 빔 폭이 넓은 이미지를 생성할 수 있다. 예를 들어, PALSAR-2의 스트립맵(Stripmap) 고해상도 모드의 관측폭은 50~70km이지만, 스캔 모드에서는 최대 350~490km가 된다. 스포트라이트 모드(Spotlight Mode)에서는 플랫폼 진행과 함께 애지머스(Azimuth) 방향으로 빔을 조향하여, 동일 시간의

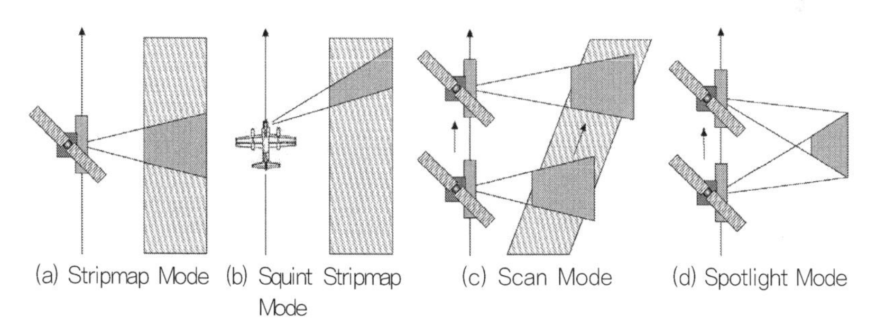

그림 8.11 SAR의 관측 모드

관측 영역에서 빔을 조사한다. 관측 영역은 한정되지만, 스트립맵 모드(Stripmap Mode)보다 긴 합성개구시간이 되기 때문에 매우 높은 해상도의 이미지를 얻을 수 있다. PALSAR-2 스포트라이트 모드(Spotlight Mode)에서 관측폭은 25km, 애지머스(Azimuth) 해상도는 1m로 되어 있다.

8.3 간섭 합성개구레이더(InSAR)[1)~6)]

크로스 트랙 간섭 합성개구레이더(CT-InSAR: Cross-Track Interferometric SAR), 혹은 간섭 SAR(InSAR)는 동일 관측 영역에 여러 개의 복소 이미지를 간섭시켜 인터페로그램(Interferogram)을 생성하고, 이 데이터로부터 지표 고도(DEM: Digital Elevation Model)나 지각 변동에 의한 고도 변화를 계측하는 기술이다.

8.3.1 InSAR의 원리와 복소 인터페로그램(Complex Interferogram)

InSAR에서는 그림 8.12에서와 같이 플랫폼이 다른 인 크로스 트랙 위치에 설치한 2대의 안테나, 또는 1대의 안테나로 다른 궤도로부터 수집한 데이터를 이용해서 2세트의 복소 이미지를 만들어서 간섭 데이터인 복소 인터페로그램(Complex Interferogram)을 생성한다. 항공기에 탑재한 2대의 안테나를 이용하는 방법은, 1회 비행으로 2세트의 원시 데이터(Raw Data)를 수집할 수 있으므로 이를 단일 경로(Single-pass) InSAR라고 한다. 위성 플랫폼에서는 2개의 안테나 탑재는 어렵기 때문에 서로 다른 궤도를 이용한다. 이 방법은 다중 경로(Multi-pass) 혹은 반복 경로(Repeat-pass) InSAR라고 한다.

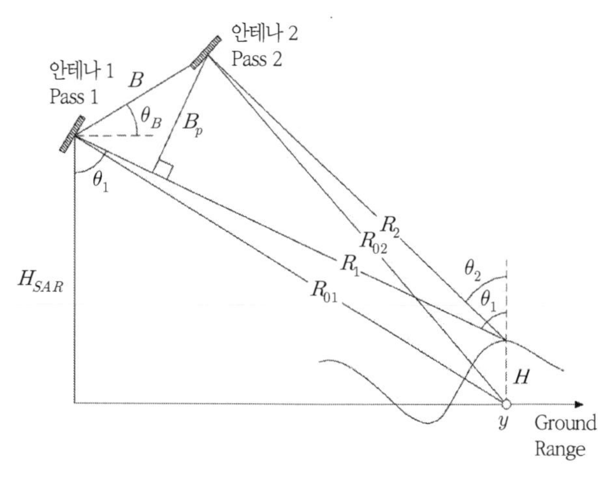

그림 8.12 InSAR Geometry

그림 8.12에서와 같이, 여기서는 편의상 참조면(지구 타원체면)을 평면으로 한다. 항공기 탑재 InSAR의 경우 관측폭이 길지 않기 때문에 참조면을 평면으로 근사할 수 있지만, 위성 탑재 InSAR의 경우는 지구의 곡면을 고려해야 한다. 안테나 1과 2에서 그라운드 레인지(Ground Range) 위치 y에서 높이 H의 산란 요소까지의 거리를 각각 R_1과 R_2라 한다면, 각각의 안테나에서 신호가 수신될 때까지의 왕복 시간은 $\tau_j = 2R_j/c(j=1,2)$이다. 수신 신호는 복소 형태로

$$E_j = E_0 \exp(i2\pi f\tau_j) = E_0 \exp(i2kR_j) \tag{8.21}$$

이 된다. 수신 신호의 복소 인터페로그램(Complex Interferogram)은 식 (8.21)의 E_1과 E_2의 켤레복소수를 곱하면 다음과 같이 얻을 수 있다.

$$E_1 E_2^* = |E_0|^2 \exp(i2k(R_1 - R_2)) \tag{8.22}$$

복소 인터페로그램의 위상은 수신 신호의 위상 차인 $\phi = 4\pi(R_1 - R_2)/\lambda$이고, 경사거리(Slant Range)의 차이인 $(R_1 - R_2)$가 $\lambda/2$만큼 변화하면 간섭 위상이 2π만큼 변화하고, 간섭호(Interference Fringe)의 1사이클이 된다. 그림 8.12에서 $R_j \simeq R_{0j} - H\cos\theta_j$로 근사할 수 있으며, θ_1과 θ_2의 중간 각도 θ_c로 하고, $\theta_1 = \theta_c - \delta\theta/2$, $\theta_2 = \theta_c + \delta\theta/2$라 놓으면 아주 작은 각도 차이 $\delta\theta$ 조건하에서 $\sin(\delta\theta/2) \simeq \delta\theta/2$로 근사할 수 있다. 따라서 간섭 위상은

$$\phi = 2k(R_{01} - R_{02}) - 2kH\delta\theta\sin\theta_c \tag{8.23}$$

로 쓸 수가 있다.

식 (8.23)의 $2k(R_{01} - R_{02})$는 안테나 1과 2의 참조 지표면에 대한 경사거리(Slant Range)의 차이에 비례하는 위상으로, 궤도 위상(Orbital Phase) 또는 평면 위상(Flat Phase)이라고도 한다. 고도 변화가 없는 평탄한 면에서도 레인지(Range) 방향으로 궤도 간 간섭호(Orbital Fringes) 혹은 베이스라인(기선, Baseline) 간섭호라고 하는 간섭호가 만들어진다. 식 (8.23)의 우변 제2항에서 $-2kH\delta\theta\sin\theta_c$는 지표 고도 H에 의존하는 지형 위상으로, 지형 간섭호 또는 지형 프린지(Topographic Fringes)라 불리는 간섭호를 생성한다. 간섭 위상에서 지표 고도 정보를 추출하여 DEM을 만들기 위해서는 전자의 평면 위상을 제거해야 한다.

8.3.2 지표 표고(Ground Surface Elevation)의 계측

궤도 위상과 지형 위상의 변화율은 다음 식으로부터 구할 수 있다.

$$\phi = 2k(R_1 - R_2) = 2kB\sin(\theta_1 - \theta_B) \tag{8.24}$$

$$y = R_1\sin\theta_1 \tag{8.25}$$

$$H = H_{SAR} - R_1\cos\theta_1 \tag{8.26}$$

여기서 θ_B는 수평 방향에 대한 안테나 1과 2의 각도이다(그림 8.12 참조). 식 (8.24)의 미분 $\partial\partial\phi/\partial\theta_1$과 식 (8.25)의 미분 $\partial y/\partial\theta_1$에서 그라운드 레인지(Ground Range) 거리에 대한 위상 변화율

$$\frac{\sigma_\phi}{\sigma_y} \equiv \frac{\partial\phi}{\partial y} = \frac{4\pi B_p}{\lambda R_1\cos\theta_1} \tag{8.27}$$

이 도출된다. 여기서, $B_p = B\cos(\theta_1 - \theta_B)$는 직교 기선(Baseline)이라고 부른다.

지표 표고(Ground Surface Elevation)에 대한 위상 변화율도 식 (8.24)의 미분과 식 (8.26)의 미분 $\partial H/\partial\theta_1$에서

$$\frac{\sigma_\phi}{\sigma_H} \equiv \frac{\partial\phi}{\partial H} = \frac{4\pi B_p}{\lambda R_1\sin\theta_1} \tag{8.28}$$

이 얻어진다. PALSAR-2와 같은 위성 탑재 데이터는 그라운드 레인지(Ground Range) 거리 변화가 수십 km로 크고, 고도 변화는 수 km이므로 간섭호는 전자에 의해 지배된다. 고도 변화 계측에서는, 지배적인 평면 위상을 제거하는 보정을 간섭 위상에 적용한 후에, 식 (8.28)의 2점에 있어서 간섭 위상의 변화 σ_ϕ와 지표 고도 변화 σ_H의 관계로부터 표고를

산출한다. 예를 들어, PALSAR-2의 예에서 $\lambda=23.5$cm, $R_1=770$km, $\theta_1=35°$, $B_p=1$km라 한다면, 2π의 위상 변화는 약 52m의 고도 차이에 해당하고, 직교 거리를 $B_p=2$km로 늘린다면, 대략적으로 반 정도인 26m의 고도 차이가 된다. 한편, 궤도 간격이 길어짐에 따라 인터페로그램(Interferogram)의 코히런스(2개 이미지의 상관성 또는 간섭도)도 낮아지고, 간섭호의 콘트라스트(Contrast)가 저하된다. 마찬가지로 마이크로파의 파장이 짧아짐에 따라 간섭호의 1주기(사이클)에 해당하는 고도차가 감소하고, 계측 정확도가 올라가지만, 궤도 간격에 기인하는 코히런스가 저하된다. 코히런스(Coherence)는 직교 거리 이외에 관측 대상의 시공간적 변화에도 의존하고, 반복 경로(Repeat-pass) InSAR의 데이터 취득하는 사이에 관측 대상의 위치와 구조가 크게 변화하면 코히런스가 떨어진다. 또한, 숲 등 체적 산란(Volume Scattering)을 일으키는 관측 대상에서는 코히런스가 저하되어 양질의 인터페로그램(Interferogram)을 만들 수 없다. 일반적으로 숲 등 시공간적 변화가 큰 대상보다도 거친 표면이나 노암(Bare Rock) 등의 고정된 관측 대상이 코히런스가 높고, X-/C-밴드보다 L-밴드 InSAR에서 더 높은 코히런스의 인터페로그램(Interferogram)을 생성된다.

8.3.3 지표 고도 변화의 계측

이전 절에서 반복 경로(Repeat-pass) InSAR에서는 데이터를 취득하는 사이에 지표면의 고도 변화는 없다고 암묵적으로 가정했다. 여기에서는 지진과 화산 활동 등과 같은 지각 변동으로 인해 지표면의 고도가 ΔH 만큼 변화했다고 가정한다면, 이 고도 변화의 경사거리(Slant Range) 성분은 $\Delta H\cos\theta_1$이 되어, 간섭 위상은

$$\phi = 2k(R_1 - (R_2 + \Delta H \cos\theta_1)) \tag{8.29}$$

이 된다. 만약 경로 1과 2의 궤도가 동일하면, $R_1 = R_2$가 되고 간섭 위상은 $\phi = 4\pi \Delta H \cos\theta_1 / \lambda$이다. 간섭호 1사이클은 $\Delta H = \lambda / (2\cos\theta_1)$의 고도 변화에 해당한다. 실제로 동일한 궤도에서의 데이터 취득은 어려운 경우가 많으며, 변화 전의 2세트 데이터나 기존의 DEM 등에서 생성한 평면 위상과 지형 위상을, 변화 전후의 간섭 위상으로부터 제거해서 변위 위상을 추출하는 것이 일반적인 방법이다. 이 기술은 간섭 위상의 차이에서 변위 위상을 계측하기 때문에 차분(差分) 간섭 SAR(DInSAR: Differential InSAR)라고 부른다. 그러나 차분 간섭 SAR(DInSAR)는 빙하와 같이 데이터 취득 동안 변화가 큰 관측 대상의 경우, 코히런스가 저하되어 양질의 인터페로그램(Interferogram)을 만들 수 없는 경우가 있다.

위성 탑재 SAR 데이터를 사용할 때 주의해야 하는 것 중 하나는 대기 중의 수증기에 의한 마이크로파의 지연 효과이다. 이 영향은 특히 차분 간섭 SAR(DInSAR)에서 볼 수 있는 현상으로, 국소적으로 고밀도의 수증기에 의한 마이크로파의 지연은 지형과는 관계없는 간섭호를 생성한다. 수증기의 영향을 줄일 수 있고, 지표의 변위를 장기적으로 계측하는 방법으로 PSInSAR(Permanent/Persistent Scatterer InSAR)[6]가 있다. 이 기술은 DInSAR의 일종으로, 수십 세트의 시계열 SAR 데이터를 사용하여 항상 후방 산란이 큰 점 모양의 산란체(Point-like Scatterer)의 간섭 위상을 계측함으로써 연간 수 밀리미터 정도의 지각 변동을 계측할 수 있다. PSInSAR는 이산적으로 분포하고 있는 다수의 강한 산란체를 필요로 하기 때문에, 노지 등이 많이 포함되어 있는 관측 대상보다, 도시와 같은 계측 대상에 더 효과적인 방법이다. 또한, PSInSAR와 기존의 DInSAR를 이용하여 노지를 포함한 관측 대상의 지각 변동 계측 방법도 개발되고 있다. 지상 설치 DInSAR는 고정된 레일 위에서 안테나를 이동하여 개구 합성을 하고, 시계열 데이터에서 경사면 등의 변화를 계측하는 시스템이다.

8.3.4 InSAR 데이터 처리의 흐름

InSAR 데이터 처리의 흐름을 그림 8.13에 나타내었다. 먼저 SLC1(Single-Look Complex) 이미지에 위치가 중복되도록 SLC2 이미지를 리샘플링(Resampling)하여 기하 보정을 한다. 전자와 후자의 이미지는 각각 마스터(Master)와 슬레이브(Slave) 이미지라고 한다. 궤도 간격에 의해서도 달라지지만, 보정 정밀도는 1/8∼1/10 픽셀 정도가 기준이 된다. 다음으로 SLC1 이미지의 픽셀 값 E_1에 기하 보정된 SLC2 이미지 픽셀 값의 켤레복소수 E_2^*를 곱한다. 이 과정을 이미지 전체 픽셀에 적용하여 복소 인터페로그램(Complex Interferogram) $E_1E_2^*$을 생성한다. 간섭 위상 ϕ_w는

$$\phi_w = \arctan\left(\frac{imag(E_1E_2^*)}{real(E_1E_2^*)}\right) = \phi + j2\pi \quad (j = 0, \pm 1, \pm 2, \cdots) \tag{8.30}$$

에서 산출된다. 여기서 ϕ는 실제 위상(True Phase) 혹은 주 위상(Principal Phase)으로 평면 위상과 지형 위상 변화를 포함하고 있으며, 산출된 간섭 위상 ϕ_w는 2π마다 접히고 $[0, 2\pi)$의 사이에 랩핑(Wrapping)되어 있다.

이 단계의 표고 계측에서는 식 (8.27)을 사용하여 간섭 위상에서 평면 위상을 제거한다. 변위 계측에서는 식 (8.27)과 식 (8.28)을 사용하여 간

섭 위상에서 평면 위상과 지형 위상을 제거한다. 그러나 실제로 이러한 계산식만으로 정확하게 평면 위상과 지형 위상을 제거하기는 어려우며, 위성 궤도 정보와 지오이드(Geoid) 및 지상 기준점 등을 사용하여 제거 작업을 반복하면서 계측 정확도를 향상시키고 있다.

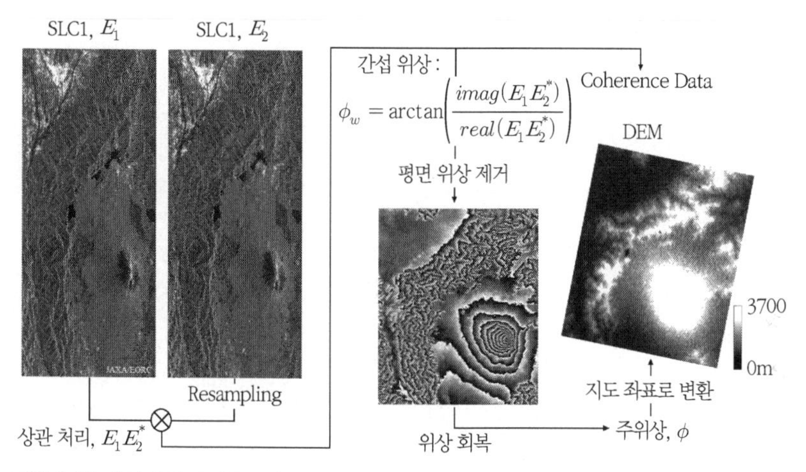

그림 8.13 데이터 처리의 흐름 (간섭 이미지 데이터 제공: Tokyo Denki University (東京電機大学), Masanobu Shimada)

식 (8.30)의 간섭 위상으로부터 지형 위상 혹은 변위 위상이 추출된 후에, 2π마다 접힌 랩(Wrapped) 위상 ϕ_w에서 주 위상(Principal Phase) ϕ을 회복시켜야 한다. 이 처리는 위상 언래핑(Phase Unwrapping) 또는 위상 회복이라고 불리며, 몇 가지 알고리즘이 제안되고 있다. 위상 회복의 기본적인 아이디어는, 높은 코히런스의 기준 픽셀로부터 다음 픽셀과의 위상 변화를 구해 가서 위상의 반환점(Turning Point)을 찾는다. 위상이 0에서 2π까지로 증가하고 반환점에서 0으로 바뀔 때에는 2π를 가산하고, 반대로 위상이 2π에서 0으로 감소하여 반환점에서 2π로 점프한 때에는

-2π를 가산한다. 이 과정을 위상 이미지 전체에 적용하는 것으로 주 위상 ϕ이 회복된다. 코히런스가 낮은 데이터는 노이즈 등에 의한 위상의 불연속점이 많고, 지형 위상 혹은 변위 위상의 반환점과 혼동되어 위상 회복이 어려워진다. 일반적인 위상 회복 알고리즘은 노이즈 감소 필터를 사용하여 위상의 불연속점을 감소·제거하는 방법이나 불연속점을 우회하는 방법이 취해지고 있다.

언래핑한(Unwrapping) 위상에서 식 (8.28)을 사용하여 표고 값 혹은 변위 값으로 변환한다. 마지막으로 고도 데이터에 남아 있는 포어쇼트닝(Foreshortening)에 의한 왜곡을 보정하여, 지도 데이터에 대한 기하 보정을 실시하여 InSAR-DEM을 생성한다.

지각 변동의 계측은 SLC2(또는 SLC1) 데이터와 또 다른 SLC3 데이터에서 DEM을 생성하고 SLC1과 SLC2의 DEM으로부터 뺀다. SLC2와 SLC3 데이터 취득 시에 고도 변화가 없는 경우에는 양쪽의 DEM은 같으며 차분 DEM에는 간섭호가 발생하지 않는다. 그러나 지각 변동이 있으면 차분 DEM에 고도 변화에 의한 간섭호가 생긴다. 여기에서는 DEM의 차분을 소개했는데, 위상 회복을 하기 전에 위상의 차분을 취하는 방법과 주 위상 차분을 취하는 방법 등이 있다. 이것이 DInSAR의 원리이다.

컬러 그림 6은 1995년 1월 17일에 발생한 효고현(Hyogo) 남부 지진에 의한 지각 변동을 나타내는 DInSAR의 예로서, 노지마 단층(Nojima Fault)[2]의 남동쪽 최대 1.2m만큼 융기했다. DInSAR 이미지에서 10 사이클의 간섭호가 보인다. 1 사이클의 간섭호가 약 11.8cm의 고도 변화에 상당하므로, DInSAR는 지상에서의 계측과 거의 일치하는 것을 알 수 있다. 이

2 아와지시마(淡路島) 북서쪽 해안선을 따라 약 10km의 활단층.

미 언급한 것과 같이 InSAR와 DInSAR는 거의 확립된 기술로, 2011년에 발생한 동일본 대지진과 2016년에 발생한 구마모토 지진에 의한 지각 변동을 시작으로, 그 이후에 발생한 지각 변동, 화산 활동과 빙하의 모니터링 등에 이용되고 있다.

여기에서, 간단히 소개만 하자면 진행 방향 간섭 합성개구레이더(AT-InSAR: Along-Track InSAR)[1), 7)]라 불리는 간섭 SAR는 항공기 기체에 따라 애지머스(Azimuth) 방향으로 여러 개의 안테나를 설치하고 인터페로그램(Interferogram)을 생성한다. 인터페로그램의 위상은 산란체의 경사거리(Slant Range) 방향의 속도 성분을 포함하고 있으며, 이동체의 검출과 해류의 유속 계측에 이용되고 있다. SAR의 주파수 대역에 따라 다르지만, AT-InSAR의 안테나 간격은 항공기 탑재에서 수십 cm 이상, 위성 탑재에서는 수십 m 이상이 필요하다. 이러한 안테나를 위성에 탑재하는 것은 어렵기 때문에 AT-InSAR는 항공기에만 한정되어 있었지만, 2대의 동일 위성 탑재 SAR(TerraSAR-X와 TanDEM-X)의 탠덤 비행에 의한 AT-InSAR가 연구되고 있다.[5)]

8.4 편파(Polarization) 합성개구레이더

8.4.1 편파 정보와 산란 행렬

기존의 SAR에서는 수평편파(Horizontal Polarization) 혹은 수직편파(Vertical Polarization)의 단일 편파 마이크로파를 이용하지만 최근의 기술 발전에 의해 다중 편파를 사용한 편파 SAR(PolSAR: Polarimetric SAR)가 개발되어, 실험 연구가 진행되고 있다. 현재 대부분 항공기 탑재 SAR는 다중 편파 기능을 가지고 있으며, 위성 탑재 PolSAR는 ALOS-PALSAR를 시작으로 많은 위성에 탑재되고 있다. 위성 SAR의 다중 편파 모드에서의 관측 빈도는 적지만, 실제 운용을 하고 있다.

일반적인 PolSAR에서는 수평편파와 수직편파를 번갈아 송신하고, 수평편파와 수직편파만의 후방 산란파를 수신해서 이미지를 생성함으로써, HH(수평편파 전송, 수평편파 수신)와 VV(수직편파 전송, 수직편파 수신) 그리고 HV와 VH 편파의 4세트의 편파 조합 복소 이미지를 얻을 수 있다. 이러한 복소 데이터로부터 산란체의 물리적·전기적 특성을 계측하는 기술은 레이더 폴러리메트리(Polarimetry) 또는 SAR 폴러리메트리(SAR Polarimetry: SAR 편파 분석)라 한다.

PolSAR로부터 얻을 수 있는 산란체의 편파 정보는 산란 행렬(Scattering Matrix)이라고 불리는 행렬식 $[S]$로 표현하고, 송신파 벡터 E_t와 수신파 벡터 E_s의 관계를 나타내는 다음의 식으로 기술된다.

$$E_s = [S]E_t = \begin{bmatrix} S_{HH} & S_{HV} \\ S_{VH} & S_{VV} \end{bmatrix} E_t \tag{8.31}$$

여기서, $E_t = [E_H^t E_V^t]^T$, $E_s = [E_H^s E_V^s]^T$, $S_{mn} = |S_{mn}| \exp(i\varphi_{mn})$ ($m = H,\ V,\ n = H,\ V,\ T$는 행렬의 전치를 의미한다). 1대의 안테나로 송수신하는 모노스태틱 SAR(Monostatic SAR)에서는, $S_{HV} = S_{VH}$가 된다. 또한, 산란행렬의 각 성분의 위상은 절대값이 아니므로 일반적으로는 HH 편파의 복소 진폭 위상을 0으로 해서, 다른 것들은 상대 위상을 표시한다. 따라서 산란 행렬은 각 편파 성분의 진폭 $|S_{HH}|$, $|S_{HV}|$, $|S_{VV}|$와 위상차이 $\phi_{HV} = \varphi_{HV} - \varphi_{HH}$, $\phi_{VV} = \varphi_{VV} - \varphi_{HH}$로 구성되어 다음과 같이 쓸

수 있다.

$$[S] = \begin{bmatrix} |S_{HH}| & |S_{HV}|e^{i\phi_{HV}} \\ |S_{HV}|e^{i\phi_{HV}} & |S_{VV}|e^{i\phi_{VV}} \end{bmatrix} \tag{8.32}$$

편파 SAR 데이터의 파워 P는 스팬(Span)이라고 불리며, 이하의 식으로 정의된다. $P = \mathrm{Span}[S] = \mathrm{Trace}([S][S]^{*T}) = |S_{HH}|^2 + 2|S_{HV}|^2 + |S_{VV}|^2$. 여기서 Trace는 정방 행렬의 대각 성분의 합(Diagonal Sum)이다.

그림 8.14는 ALOS-PALSAR의 도쿄만(Tokyo Bay)의 편파 이미지로, 도시 지역에서의 후방 산란이 크고, HV 편파 이미지는 해수면에서의 후방 산란이 거의 없고, 점 모양의 선박 이미지가 두드러지게 강조되어 있다.

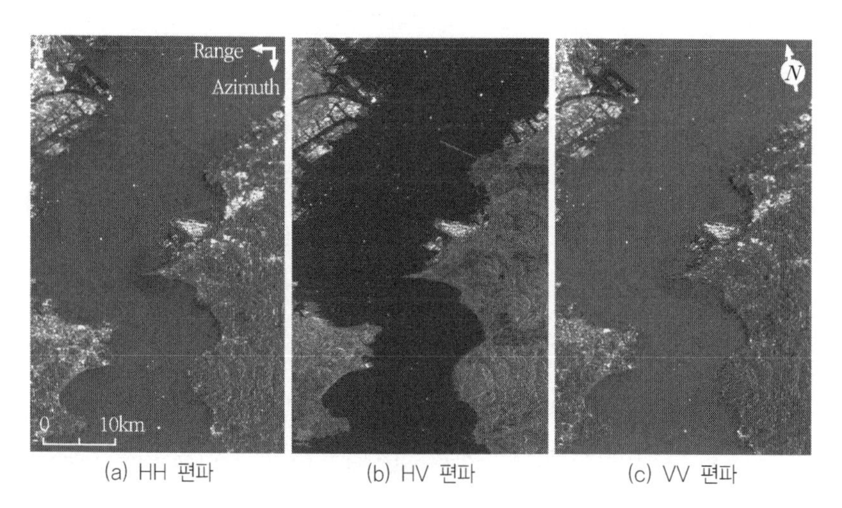

그림 8.14 Tokyo Bay의 HH, HV, VV 편파 ALOS-PALSAR 이미지. 왼쪽 위: Yokohama, 왼쪽 아래: Uraga, 오른쪽: Chiba현의 Kisarazu와 Tomizu(데이터 제공: JAXA)

타원 편파가 일반적인 편파를 나타낸다는 것은 2.1절에서도 언급했다. 타원의 기울기를 나타내는 경사각과 타원의 팽창을 나타내는 타원 각도를 평면 좌표로 하고, 전기장의 진폭을 세로축으로 나타낸 편파 시그니처(Polarimetric Signature)라는 표현 방법이 종래 사용되었다. 편파 시그니처는 송수신 신호의 편파 상태를 서로 다른 산란체마다 표시한 것이지만, 실용적인 관점에서 현재 그다지 많이 사용되고 있지 않다. 최근에 주목받고 있는 관측 대상 식별 방법으로는 다음과 같은 방법이 있다.

8.4.2 산란 성분의 전력 분해(Power Decomposition)와 고유값(Eigenvalue) 분석

자세한 내용은 전문서적[8), 9)]을 참고 바라며, 3성분 산란파워분해법(3-Component Scattering Power Decomposition Analysis)에서는, 산란 모델에 근거해 관측 대상에 의한 후방 산란 프로세스를 단일 산란(Single Scattering), 이중 반사(Double Scattering), 체적 산란(Volume Scattering)으로 구분한다. 게다가 4성분 산란파워분해법[3]에서는, 교차한 와이어나 1/4 파장 떨어진 2면 구조물 등에 의해서 직선 편파의 입사파를 원 편파로 변화시키는 헬릭스 산란(Helix Scattering)을 추가로 사용한다.

그림 8.15는 ALOS-PALSAR 편파 데이터로부터 산출된 도쿄만의 4성분 산란파워분해에서 3성분을 나타낸다. 1회 반사 산란에서는 해수면에서 표면 산란(Surface Scattering)과 인공물에 의한 직접 반사의 비중이 크고, 2회 반사 이미지에서는 도시의 건물과 지표면 사이의 이중 반사와

---

3 역) 산란 전체 파워를 $P=|S_{HH}|^2+2|S_{HV}|^2+|S_{VV}|^2=Ps+Pd+Pv+Pc$와 같이, 각 산란 프로세스 성분으로 분해한다. 여기서 Ps, Pd, Pv, Pc은 각각, 1회와 2회 반사, 체적 산란, 나선 산란의 파워이다.

해면과 선체의 이중 반사의 비중이 큰 것을 알 수 있다. 2회 반사 성분은 반사면이 마이크로파 입사 방향과 직교하고 있는 경우에 생기기 때문에 레인지(Range) 방향으로 직교하고 있지 않은 구조의 도시 영역으로부터는 거의 나타나지 않는다. 이것은 그림 8.15의 2회 반사 이미지에서, 요코하마(Yokohama)와 기사라즈(Kisarazu)의 일부 도시 영역만이 밝게 찍힌 것을 통해 알 수 있다. 이것의 보정법으로서 산란 성분을 산출하는 공분산 행렬(4종 편파 이미지의 자기 상관치와 상호 상관치로 이루어진 행렬) 혹은 코히어런시(Coherency) 행렬에 회전을 주어 체적 산란(Volume Scattering) 성분을 최소화하고, 2회 반사(Double Scattering) 성분의 기여를 크게 하는 방법이 제안되고 있다. 체적 산란 성분은 삼림 영역에서 크고, 도시와 선체 구조에 의한 다중 산란(Multiple Scattering)에 의한 기여도가 크다.

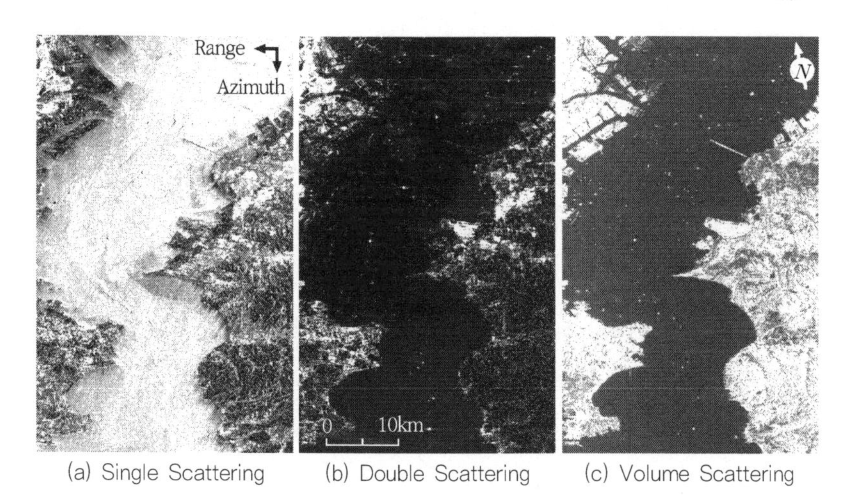

그림 8.15 Tokyo Bay의 ALOS-PALSAR 4-Component Scattering Power Decomposition (원시 데이터 제공: JAXA)

산란 프로세스로 분류하는 방법으로 코히어런시(Coherency) 행렬의 고유치 해석으로부터, 산란 프로세스의 랜덤성을 나타내는 엔트로피(Entropy)와 편파의존성을 나타내는 알파 각(Alpha Angle)을 이용하는 방법이 있다. 3장의 K-L 정보량 항목에서도 언급했지만, SAR 편파 해석에서, 엔트로피 H_p는

$$H_p = \sum_{j}^{N} - p_j \log_N p_j \tag{8.33}$$

라고 정의된다. 여기서, $p_j = \lambda_j / (\lambda_1 + \lambda_2 + \lambda_3 + \cdots + \lambda_N)$은 N개의 산란프로세스 중 j의 프로세스가 발생할 확률로, λ_j은 고유값이다. 다중편파 SAR 데이터에서 $N=3$인 경우, 표면 산란만의 경우는 코히런시(Coherency) 행렬이 1개의 고유값($\lambda_1 = P$)만을 가지고 있기 때문에 $H_p = 0$이다. 한편, $H_p = 1$의 경우, 같은 값을 가진 3개의 고유값($\lambda_1 = \lambda_2$ $\lambda_3 = P/3$)이 존재한다. 이는 신호가 같은 파워를 가진 3개의 산란 프로세스로 되어 있음을 뜻하며, 삼림 등의 등방성(Isotropy)을 가진 체적 산란(Volume Scattering)체에 해당한다. 알파 각은 0~90°의 값을 갖고, 평면 등의 표면 산란(Surface Scattering)은 0°, 다이폴(Dipole) 산란은 45° 부근이고, 각도가 증가함에 따라 유전체에 의한 2회 반사가 되고, 완전 도체에 의한 이중 반사(Double Scattering)에서는 알파 각은 90°다. 이러한 특성을 이용하여 세로축에 알파 각, 가로축에 엔트로피값을 사용한 산란 프로세스의 분류법이 제안되고 있다. 또, 이방성(Anisotropy) 혹은 스팬(Span) 축을 추가한 3차원 분류법도 제안되고 있다. 편파 분석은 해빙(Sea Ice)이나 농림업[2), 10), 11)] 등 다양한 분야의 응용이 연구되고 있다.

간섭 SAR와 편파 해석을 조합한 편파 간섭 SAR(Pol-InSAR)[4), 11)]로 수고(樹高, 나무의 높이)를 계측하는 연구가 진행되고 있다. 이 방법에서는 2세트의 서로 다른 입사각의 편파 이미지로부터 산란 프로세스를 식별한다. 다음으로 인터페로그램(Interferogram)으로부터 지표와 줄기와의 이중 반사 위치와 체적 산란의 중심 위치를 계측해 그 차이로부터 수고를 추정하는데, 체적 산란의 중심은 삼림 내부이기 때문에, 수고와 산란 중심의 위치를 알 필요가 있다. InSAR 위상이나 코히런스로부터 수고를 계측하는 시도도 되고 있지만, Pol-InSAR의 경우와 같이 정량적으로 안정된 수고 계측을 위해, 한층 더 검증이 필요하다.

8.5 합성개구레이더의 전망[2), 5)]

기존의 위성 탑재 SAR의 중요한 과제로 회귀 일수가 있다. 현재의 PALSAR-2의 회귀 일수는 14일로 긴급을 요구하는 해양 감시나 재해 등에 대한 대책은 곤란하다. 그렇기 때문에 이탈리아의 COSMO-SkyMed는 4대의 위성으로 관측 빈도를 12시간으로 단축하고 있다. 향후 경향으로서, 여러 개의 소형 위성이 탑재된 SAR에 의한 회귀 일수의 단축을 들 수 있다. 예를 들어, 일본의 우주과학연구소에서는 100kg 정도의 10~20기의 X-밴드 Micro-XSAR를 계획하고 있다. 해상도를 스포트라이트 모드(Spotlight Mode)로 설정함으로써 10여 미터에서 서브 미터가 가능하지만, 스포트라이트 모드는 관측폭이 좁다는 단점이 있다. 그러나 관측폭이 넓은 Scan SAR 모드에서는 해상도가 나빠진다. 이와 같이 해상도와 관측폭은 상반되는 관계에 있다. 현재 연구 중인 수신형 디지털 빔 포밍(Digital

Beam Forming) SAR(DB-SAR)는 넓은 범위의 빔을 조사하여, 레인지(Range) 방향으로 분할한 영역으로부터 수신한 데이터를 디지털 처리함으로써, 스트립맵 모드(Stripmap Mode)의 해상도(<10m)와 같은 정도의 해상도를 달성하는 기술로, 멀지 않은 미래에는 위성 탑재 DB-SAR가 실현될 예정이다. 항공기 탑재 SAR는 많은 기관에서 개발 운용되고 있지만, NASA의 UAVSAR로 대표되는 무인기 탑재 SAR가 개발되어 운용이 시작하고 있어, 유인 항공기로는 위험한 지역이나 지진과 같은 자연 재해지역 등에서의 이용을 생각할 수 있다. InSAR와 DInSAR는 앞으로도 정상 운용될 것이지만, 많은 정보를 포함한 PolSAR의 실제 이용에는 향후의 연구 성과가 기대된다.

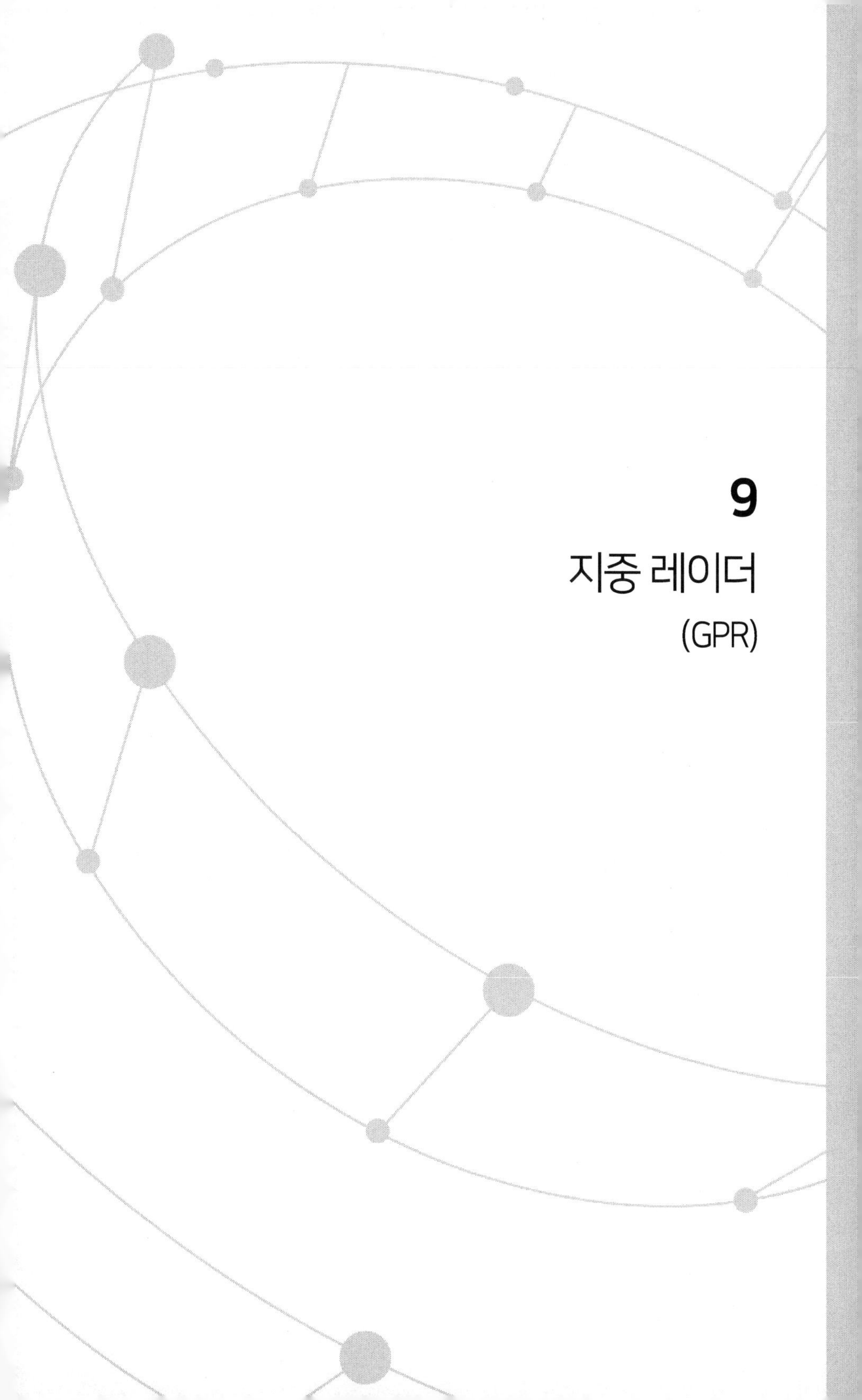

9
지중 레이더
(GPR)

9

지중 레이더 (GPR)

지중 레이더(GPR: Ground Penetrating Radar)는 전파를 지상으로부터 지중을 향해서 방사해 지하 물체로부터의 반사를 이용한 지하 계측법이다. 다른 종류의 레이더와 비교했을 때, 땅속에서 전자파 전달을 이용한다는 점이 언뜻 다르지만, 레이더의 원리는 큰 차이가 없다. 그러나 지중 매질의 특성에 기인하는 다양한 특수한 기술을 이용하고 있어, 본 장에서는 이러한 점에 대해 설명한다. 최근에는 GPR의 호칭이 거의 정착되었으므로 본 장에서는 '지중 레이더'를 GPR로 통일해 사용한다.

절연체 안에서의 전파는 전달 속도만 다를 뿐 공기 중에서와 완전히 똑같다. 1970년대부터 전파를 이용하여 얼음이나 건조한 암체(岩體) 등 매질 내의 계측에 이용되었다. 1980년대에 들어, 지표면에서 지중을 계측하는 GPR 장치가 시판되고 실용화되기 시작했으며, 2000년대에 들어서자 PC의 처리 속도 향상으로 데이터 취득의 디지털화, 장치의 소형화, 신호 처리 기능의 강화 등이 이뤄지면서, 빠르게 GPR 이용이 확대되고 있다.[1)]

토목 건축, 지질 조사[2)] 등 비교적 얕은 지층에서 사용되는 계측 방법은

GPR에만 한정되는 것은 아니다. 탄성파나 직류전류를 사용하는 다른 방법에 비해 GPR은 고속, 고정밀로 가시화할 수 있다. 게다가 GPR은 탄성파(인공 지진) 탐사 등 다른 지하 계측 방법과 비교해서, 계측 대상이 전자파에 대해서 특징적인 성질을 가질 때 더 효과적이다. 구체적으로는 지층의 수분율에 변화가 있는 암체(岩體)와 토양의 지층 경계면 판별, 토양의 수분율 분포, 암체 내의 물길, 지하균열 검출, 인공적인 매설물(埋設物)이나 유물 등의 검출 등을 들 수 있다. 또한 GPR은 지진파와 초음파를 이용할 수 없는 쇄파대(Surf Zone)나 공동(空洞) 내에서의 대상도 계측이 가능하다.

GPR은 그 특징을 살려 여러 가지 목적으로 활용되고 있다. 일본에서는 도시에서 인공적인 매설물 검출(파이프, 케이블)이나 노면 공동(空洞) 조사, 콘크리트 유지관리(Maintenance Survey) 조사 등에 많이 활용되고 있다. 국외에서는 지질조사, 빙상(Ice Sheet), 지하수, 동토(凍土) 계측 등 환경문제에 대한 응용 예도 많으며 최근 지뢰탐사,[3), 4)] 유적 조사[5), 6)]에 대한 이용도 활발히 검토되고 있다. 또한 1.4.7항과 그림 1.17 (b)에서와 같이, 우물을 이용하는 보어홀 레이더(Borehole Radar)도 심부(深部) 계측 등에서 중요한 기술이다.[7)]

9.1 GPR의 원리

9.1.1 지중의 전자파 전달

지중(地中)에서의 전자파 속도는 매질의 전기적 성질, 즉 전도율(Conductivity) σ_e, 유전율(Permittivity) ε, 투자율(Permeability) μ에 의해 정해진다. 그러나 GPR에서는 10MHz보다 높은 주파수 영역에서 계측이 이뤄지기 때문에, 유전적 성질이 탁월한 지하 매질의 전기적 성질은 유전율 ε가 지배적이 된다. 또 지중 물질의 대부분이 $\mu = \mu_0$, 즉 진공과 같은 투자율 μ_0로 근사할 수 있다. 매질이 비유전율 ε_r 일 때, 지중에서의 전자파 속도는

$$v = \frac{c}{\sqrt{\varepsilon_r}} = \frac{3 \times 10^8}{\sqrt{\varepsilon_r}} [\mathrm{m/s}] \tag{9.1}$$

로 주어진다. 표 9.1에 있는 것처럼 지중 매질은 1보다 큰 비유전율(Relative Permittivity)을 가지기 때문에, 지중의 전자파 속도는 공중보다 느리다. 또 공기 중의 파장을 λ로 했을 때 지중에서는

$$\lambda_e = \frac{v}{f} = \frac{\lambda}{\sqrt{\varepsilon_r}} [\mathrm{m}] \tag{9.2}$$

로 파장이 단축된다. 전도율 σ_e가 전파의 속도에 주는 영향은 거의 무시해도 무방하다. 단, 전파의 감쇠율(減衰率)은 전도율 σ_e가 증가함에 따라 증가한다. 또한 전파의 감쇠율은 주파수가 높을수록 커진다. 여기에서는 유전율을 실수(実数)로 하고 있지만, 매질이 유전적인 손실을 갖는 경우에는 복소수로서 나타난다. 전도성이나 유전손실(Dielectric Loss)을 가진 물질 중에서 전달되는 전파의 속도는 주파수 의존성을 가지므로 파형에 왜곡을 낳는다.

표 9.1 대표적인 지구 구성물질의 전도율과 비유전율(100MHz)(Daniels, 1996)[1)]

매질	비유전율	
	건조 상태	습윤 상태
공기	1	
담수	81	
해수(海水)	81	
점토(粘土)	2-6	15-40
화강암(花崗岩)	5	7
토양(土壤)	4-6	15-30

9.1.2 전자파의 반사

GPR에서는 전자파 펄스를 지상에 설치한 송신 안테나로부터 지중으로 방사해 수신 안테나로 수신한다. 송신 안테나에서 방사된 전파는 지중으로 전달되어 지층 경계면 등에 의해서 반사되고, 수신된 반사파를 기록한다. 지중의 전파 속도를 알 수 있는 경우, 송신 전파가 반사파로 되돌아 오는 시간 $\tau[\mathrm{s}]$를 계측하는 것으로 반사체의 깊이 $d[\mathrm{m}]$는 다음 식으로 추정할 수 있다.

$$d = \frac{\tau}{2} \cdot v[\mathrm{m}] \tag{9.3}$$

전파가 지중으로부터 반사되는 것은 지중에 불균질의 물질이 존재하는 것을 의미한다. 전파를 반사하는 불균질 물체는 금속과 같은 도체(導體)가 가장 뚜렷하기 때문에, 파이프나 케이블의 GPR에 의한 검출은 용이하다. 그러나 전파에 대해서는 절연체(絶緣體)도 반사체가 될 수 있다. 다만 반사가 발생하기 위해서는 2가지의 다른 비유전율(比誘電率, Relative

Permittivity)을 가진 절연체가 존재할 필요가 있다.

가장 간단한 경우로 그림 9.1에서는 상층과 하층에서 비유전율이 다른 2층 매질 구조를 보여주고 있다. 이때 상층에서 입사하는 진폭 1의 전파는 경계면에서 반사를 받아 진폭 Γ_r의 반사파가 발생한다. Γ_r는 반사계수이며 수평인 2층 구조의 경계면에서는 다음 식(프레넬 반사계수(Fresnel Reflection Coefficient))으로 주어진다.

$$\Gamma_r = \frac{\sqrt{\varepsilon_1} - \sqrt{\varepsilon_2}}{\sqrt{\varepsilon_1} + \sqrt{\varepsilon_2}} \tag{9.4}$$

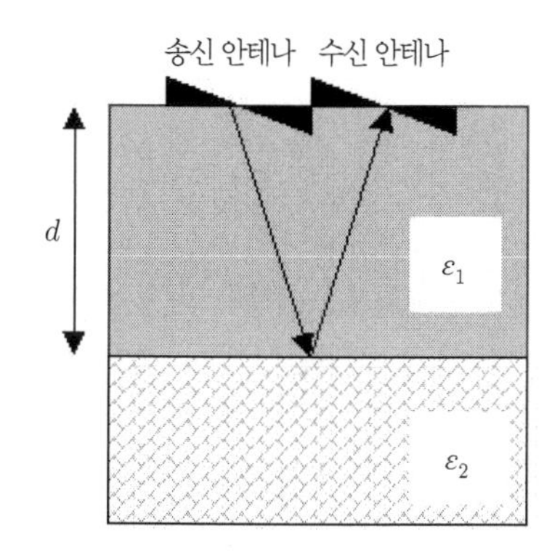

그림 9.1 지층 경계면에서의 전자파 반사

식 (9.4)는 두 개의 층인 다른 매질의 비유전율의 비율이 반사파의 크기를 정하는 것을 나타내고 있다. 반사계수는 $-1 \leq \Gamma_r \leq 1$의 범위에 존재하며, 하층 매질이 도체인 경우 반사계수는

$$\Gamma_r = -1 \tag{9.5}$$

로 가장 크다. 따라서 금속의 반사체는 가장 뚜렷하게 검출할 수 있다.

실제 GPR에서는 무한히 넓은 금속판이나 지층 경계면에서의 반사를 계측하는 일은 없고, 반사체는 유한한 크기를 가진다. 일반적으로 파장에 비해 큰 물체일수록 강한 반사가 발생한다. 전자파에 대한 물체의 반사율을 레이더 단면적(RCS: Radar Cross Section)으로 평가할 수 있다.

한편, 파이프와 같은 선상(線狀)의 도체로부터의 반사는 전자파의 편파 의존성이 지극히 강하다. 전자파의 편파(偏波) 방향과 선상의 도체의 방향이 일치할 때 선상의 도체의 지름이 작아도 지극히 큰 반사가 발생한다. 이에 비해 동일한 반사체라도 편파 방향과 선상의 도체의 방향이 직교하면 전혀 반사가 발생하지 않게 된다. 이러한 성질로부터 파이프나 케이블 등의 검출에는 편파 방향과 계측 대상을 일치시킬 필요가 있다.

9.2 암석 · 지층의 비유전율(Relative Permittivity)

토양, 암석 등 대표적인 지구 구성 물질의 전도율(Conductivity), 유전율(Permittivity)은 표 9.1에 건조 상태와 습윤 상태에서의 대푯값으로 표시되어 있으나, 건조 상태에서는 지질(地質)에 관계 없이 3~5 정도의 비유전율인 반면, 습윤 상태에서는 값이 크게 변화하는 것을 알 수 있다. 이것은 물의 비유전율이 다른 매질보다 지극히 크기 때문에 지층의 비유전율은, 지층에 포함되는 수분율에 의해서 거의 정해지는 것을 알 수 있다. 즉, 매질 중에 물이 포함되는 공극률(Porosity, 공극의 비율)이 비유전율을 결정하고 있다.

토양의 체적 수분율 θ_v과 비유전율 ε_r에 대해서 다음의 실험식(Topp

의 식)이 사용되고 있으며[8)]

$$\theta_v = -0.0503 + 0.0292\varepsilon_r - 5.5 \times 10^{-4}\varepsilon_r^2 + 4.3 \times 10^{-6}\varepsilon_r^3 \quad (9.6)$$

그림 9.2에서와 같다. 식 (9.6)과 식 (9.4)로부터, 토양의 수분이 변화하는 경계면에서 전파의 반사가 발생하는 것을 알 수 있다.

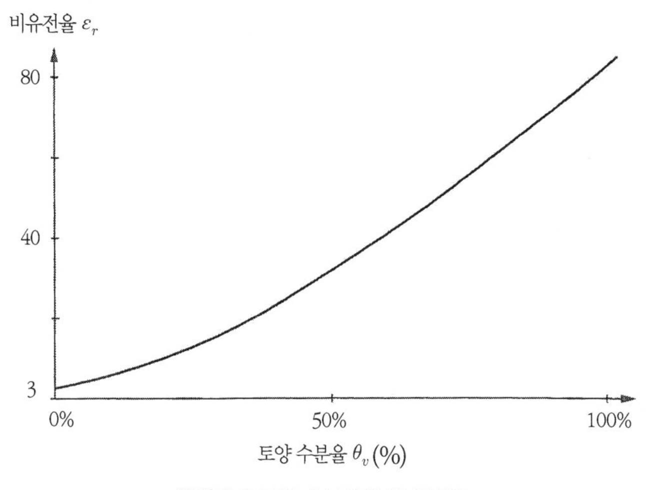

그림 9.2 토양 수분율와 비유전율

실제의 지층(地層) 안에서 토양 수분율이 다른 원인으로, 동일 지층에서 수분율이 다른 경우와 다른 지층이 다른 수분율을 가지는 경우를 가정할 수 있다. 전자는 관개[1] 상황(灌漑状況, Irrigation Regime)이나 지하수면 조사, 지하수 침투 상황과 토양의 보강을 위해 약제를 주입하는 그라

1 역) 일반적으로 농업 활동을 위해서 논이나 밭에 물을 대는 것을 의미.

우팅(Grouting)의 모니터링 등에 이용된다. 토양이나 암석의 비유전율의 변화가 작을 경우에도 지층, 토질에 의한 수분 함유율에는 큰 변화가 나타난다. 따라서 물을 포함하는 지층에 있어서는 GPR에 의한 지층 경계면 검출이 유효하게 이루어진다. 나아가 동일한 토양이라도 압밀(壓密, Consolidation)을 받은 부분과 받지 않는 부분에서는 수분율의 변화가 나타난다. 예를 들어, 유적 조사 등을 통해 건물터나 옛 지표면이 검출되는 것은 이러한 이유 때문이다. 또 토양에 포함되는 암석이나 자갈은 토양에 비해 수분율이 극단적으로 작다. 이들도 유적 조사 등에서 흔히 볼 수 있는 상황이다.

9.3 GPR 계측

9.3.1 레이더 시스템의 성능평가

레이더의 성능은 얼마나 깊은 위치에 있는 매설물(埋設物)을 검출할 수 있느냐라는 '최대 탐사 수심' 및 얼마나 서로 근접한 2개의 물체를 레이더 이미지로 분리해서 식별할 수 있느냐라는 '레이더 해상도'로 평가할 수 있다.

레이더가 반사체를 검지 가능한 최대 깊이는 송신 전력과 수신 검지 가능한 최소 전력(이것은 통상 수신기의 노이즈 레벨)의 비율(PF: Performance Factor)로 정의된다. 동일한 레이더 장치를 사용해도 지하 매질이 바뀌면 최대 탐사 깊이는 변화한다.

지중(地中)에서 전달되는 전자파는 매질로부터 강한 감쇠를 받는다. 전자파의 감쇠는 주파수에 따라 일정하지 않고, 일반적으로 주파수가 높아질수록 큰 감쇠를 받는다. 따라서 동일한 매질이어도 보다 높은 주파수를 사용하면 최대 탐사 깊이는 저하한다. 한편 레이더 해상도는 파장과 관련되어 있다.

만약, 복수의 매설 파이프로부터 각각 다른 반사파를 확인할 수 있다면 해상도는 파이프의 간격 이하인 것으로 판단된다. 만약 계측에 사용하는 파장이 보다 길어지면, 서로의 파형은 서로 겹쳐 식별 불가능하게 된다. 이러한 레이더의 성능을 지배하는 파라미터를 정리하면 다음과 같다. 주파수가 낮으면 파장은 길어지고 감쇠량과 해상도는 작아지며 탐사거리는 커진다. 반대로 주파수가 높으면 파장은 짧아지고 감쇠량과 해상도는 커지며 탐사거리는 짧아진다.

주파수	낮다 – 높다
파장	길다 – 짧다
감쇠량	작다 – 크다
해상도	낮다 – 높다
탐사거리	길다 – 짧다

해상도와 탐사거리는 주파수에 대해서 상반되기 때문에, 주파수의 선택은 계측의 특성을 지배하는 가장 중요한 요인이다. 통상 GPR에서는 50MHz – 1GHz 정도의 주파수가 이용되고 있다.

9.3.2 GPR 시스템

GPR의 기본적인 구성을 그림 9.3에 나타낸다. 장치는 송신기, 수신기, 각각 부착된 송수신 안테나 및 파형 표시 장치 등으로 구성된다. 이 모두

가 일체화된 장치(그림 9.4)와, 각 부분이 분리된 그림 9.5와 같은 장치가 있다. 매설물 검지(検知) 등의 목적에는 일체형 장치를 이용한 프로파일(Profile) 측정(9.4절에서 설명)이 일반적이지만, 깊이 방향의 지층 분포를 알 필요가 있는 경우는 와이드 앵글(Wide-Angle) 측정이 이용된다.

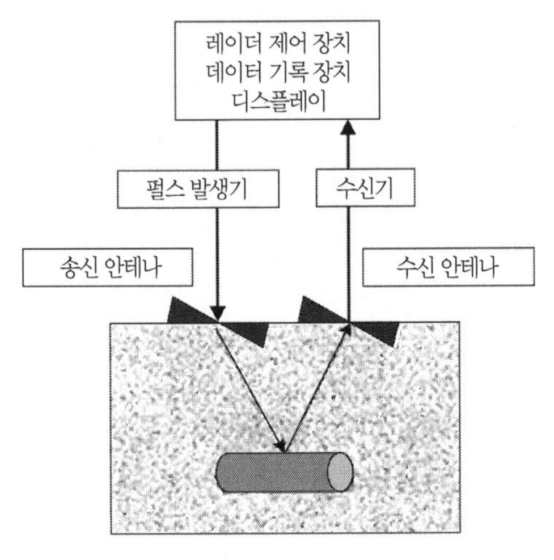

그림 9.3 GPR의 기본 구성

그림 9.4 일체형 지중 레이더

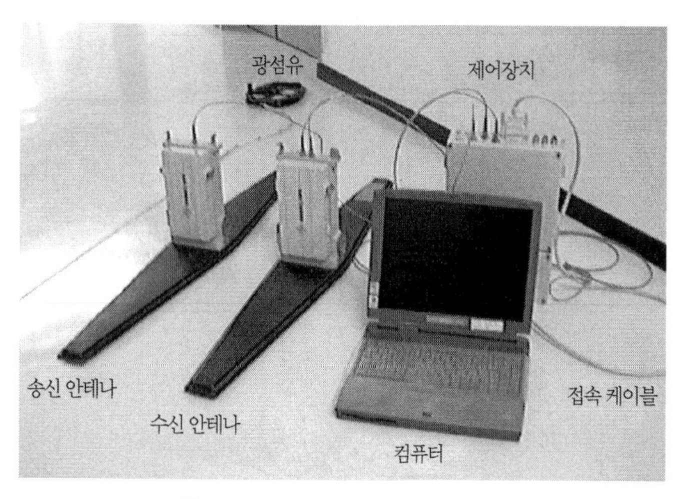

그림 9.5 송수신 분리형 지중 레이더 장치

9.3.3 레이더 송신파형

현재 시판되고 있는 대부분의 GPR 시스템은 임펄스 레이더(Impulse Radar) 방식이다. 임펄스 레이더에서는 시간폭 수 ns(10^{-9}초) 이하의 송신 펄스를 안테나에 직접 인가하고 전파를 방사한다. 송신 전파의 주파수 스펙트럼은 송신 펄스의 파형과 송신 안테나의 특성으로 결정된다. 특히 송신 안테나는 안테나의 전장이 반파장(Half Wave Length)이 되는 주파수로 공진을 일으켜 대역 통과 필터(Band-pass Filter) 역할을 한다. 따라서 송신 전파의 주파수는 거의 안테나 의 길이로 결정된다. 그림 9.6에 GPR의 송신 파형과 그 스펙트럼의 예를 나타낸다. 파형은 단일 펄스가 아니라 링잉(Ringing)으로 불리는 공진파형이 나타난다.

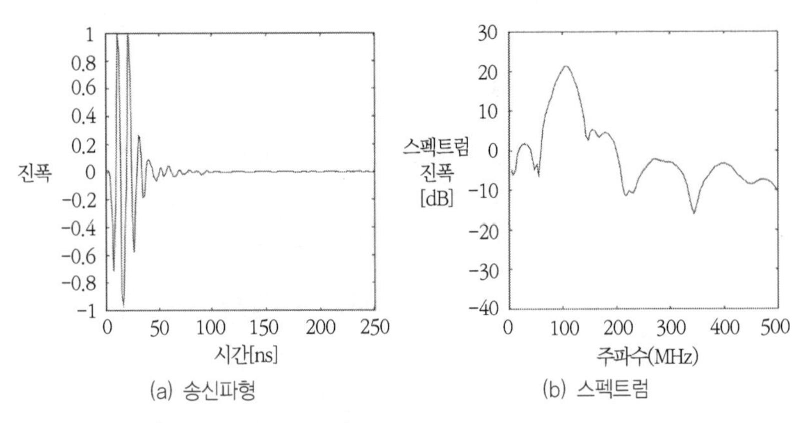

(a) 송신파형　　　(b) 스펙트럼

그림 9.6 지중 레이더로부터의 과도 방사 전계(Radiation Electric Field)와 스펙트럼

9.3.4 수신파형

GPR의 수신파형에는, 송신 안테나에서 직접 수신 안테나로 공기 중을 전파하는 직접파(에어 웨이브, Air Wave), 지표면에서 반사되는 지면 반사파(Ground Reflected Wave), 가장 중요한 지하로부터의 반사파가 혼재된다. 그림 9.7은 전달 경로를 모식적으로 나타낸다. 한 장소에 안테나를 두고 측정하면 그림 9.8 오른쪽과 같은 파형(A스캔)을 얻을 수 있다. 진폭을 흑백의 농담(濃淡)값으로 변환하고, 안테나를 이동하면서 측정한 파형을 2차원적으로 표시한 파형이 그림 9.8 왼쪽에 나타내는 B스캔이다. 단일 파형에서 지중(地中)구조를 추정하는 것은 어렵지만 B스캔으로 연속되는 파형을 관찰함으로써 이해가 쉬워진다. 또 그림 9.8로부터 직접파와 지면 반사파의 진폭이 크고, 지중 반사파가 작다는 사실을 알 수 있다. 더 나아가 반사파에는 링잉(Ringing)이 나타난다. GPR 신호 처리는 직접파와 지면 반사파를 제거하고 지중 반사파를 강조하기 위해 주로 이뤄진다.

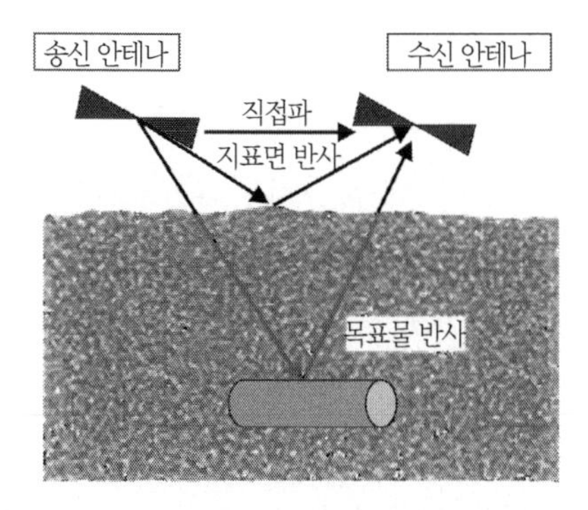

그림 9.7 송수신 안테나 사이의 전파 전달(직접파, 지표면 반사, 목표물 반사파의 순번으로 도달한다)

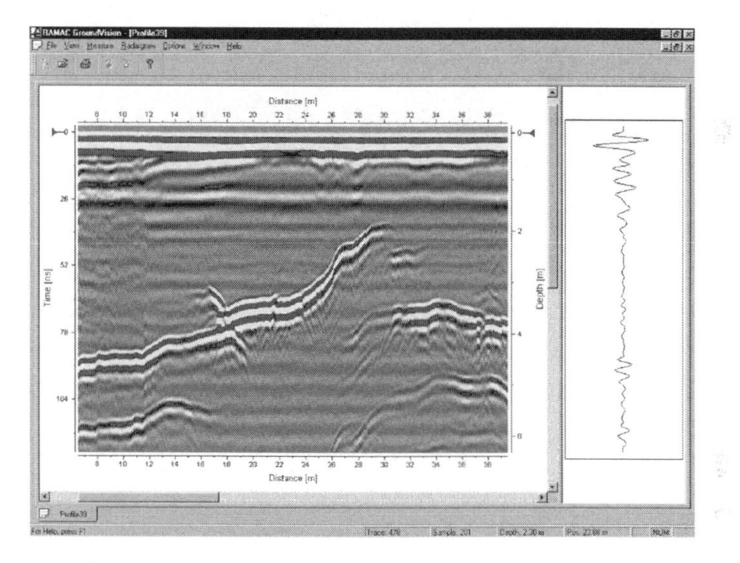

좌: 레이더 프로파일(B스캔), 우: 프로파일 중의 1 트레이스(A스캔)

그림 9.8 지중 레이더 프로파일(Mala geoscience)

9.3.5 파형 표시

계측한 GPR 파형 표시는 데이터 해석을 효율적으로 하기 위해서 중요하다. 전술한 A스캔, B스캔은 표준적으로 사용되는 표시법이지만 목적에 따라 다수의 측선(Survey Line)에서 취득한 데이터를 동일 시각에 맞추어 표시하는 수평 단면도(컬러 그림 7) 혹은 그림 9.9에 나타내는 3차원 표시를 이용하는 것도 반사들의 3차원적인 구조를 이해하기 위해서 효과적이다.

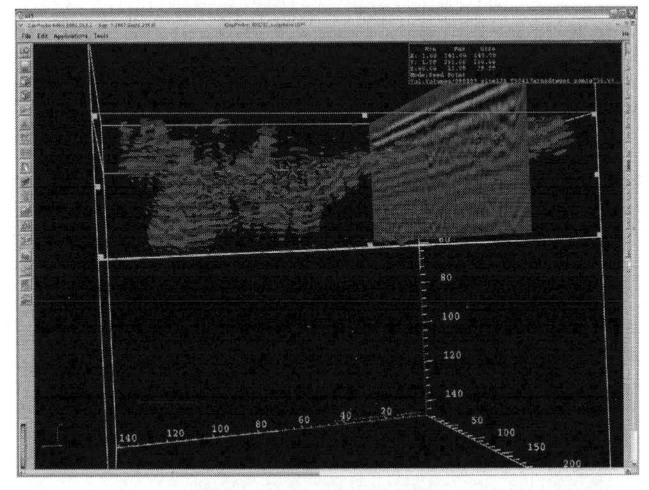

그림 9.9 3차원 표시: 미야기현(宮崎県) Saitobaru(都原古) 지하식 묘지

9.4 계측 방법

9.4.1 안테나 배치

지표에서 실시하는 GPR 계측은 크게 두 가지로 나눌 수 있는데, 송수신 안테나 간격을 고정하여 실시하는 프로파일(Profile) 측정(그림 9.10, CO(Common Offset) 측정)과 송수신 안테나 간격을 가변으로 측정하는

와이드 앵글(Wide-Angle) 측정(그림 9.11, CMP(Common Mid-Point) 측정)이 있다. 통상적인 GPR에서는 측정의 간이성과 고속성 때문에, 대부분의 경우 프로파일 측정을 하지만 지층 구조를 정밀하게 측정하는 경우나 통상보다 깊은 깊이의 측정이 필요한 경우, 와이드 앵글 측정을 한다.

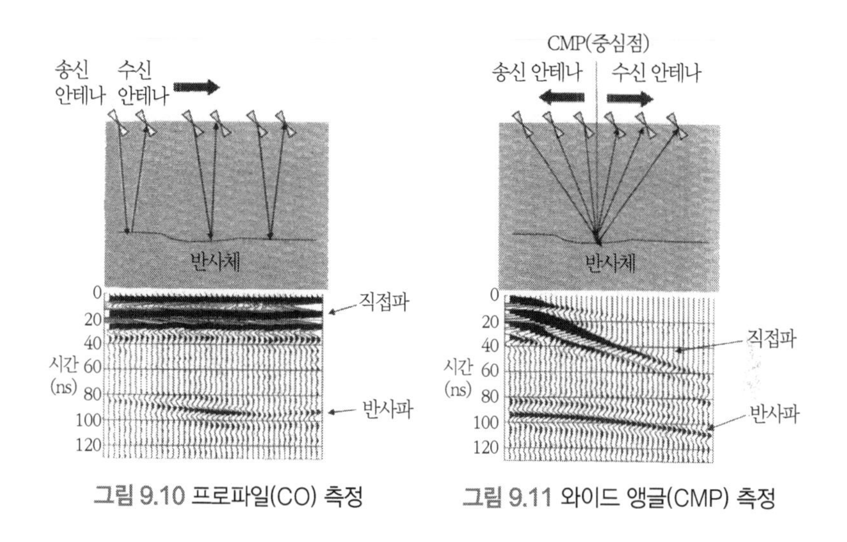

그림 9.10 프로파일(CO) 측정 **그림 9.11 와이드 앵글(CMP) 측정**

프로파일 측정에서는 송수신 안테나 바로 아래의 반사체 깊이(Reflector Depth)를 연속적으로 측정함으로써 대상물의 수평적인 위치 검출과 대략적인 깊이를 측정한다. 프로파일 측정에 의해 레이더 측선(Survey Line)에 대한 수직 단면도를 실시간으로 얻을 수 있다. 하지만 대상물 깊이를 정확하게 추정하려면 전자파 속도를 미리 알 필요가 있지만, 프로파일 측정만으로는 정확한 속도를 알 수 없다.

반사체의 정확한 깊이나 보다 깊은 위치의 반사체 검출 등을 필요로 할 경우, 와이드 앵글(Wide-Angle) 계측을 실시한다. 이때 송수신 안테나의 중심 위치를 고정하고, 간격을 바꿔 가면서 수 회의 측정을 실시한다.

동일 반사점으로부터 얻어진 일련의 측정 데이터는 전달 거리의 차이에 의해 다른 시각에 수신된다. 각 수신점에서의 수신 시각의 변화보다 전자파 속도를 정확하게 추정할 수 있고, 거꾸로 전달 시간의 차이를 보정할 수 있다(NMO(Normal Move-out) 보정). 이렇게 해서 도달 시각을 맞춘 일련의 파형 평균치를 취해서 일종의 공간 상관을 구하고, 수신파형의 SNR(Signal to Noise Ratio)을 향상시킬 수 있다.

9.4.2 유전율(Permittivity) 분포 측정

지하 구조의 깊이를 올바르게 알기 위해서는 전자파 속도의 정확한 측정이 필요하게 된다. 속도 측정은 GPR 데이터를 이용하는 방법과 다른 측정 장치를 이용하는 방법이 있다. 이하에 속도 추정법을 나열한다.

(1) 프로파일 측정으로 매설관(Underground Pipe) 등 이미 알고 있는 점 반사체로부터의 반사 파형을 이용한다.
(2) 와이드 앵글 측정으로 CMP(Common Mid-Point) 해석을 한다.
(3) TDR(Time Domain Reflectometer)을 이용해 지표면 부근의 유전율을 계측한다.
(4) 암석·토양의 시료 계측을 실험실에서 수행한다.

TDR(Time Domain Reflectometer) 장치는 전파의 반사를 이용해 속도를 측정하는 것으로 수분율을 구하는 간이형 수분계이며, 지표면에서 굴착하지 않고 계측할 수 있다. 또 수분율과 유전율은 Topp의 식 (9.6)이나 그림 9.2를 이용하여 환산할 수 있다. 실제 GPR에서는 위 목록 중에서 (1)과 (3)의 방법이 간편하기 때문에 자주 이용되고 있다.

9.5 데이터 처리 기술

GPR은 간편한 계측 기술이며, 측정 현장에서 즉시 측정 파형을 볼 수 있어 지하 구조의 가시화를 실시할 수 있는 등 다른 계측 방법에 없는 특징을 가진다. GPR 파형의 특징을 이해함으로써 더욱 효과적으로 지하 구조를 이해하는 것이 가능해진다. 이를 위해서는 전파가 땅속에서 전달이나 반사의 원리를 이해하고, 신호 처리를 이해하여 적절한 처리를 선택하는 것이 중요하다.

한편, GPR이 계측하는 원시(Raw) 파형(波形)은 지하 구조를 그대로 나타내지는 않고, 산란파형에 지나지 않는다. 그 모양은 위성에 탑재된 합성개구레이더에서 계측한 원시 파형과 본질적으로는 동일하며, 원래의 지하구조를 보기 위해서는 합성개구레이더(SAR) 처리가 필요하다. 일반적으로 GPR에서의 SAR 처리를 마이그레이션(Migration) 처리라고 부른다. 이것은 GPR 신호 처리가 지진파에 의한 지하 계측 기술로부터 파생해온 것으로, 이런 역사적인 경위에 의해 지진파 신호 처리에서의 용어가 도입된 것이다.

9.5.1 지하 구조와 레이더 파형

프로필 측정에서는 송신·수신 안테나 간격을 고정하고 동시에 지표면을 이동하면서 계측을 실시함으로써 측정 위치 직하에서 반사체의 깊이가 연속적으로 나타나서, 그림 9.12처럼 땅속의 가상 단면도를 그릴 수 있다. 그러나 실제의 계측에서는 그림 9.12의 (a)처럼 거의 수평적인 지층 경계와 같은 반사체로부터의 반사파가 바로 위만 돌아오는 것이 아니라, 그림 9.12의 (b)처럼 파이프 같은 작은 물체는 전자파를 모든 방향으로 산란시킨다. 따라서 계측된 파형은 지하의 구조를 있는 그대로 나타내고 있는 것은 아니라, 해석을 필요로 한다. 그림 9.13에 실제 GPR에서 계측된 파형 예를 나타낸다. 그림 9.14는 파형을 보기 쉽게 하기 위해 후술하는 신호 처리를 실시한 파형인데, 20~30ns에 여러 개의 쌍곡선 반사파를 확인할 수 있다. 또 5~10ns에는 수평에 가까운 지층 경계면을 볼 수 있다.

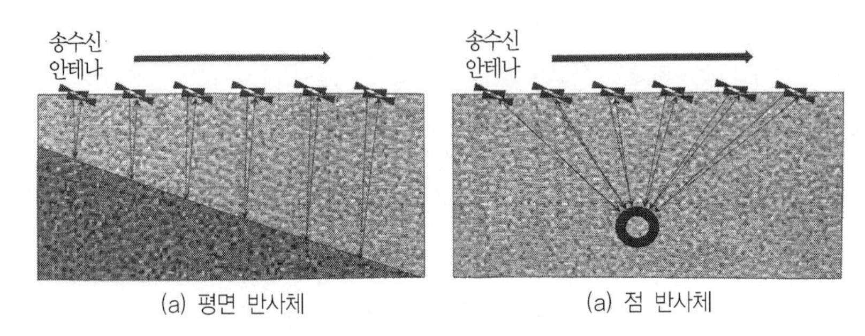

그림 9.12 지중 레이더 안테나 이동과 반사파 발생

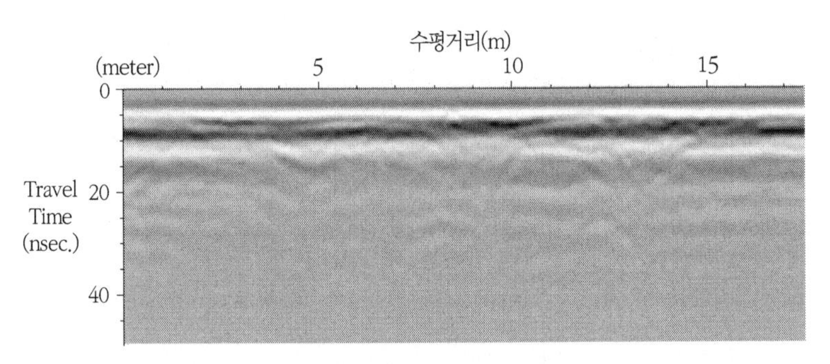

그림 9.13 원시(Raw) 파형

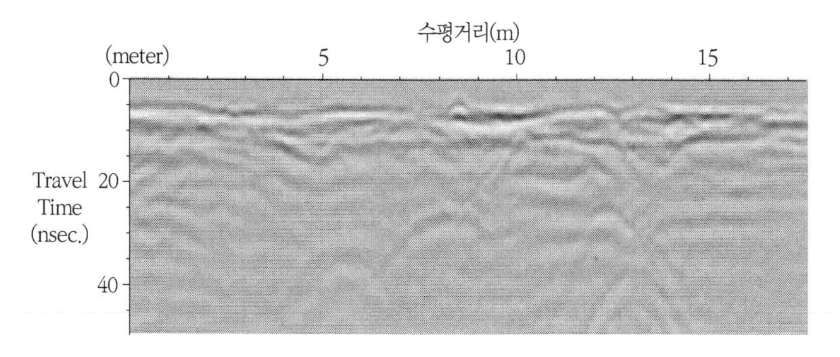

그림 9.14 시각 이동과 평균값 제거를 통한 직접파 제거

9.5.2 신호 처리

(1) GPR 신호 처리의 특징

GPR의 계측 파형은 각종 신호 처리용, 이미지 처리용 소프트웨어를 사용해서 해석을 한다. 상용 레이더 시스템의 경우 전용 데이터 입력, 표시, 인쇄용 소프트웨어를 사용하는 경우가 많다. 또 이것들에는 기본적인 신호 처리용 소프트웨어가 포함되기도 한다.

계측된 GPR은 B스캔(안테나 위치－시간)의 2차원 좌표 공간 중의 진폭 분포로 2차원 데이터 배열에 저장되어 있다. 이것은 일반적인 흑백(그레이 스케일, Gray Scale) 이미지 데이터의 형식이기 때문에, 이미지·사진 처리용 범용 소프트웨어에 의한 이미지 처리도 가능하다.

그러나 GPR 파형에는 물리적인 의미가 있어 이것을 이용한 파동 신호 처리를 실시하는 것이 보다 유효하다. 이러한 관점으로부터 탄성파 계측·지진 탐사용 신호 처리 소프트웨어는, 많은 부분을 GPR의 신호 처리에 이용할 수 있다. 현재 GPR 메이커마다 독자적인 데이터 형식을 이용하고 있지만, SEG-Y(SEG: Society of Exploration Geophysicists) 파일 포멧과 같은 지진 탐사에서의 표준적인 데이터 포멧도 GPR에서 이용되고 있다. GPR 전용 혹은 GPR과 지진 탐사 모두에 이용할 수 있는 소프트웨어가 시판되고 있다. 시판의 GPR 처리용 소프트웨어는 유저·인터페이스(User Interface), 매설물의 깊이나 형상 추정, 지중 전자파 속도 추정 등 GPR 특유의 전용 알고리즘이 준비되어 있는 등 데이터 해석이나 처리를 하는 데 효율적이다.

그러나 지진파 탐사에 있어서는 계측에 사용하는 파장이 계측 대상에 비해서 일반적으로 충분히 짧고 매질 중에서의 감쇠가 작다는 것이, GPR과의 큰 차이점이다. 지진파 탐사에서 이용되는 파선 추적(Ray Tracing)에 의한 파동 전달 시뮬레이션이나 광범위에서 취득된 데이터를 이용하는 CMP 해석 등에서는, 있는 그대로 GPR의 데이터 해석에 이용할 수 없는 경우가 있다.

(2) 신호 처리법

GPR을 이용해 지하 구조의 이해를 용이하게 하기 위해서 혹은 지하 매설물을 검출하는 목적으로 이하에 나타내는 신호 처리가 표준적으로 이용되고 있다. 그러나 GPR은 신호 처리를 실시하지 않아도 지하의 구조를 어느 정도 이해할 수 있는 계측 방법이며, 현장에서의 판단 등에서는 신호 처리를 사용하지 않는 경우도 있을 수 있다.

- 직류 제거
- 주파수 필터링
- 공간 필터링
- 주파수 – 공간(f-k: frequency-wavenumber) 필터링
- 디콘볼루션(Deconvolution)

- 스무딩(Smoothing)
- 평균 감산 처리
- 마이그레이션(Migration)
- 진폭 보정(AGC: Automatic Gain Control, STC: Sensitivity Time Control))

한편, GPR 신호의 성질을 해석하거나 신호 처리에 필요한 전파 속도를 구하기 위해서 이하의 해석을 이용할 수 있다.

- 점 반사 대상에 대한 피팅(Fitting)
- CMP를 이용한 속도 해석
- 주파수 스펙트럼 해석

(3) 주파수 필터

GPR에서는 수신기의 직류·저주파의 드리프트 오프셋(Drift Offset)이 발생하는 경우가 있고, 방송 전파 등 외래 노이즈, 시스템 노이즈가 고주파 대역에 포함되는 경우가 있다. 일반적으로 대역 통과(Band-pass)형 필터를 통해 GPR 신호의 주요 스펙트럼 성분을 추출하는 처리가 효과적이다.

(4) 직접파(Direct Wave)의 제거

반사파를 강조하기 위해서는 직접파와 지면 반사파를 제거하는 것이 유익하다. 이들의 파동은 고정된 간격의 안테나 사이에서 공기 중을 전파하기 때문에 안테나가 이동해도 거의 같은 시각에 나타난다. 그래서 안테나가 이동해도 변화하지 않는 신호 성분을 원신호에서 제거할 수 있다. 이를 위해서는 평균 신호 제거법과 f−k 필터링 등이 이용되고 있다.

지중 레이더의 원시(Raw) 파형은 보통 강한 송수신 결합파 $d(t,x)$와 이것에 잇따르는 미약한 반사 $r(t,x)$로 이루어진다. 측선(Survey Line)에 따라서 지표면의 상태가 크게 변화하지 않는 장소에서, 송수신 안테나의 간격을 일정하게 유지하면서 측정한 파형에서는 송수신 결합파 $d(t,x)$는 거의 변동하지 않는다. 이 조건은 프로파일 측정(Common Offset 계측)에서 성립한다. 안테나 위치 x_j에서 측정된 원시(Raw) 파형은 다음과 같이 표현된다.

$$f(t,x_j) = d(t,x_j) + r(t,x_j) \tag{9.7}$$

여기서 N개의 측정 파형의 평균을 취하면

$$\overline{f}(t) = \frac{1}{N}\sum_{j=1}^{N}(d(t,x_j) + r(t,x_j)) \simeq d(t,x) \tag{9.8}$$

로, 평균파(Mean Wave)가 송수신 결합파 $d(t,x)$와 비슷한 파형이 되는 것을 나타낸다. 이는 레이더 반사파 $r(t,x)$가 이동하는 안테나의 위치 x_j에서 매번 랜덤이기 때문에, 많은 파형을 평균하는 것으로 상쇄되기 때문이다. 거기서 원시(Raw) 파형으로부터 평균파형을 감산하는 것으로 반사파 $r(t,x)$의 좋은 근사파형을 얻을 수 있다. 즉 반사파는 다음의 연산으로 강조되게 된다.

$$f(t,x_i) - \overline{f}(t) \simeq r(t,x_j) \tag{9.9}$$

(5) AGC(Automatic Gain Control) 처리

레이더 파형은 지중에서 감쇠를 받기 때문에 지하 심부(深部)로부터의 반사 신호는 지하 천부(浅部)의 신호에 비해 미약하게 된다. 반사파형을 명료하게 하려면 진폭을 확대 표시하면 되지만, 일률적으로 확대한 것은 지하 천부의 신호만 강조돼 심부의 신호를 볼 수 없다. 거기서 각 시각에서의 수신 신호의 최대 진폭이 하나가 되도록 증폭률을 시간과 함께 변화시키는 AGC 또는 시간에 대해서 증폭률을 변화하는 STC(Sensitivity Time Control) 등의 방법이 사용된다. AGC나 STC는 반사파의 강조 처리에는 효과적이지만, 진폭 정보가 없어지므로 마이그레이션 등 다른 처리 후에 실시해야 한다.

(6) 유전율의 추정

깊이가 이미 알려진 반사체가 존재하면, 전자파 속도의 추정은 반사파 도달 시간으로부터 할 수 있다. 이미 알려진 반사체가 없더라도 금속 파이프 같은 명확한 반사체가 있을 경우, 속도와 매설물 깊이를 동시에 추정할 수 있다. 깊이 d, 수평위치 x_0에 점반사체가 있고, 전자파 속도를 v로 할 때, 송수신 안테나가 x에 위치할 때의 프로파일 측정에 의한 반사파 도래 시간은 다음 식으로 주어진다.

$$\tau = \sqrt{\frac{(x-x_0)^2+d}{2v}} \tag{9.10}$$

식 (9.10)은 깊이 d, 수평위치 x_0, 전자파 속도 v의 3개가 미지의 파라미터이다. 이때 매설물의 수평 위치 x_0는 보통 명료하기 때문에 깊이 d와 전자파 속도 v를 바꾸면서 측정 파형의 쌍곡선 커브에 이론 도달 시각이 맞도록 파라미터를 변화시킴으로써 반사체 위치와 전자파 속도의 동시 추정이 가능하다.

(7) 마이그레이션(Migration)

GPR 계측은 기본적으로 안테나를 이동시키면서 복수지점에서 반사파를 계측하는 점에 있어서, 위성 탑재나 항공기 탑재형의 SAR와 유사하다. 그러나 안테나의 이동 속도는 전파가 안테나에서 계측 대상물까지 왕복하는 시간에 비해서 매우 늦기 때문에, 계측은 1점씩 정지해서 하는 것과 다름이 없다. 따라서 플랫폼의 이동에 의한 도플러 현상은 생기지 않는다. 이러한 SAR 계측을 'Stop and Go'라고 부른다.

계측한 GPR의 원시(Raw) 파형은 위성 탑재 및 항공기 탑재형 SAR와 마찬가지로 2차원 SAR 처리함으로써 원래 산란체의 형상을 추정할 수 있다.

신호 처리에 의해서 GPR 파형을 실제 물체의 형상으로 되돌리는 것이 마이그레이션 처리이다. 마이그레이션 처리에는 수많은 기법이 제안되고 있는데, 가장 단순한 알고리즘이 회절 중합(Diffraction Stacking)이다. 회절 중합에서는 지표면의 위치 x에서 계측된 GPR 신호를 $u(x,t)$, t는 계측시간으로 했을 때, 지하의 구조 $y(x,z)$를

$$y(x,z) = \int u\left(x', t = \frac{r}{v}\right) dx' \tag{9.11}$$

단

$$r = \sqrt{(x - x')^2 + z^2} \tag{9.12}$$

로 추정한다. 여기에서 v는 지중에서 전파 전달속도이다. 식 (9.11)은 반사가 발생하는 장소 $P(x,z)$를 가정하고, $P(x,z)$를 정점으로 하는 쌍곡선상의 GPR 파형을 적분하고 있다. 따라서 $P(x,z)$에 반사체가 존재하는 경우에는 에너지가 가산되어 $y(x,z)$는 큰 값을 가지지만, 존재하지 않을 경우에는 작은 값밖에 취하지 않는다. GPR에서의 마이그레이션의 어려움의 하나는 지중 매질중의 전파 전달속도 v의 올바른 추정이다. 속도 추정이 여의치 않으면 처리는 적절히 이루어지지 않고 반대의 허상을 발생시킨다.

그림 9.15는 그림 9.14의 GPR 파형에 대해 마이그레이션 처리를 하여 얻어지는 이미지이다. 그림 9.14는 세로축이 시간인데 비해 그림 9.15는 깊이로 변환된다. 그림 9.14에서는 매설관으로부터의 반사파가 쌍곡선으로 나타나 있으나 그림 9.15에서는 수평거리 12m에 있는 매설관을 작은 점이 되어 원래의 형상으로 돌아가고 다른 위치의 매설관은 쌍곡선의 형태

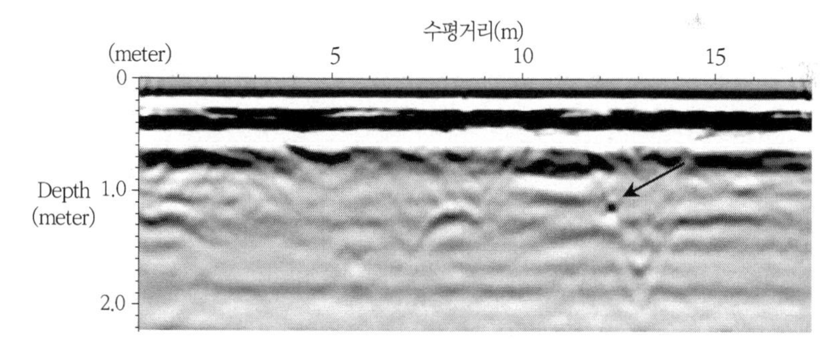

그림 9.15 그림 9.14의 파형에 대한 회절 중합(Diffraction Stacking)에 의한 마이그레이션 처리로 얻어지는 지하 매설물 구조

가 약간 남아 있다. 이는 장소에 따라 전파의 전달속도가 변하기 때문에 마이그레이션 처리가 잘 되지 않다는 것을 의미한다.

위성 탑재나 항공기 탑재형의 SAR에서는 지표면의 모든 점이 반사체로서 작용하기 때문에 계측되는 반사파는 매우 많은 반사파의 중첩(重疊)이 되며, 원시(Raw) 파형을 보더라도 원래의 반사체의 형상을 예상하기는 어렵다. 그러나 GPR에서는 통상 매설관이나 지층 구조 등 유한한 이산적인 반사체를 계측하는 일이 있다. 예를 들어 매설관과 같은 물체로부터의 GPR 파형은 매설물의 위치를 정점으로 하는 쌍곡선상의 반사파형을 가지므로 실제 반사물체의 형상과 레이더 파형이 달라 보인다. 그러나 쌍곡선을 개별적으로 식별할 수 있다면 그 정점에 매설물이 존재할 것으로 예상할 수 있다. 또한, 지표면과 평행 또는 약간 기운 지층 경계면에서의 반사파는 실제 구조와 유사한 파형으로 나타난다. 또 GPR에서는 전파의 감쇠에 의해서 떨어진 장소에 위치하는 물체로부터의 반사파는 급격하게 약해지므로, 신호의 중첩도 적다. 따라서 숙련하면 GPR 생파형으로부터 어느 정도 실제의 반사물체 형상을 추정할 수 있기 때문에 마이그레이션 처리를 실시하지 않고 원시(RAW) 파형으로부터의 판단이 이뤄지는 일이 많다.

9.6 모델링

GPR 계측에서는 매설관 등 단순한 형상의 대상물에 대해서는 신호처리를 하지 않고 원파형으로 직접 지하 매설물의 위치를 검지할 수 있는 등의 고속성, 간이성이 뛰어난 특징을 가진다. 그러나 복잡한 형상물로부터의 반사에 대해서는 회절, 굴절 등의 파동현상이 지진 탐사에 비해 두드러져 쉽게 해석할 수 없게 된다. 마이그레이션은 계측된 파형으로부터 실제 반사물의 형상을 추측하는 데 뛰어난 방법이지만, 섬세한 형상이나 물체의 유전율 추정 등에 있어서 한계가 있다. 파형에서 대상물의 형상을 추정하는 것은 본래 역문제를 푸는 것에 상당한다. 역문제를 푸는 데 있어서 우선 대상물의 형상을 가정한 후에, GPR 파형을 시뮬레이션 하는 포워드(순방향) 모델링을 실시해 계측 파형과 비교함으로써 지하 구조의 추정을 실시한다. 본 절에서는 이 중 (포워드) 모델링에 대해 설명한다.

9.6.1 파선 추적법(Ray Tracing)

파동 계측에서, 물체의 크기에 비해 파장이 지극히 짧은 경우, 파동의 직진성이 뚜렷하고 해석은 용이하다. 광학이나 많은 지진 탐사에서는 이 근사 조건(기하광학 근사(Geometric Optics Approximation))이 성립되어 있다. 이때 반사파의 도달 시각을 계산하기 위해 파선(波線) 이론을 이용할 수 있다. 파선 이론에서는 스넬의 법칙(Snell's Law)에 의해 파선의 굴절, 반사의 방향이 결정되기 때문에, 반사파의 이론 도달 시각과 측정되는 도달 시각을 비교하는 것으로, 지하 구조의 추정을 실시한다.

그림 9.16에 파선 추적법에 의해서 얻은 GPR시뮬레이션 파형과 그 모델을 나타낸다. 그러나 반사 물체의 크기와 계측 파장이 같은 정도의 경우, 전파는 파동적 성질에 의한 회절의 효과가 뚜렷하다. 또 단순한 파선 추적법으로 반사파의 진폭을 계산할 수 없다. 따라서 전파의 초동(First Arrival) 도달 시각을 추정하더라도, 실제 파형이 전혀 다른 경우도 발생한다. GPR에 있어서도 파선 이론에 의한 데이터의 해석은 간단하기

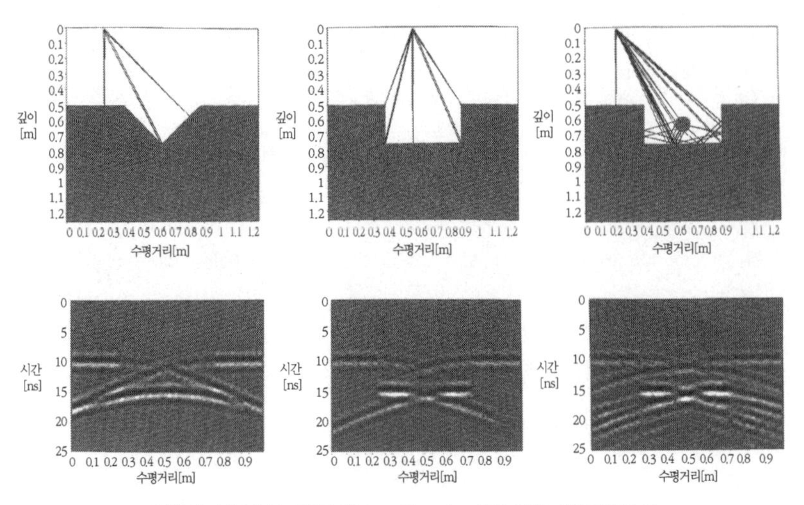

그림 9.16 파선 추적법(Ray Tracing)에 의한 시뮬레이션

때문에 자주 이용된다. 특히 매설관과 같이 반사물체 형상을 이미 알고 있는 경우 효과적인 방법이다.

9.6.2 FDTD(Finite Difference Time Domain)

GPR에서는 감쇠를 작게 하기 위해 측정 파장과 계측 대상물의 크기가 비슷한 정도인 것이 많아 물체로부터의 반사, 굴절 거동은 복잡하다. 이 경우에도 스넬의 법칙(Snell's Law)에서 주어지는 파선(Ray)을 따라 파동의 초동(First Arrival)은 도달하지만, 파동에너지의 주요 부분은 이보다 늦게 도착한다. 이러한 현상 해석은 파선 이론에서는 하지 못하고, 보다 정밀한 파동 해석이 필요하다. 최근 개인용 컴퓨터의 성능 향상에 따라 FDTD(Finite Difference Time Domain, 시간영역-차분법)를 GPR의 파형 해석에 실용적으로 이용할 수 있게 되었다.[9)]

FDTD법은 3차원적으로 배치한 그리드(Grid) 위에 전자기장(Electromagnetic

Field) 벡터 성분을 직접 배치하도록 컴퓨터 메모리에 저장하고, 미분방정식인 맥스웰(Maxwell)의 방정식을 차분화함으로써 각 시각별 전자기장을 순차적으로 시뮬레이션하는 방법이다. FDTD에서는 3차원적인 매질의 파라미터 설정이 용이하므로, 복잡한 형상에 대한 전자기장 해석을 쉽게 할 수 있다. 덧붙여 시간영역에서 과도현상(Transient Phenomena)을 계산하기 위해 GPR 파형을 직접 시뮬레이션하는 것이 가능하다.

그림 9.17에 프로파일 측정과 FDTD에 의한 반사파 시뮬레이션 결과를 비교한다. 또한 그림 9.18에 지하를 전파하는 지중 레이더파의 모습을 FDTD로 계산한 결과를 나타낸다. 실제의 계측에서는 얻을 수 없는, 지중에서의 전자파 전달의 모습을 시각적으로 명확하게 할 수 있다. 전자파가 퍼지는 형태가 복잡하고, 지중 레이더 수신파형이 섬세한 파형의 집합으로 형성되는 모습을 예상할 수 있다.

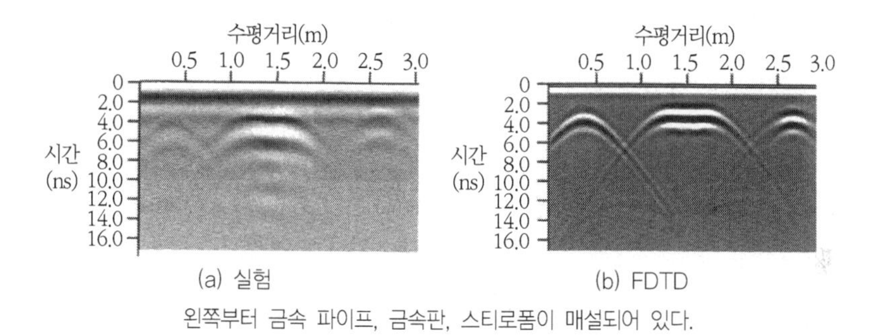

왼쪽부터 금속 파이프, 금속판, 스티로폼이 매설되어 있다.

그림 9.17 FDTD 시뮬레이션과 실제 계측 파형의 비교

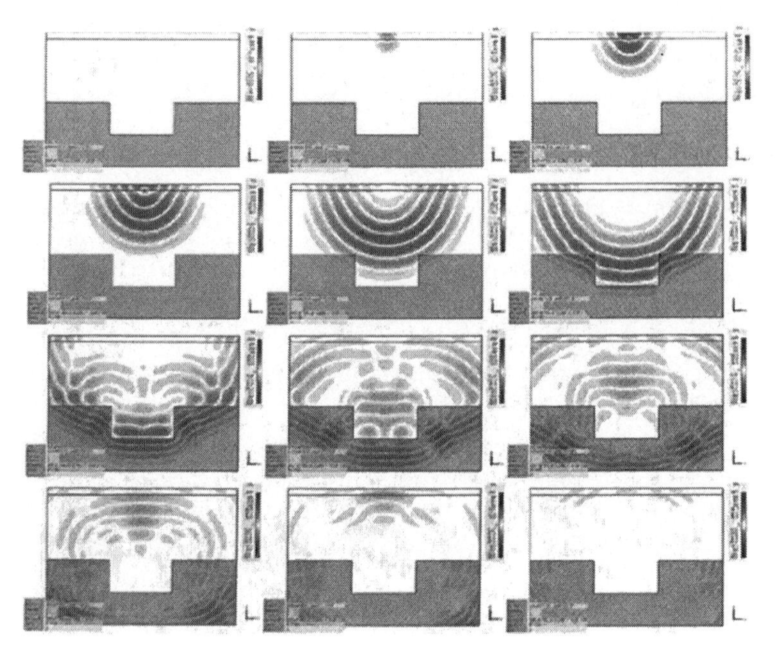

그림 9.18 FDTD에 의한 지중 레이더 파형의 전달 시뮬레이션

9.7 응용(Applications)

GPR이 가장 많이 보급되어 있는 응용 분야는 지하 매설관 탐지와 철근 콘크리트 내부의 철근 확인 작업이다. 지하에 새로운 케이블 등을 매설할 목적으로 굴착을 할 때, 이미 매설된 가스관, 수도관, 전력케이블, 통신케이블 등을 잘못해서 손상할 위험을 피하기 위해 GPR에 의한 현장 확인이 효과적이다. 매설물의 위치 정보가 주어진 경우에도 GPR을 이용함으로써 10cm 이내 정확도로 매설물의 위치를 확인할 수 있다. 또한 철근 콘크리트의 건축물에서는 외부 벽면으로부터 내부 철근의 위치나 개수를 확인할 수 있어, 구조물의 안전 관리에 널리 이용되고 있다.

한편, 지중 레이더의 특성을 살린 특수한 이용법도 확대되고 있다. (일본)Tohoku 대학에서는 2002년 이후 지뢰 탐지기인 ALIS(Advanced Landmine Imaging System)를 개발해왔다.[3), 4)] 그림 9.19에 나타내는 ALIS는 전자 유도를 이용하는 금속 탐지기와 GPR을 조합한 센서를 조작원이 수동으로 주사하는 방법으로 지뢰 탐지 작업을 실시한다. ALIS는 센서 위치 추적 시스템을 탑재하고 있으며, 취득한 데이터에 대해 마이그레이션을 함으로써, 그림 9.20에 나타내는 것과 같이 지하 매설물을 3차원 가시화할 수 있다. 마이그레이션 처리에 의해 지중 클러터 제거가 이루어지고, 지뢰의 가시화 영상의 질이 개선되고 있다. ALIS는 2009년부터 캄보디아의 실제 지뢰밭에서 가동되고 있으며 2015년까지 80개 이상의 대인 지뢰를 탐지·제거했다.

그림 9.19 캄보디아에서 활약하는 지뢰 탐지용 지중 레이더 ALIS

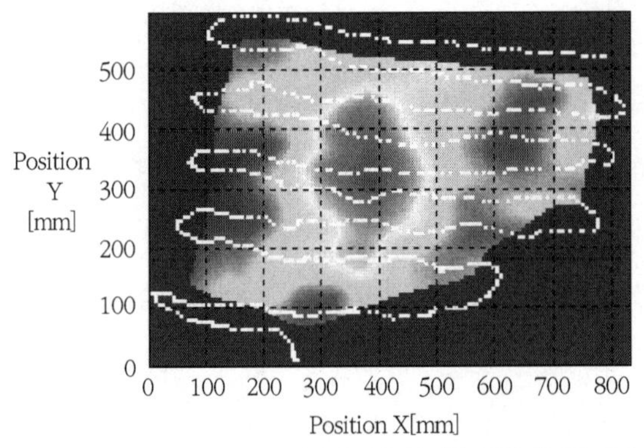

지뢰의 둥근 형상이 뚜렷하고 ALIS는 마이그레이션 신호 처리를 통해 지뢰의 가시화를 가능케 함.

그림 9.20 ALIS에 의한 GPR의 이미지화 데이터와 센서가 움직인 궤적

2011년에 일어난 동일본 대지진 이후, (일본)Tohoku 대학에서는 GPR 기술을 이용하여 재해 감소, 재난 복구 활동을 해왔다. 쓰나미(지진이나 화산 폭발에 의한 해일) 피해를 입은 주택의 고지대 이전에 따라 다수의 유적 조사를 하고 있다. GPR은 원격 탐사기술로 직접 확인하지 않고도 유적의 유무를 신속하게 판단할 수 있다. 또한 발굴에 앞서 GPR을 통해 유적 상황을 파악함으로써 효율적인 조사가 이뤄질 수 있다. 그림 9.21에 나타내는 배열(Array)형 GPR 'Yakumo'를 개발하고, 지방자치단체의 유적 조사에 실천적인 기술 협력·기술 지도하는 것으로 지진 재해 복구를 추진하는 활동을 진행해왔다.[6] 게다가 쓰나미 이재민의 수색 활동에 GPR 'Yakumo'를 이용하고 있다. 'Yakumo'는 8쌍의 송수신 안테나를 갖추고 있으며, 폭 2m의 범위를 한번에 가시화하는 능력을 가진다. 또 1개의 송신 안테나로부터 방사된 전파에 의한 반사파를 8개의 안테나로 수신함으로써, 보다 고도의 신호 처리할 수 있는 멀티 스태틱(Multi-static) 레이더 장치이다. 'Yakumo'는 2m 폭으로 3차원적인 지하 구조를 가시화할 수 있기 때문에 기존의 GPR 측정보다 훨씬 고속으로 정밀한 계측을 할 수 있다.

그림 9.22에 모래 사장에서 'Yakumo'로 계측한 B스캔을 나타낸다. 모래가 퇴적되는 층상의 구조와 쓰나미로 표착된 물체를 확인할 수 있다.

그림 9.21 배열(Array)형 GPR 'Yakumo' 이용 쓰나미 이재민 수색

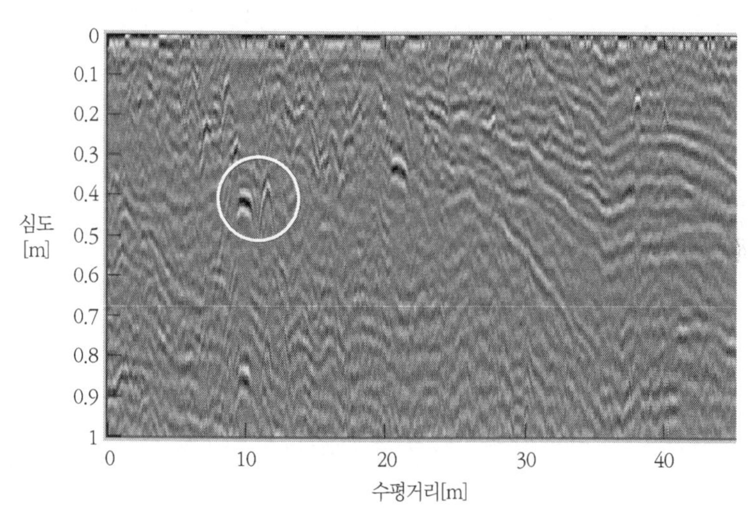

그림 9.22 GPR 'Yakumo'로 얻어진 백사장의 GPR 수직단면도(탐지된 주택의 대들보 위치를 원형으로 나타낸다)

9.8 전자파를 이용한 지하 계측

본 장에서는 주로 GPR에 의한 지하 계측 기술을 설명했지만, 계측 대상으로 하는 토양이 습기 등으로 전파에 대한 감쇠가 매우 큰 경우나, 계측 대상이 레이더의 능력을 넘는 깊은 위치에 있는 경우, 레이더 이외의 계측 방법을 이용하는 것으로 보다 정밀도의 계측을 실현할 수 있다. 보다 낮은 주파수의 전자파를 이용하는 것으로, 전자파의 토양에 대한 침투 능력은 오르지만, 동시에 파동으로서의 전파 성질을 잃어 확산하는 성질을 강하게 가진다. 이 경우에는 전자 유도의 원리를 이용하고, 코일을 이용하여 수 10kHz 정도의 전자계로 전도성이 높은 물질 중에 와전류(Eddy Current)를 발생시키고, 이를 수신 코일로 감지하는 전자 계측 기법을 이용할 수 있다. 앞 절에서 소개한 ALIS로 이용하는 금속탐지기는 이러한 원리를 이용하고 있다. 또한 지표면에 전극을 매설하여 직류전류를 이용해 지하의 전도율을 직접 계측하여 지하 구조를 추정하는 전기탐사법도 토목 분야에서 널리 이용되고 있다.

9.9 장래의 지중 레이더

본 장에서는 GPR에 관해서 전자파 계측 기술의 기초 사항을 정리한 다음, GPR의 유효한 이용을 위한 신호 처리, 시뮬레이션에 대해 설명했다. GPR의 응용은 지뢰 탐사 등 새로운 분야로의 발전이 기대된다. 이들 기본 원리의 이해가 GPR의 응용을 확장하는 것은 의심할 여지가 없다.

:: 인용 및 참고문헌

컬러 그림

[1] F. Kobayashi, Y. Sugawara, M. Imai, M. Matsui, A. Yoshida and Y. Tamura: Tornado generation in a narrow cold frontal rainband —Fujisawa tornado on April 20, 2006—, SOLA, **3**, pp.21-24 (2007)

[2] 小林文明, 鈴木菊男, 菅原広史, 前田直樹, 中藤誠二: ガストフロントの突風構造, 日本風工学会論文集, **32**, pp.21-28 (2007)

[3] F. Kobayashi, T. Takano and T. Takamura: Isolated cumulonimbus initiation observed by 95-GHz FM-CW radar, X-band radar, and photogrammetry in the Kanto region, Japan, SOLA, **7**. pp.125-128 (2011)

1장

[1] E. Hecht (著) 尾崎義治, 朝倉利光 (訳): ヘクト光学1基礎と幾何光学, 丸善 (2002)

[2] 大内和夫: リモートセンシングのための合成開口レーダの基礎(第2版改訂版), 東京電機大学出版局 (2009)

[3] M.I. Skolnik: Introduction to Radar Systems (Third Edition), McGraw-Hill Companies Inc. (2001)

[4] M. I. Skolnik (Ed.): Radar Handbook (Third Edition), McGraw-Hill Companies Inc. (2008)

[5] 吉田 孝 (監修): 改訂 レーダ技術, 電子情報通信学会 (1991)

[6] 関根松夫: レーダ信号処理技術, 電子情報通信学会 (1991)

[7] 渡辺康夫: レーダの歴史, 知識ベース 知識の森, 11群 2編 5章, 電子情報通信学会 (2011) (ウェブサイトURL: http://ieice-hbkb.org/portal/doc.539.html)

[8] 菅原博樹, 橋本英樹, 平木直哉, 板垣隆博, 川原 登, 島田 尚, 川口 優: レーダー装置の変遷, 日本無線技報, **60**, pp.13-20 (2011)

[9] 日本無線: 百年の歩み (2016)

[10] 辻 俊彦: レーダーの歴史—英独暗夜の死闘 (第2版), 共立出版 (2014)

[11] R. C. Whiton, P. L. Smith, S. G. Bigler, K. E. Wilk, and A. C. Harbuck: History of operational use of weather radar by U.S. weather survives. Part I: The pre-NEXRARD era, Weather and Forecasting, **13**, pp.219-243 (1998)

[12] H. P. Groll and J. Detlefsen: History of automobile anti collision radars and final experimental results of a mm-wave car radar developed by the Technical University of Munich, IEEE AES Syst. Mag., pp.15-19 (1997)

[13] A. P. Annan: Ground Penetrating Radar Principles, Procedures, & Applications: Sensors & Software (2003)

[14] 小菅義夫: レーダによる単一目標追尾法の現状と将来, 信学論 (B), **93**, 11, pp.1504-1511 (2010)

[15] 小菅義夫: 追尾技術, 知識ベース 知識の森, 11群2編5章, 電子情報通信学会 (2011) (ウェブサイトURL: http://ieice-hbkb.org/portal/doc_539.html)

[16] Frederic Fabry: Radar Meteorology: Principles and Practice, Cambridge University Press (2015)

[17] 稲葉敬之, 桐本哲郎: 車載用ミリ波レーダ, 自動車技術, **64**, 2, pp.74-79 (2010)

[18] 佐藤源之,金田明大,高橋一徳 (編著): 地中レーダーを応用した遺跡探査－GPRの原理と利用, 東北大学出版会 (2016)\

2장

[1] R. A. Serway (著), 松村博之 (訳): 科学者と技術者のための物理学III電磁気学, 学術図書出版社 (1998)

[2] 大内和夫: 合成開口レーダの基礎—リモートセンシングのための (第2版), 東京電機大学出版局 (2009)

[3] M. Born and E. Wolf: Principles of Optics, Pergamon (1975)

[4] L. A. Klein and C. T. Swift: An improved model for the dielectric constant of sea water at microwave frequencies, IEEE Trans. Antennas Propagat., **25**, 1, pp.104-111 (1977)

[5] E. G. Nijoku and J. A. Kong: Theory for passive microwave remote sensing of near-surface soil moisture, J. Geophys. Res., **82**, pp.3108-3118 (1997)

[6] F. Sagnard, F. Bentabet, and C. Vignat: *In situ* measurements of the complex permittivity of materials using reflection ellipsometry in the microwave band: Experiments (part III), IEEE Trans. Instrum. Meas., **54**, 3, pp.1274-1282 (2005)

[7] M. I. Skolnik: Introduction to Radar Systems (Third Edition), McGraw-Hill Companies (2001)

[8] M.I. Skolnik (Ed.): Radar Handbook (Third Edition), McGraw-Hill Companies (2008)

[9] P. A. Peebles: Radar Principle, Wiley (1998)

[10] 中司浩生: レーダシステム検討のために,シュプリンガーフェアラーク東京 (2004)

[11] 吉田 孝 (監修): 改訂レーダ技術, 電子情報通信学会 (1991)

[12] V. K. Saxena: Stealth and counter-stealth Some emerging thoughts and continuing debates, J. Defense Studies, **6**, 3, pp.19-28 (2012)

[13] 防衛技術協会編: ハイテク兵器の物理学, 日刊工業新聞社 (2006)

[14] 橋本 修 (監修): 電波吸収体の技術と応用II, シーエムシー出版 (2008)

[15] 畠山賢一, 蔦岡孝則, 三核健二 (監修): 最新 電波吸収体設計・応用技術, シーエムシー出版 (2008)

3장

[1] 川口 優, 長田政嗣, 原 泰彦, 須藤正則, 河島茂男: 当社レーダ開発の歴史と技術動向: 日本無線技報, **48**, pp.2-9 (2005)

[2] 大内和夫: 合成開口レーダによる船舶検出技術の研究, 第４回レーダ関連分科会資料, 防衛省研究本部電子装備研究所

[3] M. I. Skolnik: Introduction to Radar Systems (Third Edition), McGraw-Hill Companies (2001)

[4] 大内和夫: 合成開口レーダの基礎—リモートセンシングのための (第3版): 東京電機大学出版局 (2009)

[5] 関根松夫: レーダ信号処理技術, 電子情報通信学会 (1991)

[6] C. J. Oliver and S. Quegan: Understanding Synthetic Aperture Radar Images,

Artech House (1998)
[7] M. Sekine and Y. H. Mao: Weibull Radar Clutter, IEE Peter Peregrinus (1990)
[8] E. Jakeman and P. N. Pusey: A model for non-Rayleigh sea echo, IEEE Trans. Antennas Propagat., **24**, 6, pp.806-814 (1976)
[9] S. Kullback and R. A. Leibler: On information and sufficiency, Ann. Math. Stat., 22, 1, pp.79-86 (1951)
[10] 坂元慶行, 石黒真木夫, 北川源四郎: 情報量統計学 (情報科学講座A・5・4), 共立出版 (1989)
[11] 柴田文明: 確率・統計 (理工系の基礎数学 7), 岩波書店 (1996)
[12] 赤池弘次, 甘利俊一, 北川源四郎, 樺島祥介, 下平英寿: 赤池情報量基準AIC―モデリング・予測・知識発見―, 共立出版 (2007)
[13] M. E. Smith and P. K. Varshney: Intelligent CFAR processor based on data variability, IEEE Trans. Aerosp. Electron. Syst., **36**, 3, pp.837-847 (2000)
[14] 吉田 孝 (監修): 改訂レーダ技術, 電子情報通信学会 (1991)
[15] M. P. Wand and M. C. Jones: Kernel Smoothing, Chapman & Hall (1995)
[16] K. El-Darymli, P. McGuire, D. Power, and C. Moloney: Target detection in synthetic aperture radar imagery: a state-of-the-art survey, J. Appl. Remote Sens., **7**, 1 (2013)

4장

[1] 新井朝雄: ヒルベルト空間と量子力学, 共立出版 (1997)
[2] 高橋宣明: 工学系学生のためのヒルベルト空間入門, 東海大学出版会 (1999)
[3] 中村 周: フーリエ解析 (応用数学基礎講座 4), 朝倉書店 (2003)
[4] 伊藤 清: 確率過程, 岩波書店 (2007)
[5] 松原 望: 入門確率過程, 東京図書 (2003)
[6] L. Cohen: Time-frequency distributions A review, Proc. IEEE, **77**, 7, pp.941-981 (1989)
[7] L. Cohen (著), 吉川 昭, 佐藤俊輔 (訳): 時間-周波数解析, 朝倉書店 (1998)
[8] J. Capon: High-resolution frequency-wavenumber spectrum analysis, Proc.

IEEE, **57**, 8, pp.1408-1418(1969)

[9] R. Schmidt: Multiple emitter location and signal parameter estimation, IEEE Transactions on Antennas and Propagation, **34**, 3, pp.276-280 (1986)

[10] C. K. Sung, F. de Hoog, Z. Chen, P. Cheng and D. Popescn: Time of arrival estimation and interference mitigation based on Bayesian compressive sensing, Proc. IEEE on ICC2015 (2015)

[11] 辻井重男, 鎌田一雄: ディジタル信号処理, 昭晃堂 (1990)

[12] E. O. Brigham and R. E. Morrow: The fast Fourier transform, IEEE Spectrum, **4**, 12, pp.63-70 (1967)

[13] A. V. Oppenheim and R. W. Shafer (著), 伊達 玄 (訳): ディジタル信号処理 (上, 下), コロナ社 (1978)

5장

[1] M. I. Skolnik: Radar Handbook, McGraw-Hill (1970)

[2] S. S. Blackman: Multiple Target Tracking with Radar Applications, Artech House (1986)

[3] Y. Bar-Shalom and T. E. Fortman: Tracking and Data Association, Academic Press (1988)

[4] S. S. Blackman and R. Popoli: Design and Analysis of Modern Tracking Systems, Artech House (1999)

[5] Y. Bar-Shalonm, X. R. Li and T. Kirubarajan: Estimation with Applications to Tracking and Navigation, John Wiley & Sons (2001)

[6] 小菅義夫: レーダによる単一目標追尾法の現状と将来, 信学論 (B), **93**, 11, pp.1504-1511 (2010)

[7] C. B. Chang and J. A. Tabaczynski: Application of state estimation to target tracking, IEEE Trans. Autom. Control, **29**, 2, pp.98-108 (1984)

[8] S. A. Hovanessian: Radar System Design and Analysis, Artech House (1984)

[9] 小菅義夫, 亀田洋志: α-β フィルタを使用したレーダ追尾における最適ゲイン, 信学論 (A), **82**, 3, pp.351-364 (1999)

[10] 高橋進一, 池原雅章: ディジタルフィルタ, 培風館 (1999)

[11] A. Gelb (Ed.): Applied Optimal Estimation, The M.I.T. Press (1974)

[12] A. H. Jazwinski: Stochastic Processes and Filtering Theory, Academic Press (1970)

[13] 小菅義夫, 亀田洋志: カルマンフィルタから導出した各種 α-β フィルタの比較, 信学論 (B), **84**, 9, pp.1690-1700 (2001)

[14] 小菅義夫, 辻道信吾, 立花康夫: 航跡型多重仮説相関方式を用いた多目標追尾, 信学論 (B-II), **79**, 10, pp.677-685 (1996)

[15] 小菅義夫, 辻道信吾: 最適クラスタによる旋回多目標用の航跡型 MHT, 計測自動制御学会論文誌, **36**, 5, pp.371-380 (2000)

6장

[1] 小平信彦, 立平良三: 予報防災業務への利用, 気象研究ノート, **112**, pp.108-128 (1972)

[2] E. E. Gossard and R. G. Strauch: Radar Observation of Clear Air and Clouds, Elsevier, pp.1-51 (1983)

[3] 立平良三: レーダによる雨量測定と短時間予報, 気象研究ノート, **139**, pp.79-108 (1980)

[4] V. N. Bringi and V. Chandrasekar: Polarimetrie Doppler Weather Radar, Cambridge Univ., pp.1-44 (2001)

[5] D.S. Zrnic and A. V. Ryzhkov: Polarimetry for weather surveillance radars, Bull. Amer. Meteor. Soc., **80**, pp.389-406 (1999)

[6] 深尾昌一郎: 二重偏波ドップラーレーダーによる日本海沿岸冬季雷雲の研究, 雷レーダー研究会報告書, pp.1-104 (1994)

[7] 石原正二: ドップラー気象レーダーの原理と基礎, 気象研究ノート, **200**, pp.1-38 (2001)

[8] F. Kobayashi, Y. Sugimoto, T. Suzuki, T. Maesaka and Q. Moteki: Doppler radar observation of a tornado generated over the Japan Sea coast during a cold air outbreak, J. Meteor. Soc. Japan, **85**, pp.321-334 (2007)

[9] Y. Sugawara and F. Kobayashi: Structure of a waterspout occurred over Tokyo Bay on May 31, 2007, SOLA, **4**, pp.1-4 (2008)

[10] 小林文明, 菅原祐也: 2007年 5月 31 日東京湾で発生した竜巻とマイソサイクロンの関係, 第20回風工学シンポジウム論文集, pp.151-156 (2008)

[11] 小林文明, 鈴木菊男, 菅原広史, 前田直樹, 中藤誠二: ガストフロントの突風構造, 日本風工学会論文集, **32**, pp.21-28 (2007)

[12] 橋口浩之: 風のリモートセンシング技術 (2)ウィンドプロファイラー, 日本風工学会誌, **120**, pp.333-336(2009)

[13] 石井昌憲: 風のリモートセンシング技術 (4)ドップラーライダー, 日本風工学会誌, **120**, pp.341-344 (2009)

[14] 伊藤芳樹: 風のリモートセンシング技術 (5)ドップラーソーダ, 日本風工学会誌, 120, pp.345-348 (2009)

[15] 小平信彦: 気象レーダの基礎, 気象研究ノート, **139**, pp.1-31 (1980)

[16] F. Kobayashi, A. Katsura, Y. Saito, T. Takamura, T. Takano and D. Abe: Growing speed of cumulonimbus turrets, J. Atmos. Electr., **32**, pp.13-23 (2012)

[17] K. Hirano and M. Maki: Method of VIL calculation for X-band polarimetric radar and potential of VIL for nowcasting of localized severe rainfall —Case study of the Zoshigaya Downpour, 5 August 2008—, SOLA, **6**, pp.89-92 (2010)

[18] D.-S. Kim, M. Maki, S. Shimizu and D.-I. Lee: X-band dual-polarization radar observations of precipitation core development and structure in a multi-cellular storm over Zoshigaya, Japan, on August 5, 2008, J. Meteor. Soc. Japan, **90**, pp.701-719 (2012)

[19] 石原正二, 田畑 明: 降水コアの降下によるダウンバーストの検出, 天気, **43**, pp.215-226 (1996)

7장

[1] 大口勝之, 生野雅義, 岸田正幸: 自動車用 79GHz 帯超広帯域レーダ, 富士通テン技報, **31**, 1 (2013)

[2] 総務省, 情報通信審議会, 情報通信技術分科会, 移動通信システム委員会 (第7回) 資料 7-2-2 (2012)

[3] M.I. Skolnik: Radar Handbook (second edition), McGraw-Hill (1990)
[4] 住吉浩次, 谷本正幸, 駒井又二: 変形M系列を用いた同期式スペクトル拡散多重通信方式, 信学論 (B), **J67-B**, 3, pp.297-304 (1984)
[5] 四分一浩二, 江馬浩一, 槇 敏夫: 拡大するミリ波技術の応用, 島田理科技報, 21, pp.37-48(2011)
[6] M. Marc-Michael and R. Hermann: Combination of LFCM and FSK Modulation Principles for Automotive Radar Systems, German Radar Symposium, GSR2000, Berlin (2000)
[7] 特開 2003-167048, 発明の名称: 2周波 CW 方式のレーダ
[8] 黒田浩司, 近藤博司, 笹田善幸, 永作俊幸: ミリ波レーダの小型化と高性能化, 日立評論, **89**, 8, pp.64-67(2007)
[9] 稲葉敬之: 多周波ステップ ICW レーダによる多目標分離法, 信学論 (B), J89-B, 3, pp.373-383 (2006)
[10] 梶原昭博: 自動車衝突警告用ステップドFMパルスレーダ, 信学論 (B-II), **J81-B-II**, 3, pp.234-239 (1998)
[11] 松波 勲, 中畑洋一朗, 尾野克志, 梶原昭博: 24GHz 帯 UWB レーダによる路上クラッタ特性, 信学論 (B), **J92-B**, 1, pp.363-366 (2009)
[12] 室田一雄, 土屋 隆 (編), 赤池弘次, 甘利俊一, 北川源四郎, 樺島祥介, 下平英寿 (著): 赤池情報規準, AIC, 共立出版 (2007)
[13] M. Sekine, T. Musha, Y. Tomita, T. Hagisawa, T. Irabu and E. Kikuchi: Log-Weibull distribution sea clutter, IEE Proc., **127**, 3, pp.225-228 (1980)
[14] 佐山周次, 関根松夫: ミリ波レーダにより計測される海面反射の振幅確率密度関数と一定誤警報確率, 信学論 (C), **121-C**, 2, pp.454-460 (2001)
[15] 松波 勲, 梶原昭博: 24GHz 帯車両 RCS 特性の実験検的検討, 信学論 (B), **J93-B**, 2, pp.394-398 (2010)
[14] Y. Asano, S. Ohshima and K. Nishikawa: A Method for Accomplishing Accurate RCS Image in Compact Range, IEICE Trans, Commun., **E79-B**, 12, pp.1799-1805 (1996)
[17] 関根松夫: レーダ信号処理技術, 電子情報通信学会 (1991)
[18] 松波 勲, 梶原昭博: 車載用超広帯域レーダにおける荷重パルス積分によるクラッタ抑圧, 信学論 (B), **J94-B**, 4, pp.655-659 (2011)

[19] 岡本悠希, 松波 勲, 梶原昭博: 車載用広帯域レーダにおける複数車両検知・識別技術に関する実験的検討, 信学論 (B), **J95-B**, 8, pp.976-979 (2012)

[20] 松波 勲, 梶原昭博, 中村遼兵: UWB 車載レーダによる複数移動目標追尾のための実験的検討, 信学論 (B), **J96-B**, 12, pp.1662-1667 (2012)

[21] 高野恭弥ほか: 79GHz 帯 レーダシステム用 CMOS 電力増幅器の温度補償, 電子情報通信学会総合大会講演論文集, エレクトロニクス (1), 31 (2014)

[22] 宮本和彦: 79GHz 帯 レーダシステムの高度化に関する研究開発, ITU ジャーナル, **44**, 7 (2014)

[23] 葉敬之, 桐本哲郎: 車載用ミリ波レーダ, 自動車技術, **64**, 2, pp.74-79(2010)

[24] 稲葉敬之ほか: 多周波ステップ ICW レーダにおける距離・角度の超分解推定法, 信学論 (B), **J91-B**, 7. pp.756-767 (2008)

[25] 渡辺優人, 稲葉敬之: 多周波NL-SWWにおける距離サイドローブ低減効果, 電子情報通信学会総合大会講演論文集, 通信 (1), 277 (2009)

[26] 中村僚兵, 梶原昭博: ステップドFM方式を用いた超広帯域マイクロ波センサ, 信学論 (B), **J94-B**, 2, pp.274-282 (2011)

[27] 稲葉敬之: FMICW レーダにおけるスタが PRI による干渉対策, 信学論 (B), **J88-B**, 12, pp.2358-2371 (2005)

[28] 稲葉敬之ほか: 干渉波環境での車載用レーダ信号処理構成の検討, 信学論 (B), **J87-B**, 3, pp.446-456 (2004)

[29] 稲葉敬之: 前方監視レーダのためのElement・Localized Doppler STAP 法, 信学論 (B), **J87-B**, 10, pp.1771-1778 (2004)

[30] 大津 貢, 中村僚兵, 梶原昭博: ステップド FM による超広帯域電波センサの干渉検知・回避機能, 信学論 (B), **J96-B**, 12, pp.1398-1405 (2013)

[31] 島伸 和ほか: 運転支援システム用フュージョンセンサの開発, 富士通テン技報, **19**, 1 (2001)

8장

[1] 大内和夫: 合成開口レーダの基礎—リモートセンシングのための (第2版改訂版), 東京電機大学出版局 (2009)

[2] K. Ouchi: Recent trend and advances of synthetic aperture radar with

selected topics, Remote Sens., **5**, 2, pp.716-807 (2013)

[3] M. Shimada, T. Tadono and A. Rsenqvist: Advanced Land Observing Satellite (ALOS) and monitoring global environmental change, Proc. IEEE, **98**, 5, pp.780-799 (2010)

[4] P. Rosen, S. Hensley, I. R. Joughin, F. K. Li, S. N. Madsen, E. Rodriguez and R. Goldstein: Synthetic aperture radar interferometry, Proc. IEEE, **88**, 3, pp.333-382 (2000)

[5] G. Krieger, I. Hajnsek, K. P. Papathanassiou, M. Younis and A. Moreira: Interferometric synthetic aperture radar (SAR)missions employing formation flying, Proc. IEEE, **98**, 5, pp.816-843 (2010)

[6] A. Ferretti, C. Prati and F. Rocca: Permanent scatterers in SAR interferometry, IEEE Trans. Geosci. Remote Sens., **39**, 1, pp.8-20 (2001)

[7] R. Romeiser, H. Runge, S. Suchandt, R. Kahle, C. Rossi and P. S. Bell: Quality assessment of surface current fields from TerraSAR-X and TanDEM-X along-track interferometry and Doppler centroid analysis, IEEE Trans. Geosci. Remote Sens., 52, 5, pp.2759-2772(2014)

[8] 山口芳雄: レーダポーラリメトリの基礎と応用—偏波を用いたレーダリモートセンシング, 電子情報通信学会 (2007)

[9] J.-S. Lee and E. Pottier: Polarimetrie Radar Imaging—From Basics and Applications, CRS Press (Taylor & Francis Group) (2009)

[10] M. S. Moran et al.: A RADARSAT-2 quad-polarized time series monitoring crop and soil conditions in Barrax, Spain, IEEE Trans. Geosci. Remote Sens., **50**, 4, pp.1057-1070 (2012)

[11] I. Hajnsek, F. Kugler, S.-K. Lee and K. P. Papathanassiou: Tropical-forest-parameter estimation by means of Pol-InSAR: The INDREX-II campaign, IEEE Trans. Geosci. Remote Sens., **47**, 2, pp.481-493 (2009)

9장

[1] D.J. Daniels (Ed.): Ground Penetrating Radar (2nd Edition), Institution of Electrical Engineers (2004)

[2] C.S. Bristow and H. M. Jol (Ed.): Ground Penetrating Radar in Sediments, Geological Society(2003)

[3] 佐藤源之: 地中レーダ (GPR) 技術と人道的地雷検知への応用, RF ワールド, 4, pp.54-63 (2008)

[4] K. Furuta and J. Ishikawa (Ed.): Anti-personnel Landmine Detection for Humanitarian Demining, pp.19-26, Springer (2009)

[5] L. Conyers and D. Goodman: Ground-Penetrating Radar—An Introduction for Archaeology, Altamira Press (1997)

[6] 佐藤源之, 金田明大, 高橋一徳: 地中レーダーを応用した遺跡探査- GPR の原理と利用, 東北大学出版会 (2016)

[7] 物理探査学会 (編): 物理探査ハンドブックII手法編 第7章地中レーダ, 物理探査学会 (2016)

[8] G. C. Topp, J. Davis and P. Annan: Electromagnetic determination of soil water content: Measurements in coaxial transmission lines, Water Resources Research, **16**, 3, pp.574-582 (1980)

[9] 宇野 亨, 何 一偉, 有馬卓司: 数値電磁界解析のための FDTD 法, コロナ社 (2016)

:: 찾아보기

[ㄴ]

[ㄷ]

[ㄹ]

[ㅁ]

[ㅂ]

[ㅅ]

[ㅇ]

[ㅈ]

[ㅊ]

[ㅎ]

[A]

[B]

[C]

[D]

[E]

[F]

[G]

[H]

[I]

[J]

[K]

[L]

[M]

[N]

:: 저자, 역자, 감수자 소개

편저자 大内 和夫 OUCHI Kazuo

1976	Southampton University 物理学科卒業
1977	Imperial College, University of London 大学院修士課程修了(物理学専攻)
1980	Imperial College, University of London 大学院博士課程修了(物理学専攻)
1980	Imperial College, University of London 助手
1981	Doctor of Philosophy(理学博士) (University of London)
1982	Queen Elizabeth Collage, University of London 研究員
1984	King's Collage, University of London 主任研究員
1992	Imperial College, University of London 特別研究員
1996	広島工業大学(Hiroshima Institute of Technology) Professor
1999	高知工科大学(Kochi Institute of Technology) Professor
2006	防衛大学校(National Defense Academy) Professor
2013	한국해양과학기술원(KIOST), Brain Pool Program 研究員
2015	株式会社 IHI 航空宇宙事業本部, Senior Consulting Manager
2020~현재	東京大学 生産技術研究所, Senior Collaborator

저자 平木 直哉 HIRAKI Naoya

1987	日本大学生産工学部電気工学科卒業
1989	日本大学大学院生産工学研究科博士前期課程修了(電気工学専攻)
1989~현재	日本無線株式会社勤務

木寺 正平 KIDERA Shouhei

2003	京都大学工学部 電気電子工学科卒業
2005	京都大学大学院情報学研究科 通信情報システム専攻修士課程修了
2007	京都大学大学院情報学研究科 通信情報システム専攻博士後期課程修了 情報学博士(京都大学)

日本学術振興会特別研究員(PD)

2009　電気通信大学助教

2014　電気通信大学准教授

2016~현재　University of Wisconsin Madison 研究員

松田 庄司 MATSUDA Shouji

1976　京都大学工学部電気工学第2学科卒業

1978　京都大学院工学研究科修士課程修了(電子工学専攻)

2006　京都大学院情報学研究科博士後期課　程修了(通信情報システム専攻)

博士(情報学) (京都大学)

1985~현재　三菱電機株式会社勤務

小菅 義夫 KOSUGE Yoshio

1972　早稲田大学理工学部数学科卒業

1974　早稲田大学大学院理工学研究科修士課程修了(数学専攻)

1974~2004　三菱電機株式会社勤務

1997　博士(工学) (東北大学)

2004　長崎大学教授

2014~현재　電子航法研究所勤務

電気通信大学勤務

小林 文明 KOBAYASHI Humiaki

1984　北海道大学理学部地球物理学科卒業

1986　北海道大学大学院理学研究科博士前期課程修了(地球物理学専攻)

1991　北海道大学大学院理学研究科博士後期課程修了(地球物理学専攻)

理学博士

防衛大学校助手

1995　防衛大学校講師

1997　防衛大学校助教授

2011~현재　防衛大学校教授

松波 勲 MATSUNAMI Isamu

2005	北九州市立大学国際環境工学部情報メディア工学科卒業
2007	北九州市立大学大学院国際環境工学研究科博士前期課程修了(情報工学専攻)
2008	日本学術振興会特別研究員DC2
2010	北九州市立大学大学院国際環境工学研究科博士後期課程修了 博士(工学) 長崎大学助教 電子航法研究所客員研究員(兼任)
2013	北九州市立大学准教授
2020~현재	株式会社インターリンク(Inter Link Co,. Ltd) 勤務

佐藤 源之 SATO Motoyuki

1980	東北大学工学部通信工学科卒業
1985	東北大学大学院工学研究科博士課程修了(情報工学専攻), 工学博士 東北大学助手
1990	東北大学助教授
1997~현재	東北大学教授

역자 양찬수

1993	한국해양대학교(공학사)
2001	(일본)Tohoku University(공학박사)
2001~2002	JAMSTEC(일본 海洋研究開發機構)
2002~2005	선박해양플랜트연구소(KRISO)
2005~현재	한국해양과학기술원(KIOST)
2011~현재	과학기술연합대학원대학교(UST) (교수)
2013~현재	한국해양대학교 해양과학기술전문대학원((겸임)교수)
2010	역서) 리모트센싱을 위한 합성개구레이더의 기초

감수자 **이훈열**

1995 서울대학교 지질과학과 학사
1997 서울대학교 지질과학과 지구물리학전공 석사
2001 Imperial College, University of London, Ph.D. in Geological Remote Sensing
2001~2003 Imperial College, University of London, Postdoc.
2003~2004 한국지질자원연구원 선임연구원
2004~현재 강원대학교 지구물리학과 교수